温室工程
实用创新技术
集锦 3

Wenshi Gongcheng
Shiyong Chuangxin Jishu Jijin 3

周长吉 著

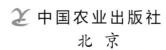

中国农业出版社
北 京

 作者简介 ▷

　　周长吉，博士，二级研究员，主要从事设施农业工程技术的研究、设计、咨询和标准化工作。主持和参加完成国家、省部级科研项目 30 多项，完成各类规划、设计和咨询项目数百项；编写出版《现代温室工程》等著（译）作 40 部，其中主编（译）28 部；主持和参与完成温室行业国家、行业标准 34 部，企业、团体标准 5 部；发表学术论文 100 多篇，科普文章 200 多篇；获得省部级科技进步奖 6 项，全国行业协会成果奖 7 项；被农业部授予"有突出贡献的中青年专家""全国农业科研杰出人才""全国农业先进个人"等称号，获得中国农学会第七届青年科技奖，被中国工程建设标准化协会评为 2014 年中国工程建设标准化年度人物，享受国务院政府特殊津贴，带领的科研团队被农业部授予"农业科研创新团队"称号。

　　曾任农业农村部规划设计研究院常务副总工程师、农业部农业设施结构工程重点实验室主任、农业部规划设计研究院设施农业研究所副所长等职。

　　现任农业农村部规划设计研究院设施农业研究所首席专家，中国农业工程学会编辑出版指导委员会委员、《农业工程技术》编委会温室园艺专业委员会主任、《中国农业机械工业年鉴》编委、《寒旱农业科学》编委、*International Journal of Agricultural and Biological Engineering* 编委、全国农学名词审定委员会编写委员、中国农业工程学会理事、中国农业工程学会设施园艺工程专业委员会副主任委员、中国园艺学会设施园艺分会副会长、北京农业工程学会常务理事、北京农业工程学会农业建筑专业委员会主任、中国工程建设标准化协会农业工程分会理事。

自 序

　　继 2016 年和 2019 年两部《温室工程实用创新技术集锦》出版后，时隔近 3 年第 3 部《温室工程实用创新技术集锦》又和大家见面了。从时间跨度上看，每月一期的《农业工程技术（温室园艺）》杂志专栏"周博士考察拾零"似乎又变成了一部 3 年间隔的"年刊"——"集锦"，或者可近似地称其为"千日刊"吧。一千个日日夜夜似乎很漫长，但又似一瞬间。

　　2019 年 12 月开始并很快在全球蔓延形成大流行的新型冠状病毒肺炎（以下简称"新冠肺炎"）严重限制了公众的出行，也使我的"拾零"之路异常艰难。虽然国内对疫情的控制相当成功，但各地随机的散点式突发疫情时常还在困扰着我们的自由出行。事实上，本书中收集的所有"拾零"篇章基本都是在新冠肺炎疫情的笼罩下，利用国内疫情完全或局部控制的间隔空窗期出行走访后完成的，多少也代表了这一时代的特征。愿全球新冠肺炎疫情早日结束，世界经济重归正轨，彻底消除对在实景现场创新交流的障碍，也为我今后的继续"拾零"创造更便利的出行环境。

　　《温室工程实用创新技术集锦 3》共收集了 42 篇文章，结构上秉承了前 2 部的风格，总体上分为上、中、下三篇。上篇为日光温室工程技术，中篇为塑料大棚与连栋温室工程技术，下篇为区域性的综合温室工程技术或专题性的温室工程综合技术。

　　在上篇的日光温室工程技术中，除了有总结性的文章，如日光温室的形式与分类、日光温室骨架形式的改良与创新、形形色色的日光温室上屋面爬梯、日光温室主动加温技术与设备等外，重点介绍了甘肃省在日光温室技术方面的创新和应用，这些技术有甘肃推广应用的地域特性，也具有在其他地区借鉴和推广的共性。随着日光温室工程技术向现代化方向发展，机械化、数字化、自动化

控制技术也开始在日光温室中应用，应时代发展，本书也收集整理了日光温室在通风和保温被卷放卷帘机方面的自动控制技术与设备，虽然这些设备还处在研究探索的初级阶段，但也表明日光温室已经开始步入环境的完全自动化控制阶段。

在 2019 年以来的 3 年时间里，大规模连栋玻璃温室在全国各地大面积发展，单体面积已经从早期的 $3hm^2$、$5hm^2$ 进一步扩大到了 $10hm^2$ 甚至 $20hm^2$，温室建设的地域也从经济发达地区（如北京、山东、江苏、广东）向资源优势区域（如黑龙江、内蒙古、宁夏、甘肃、云南、贵州）拓展，似乎发展大规模连栋玻璃温室在全国又掀起了一个高潮。为此，本书在中篇专门汇集了作者在这种大规模连栋玻璃温室方面研究取得的一些技术成果以及相关的企业产品，包括温室的供热系统、CO_2 供应系统、各种种植架形式等。

在下篇的综合温室工程技术篇中，除了全面介绍甘肃省以及张掖市的温室设施发展总体情况外，还专门就马铃薯、冬枣的温室生产设施以及光伏板下食用菌生产的温室设施进行了专题总结。

书中还收集总结了近年来温室工程中一些最新的技术研究成果和新开发的设施设备。总之，本书的内容跟随和契合了当代中国温室技术的发展步伐，反映了当前中国温室工程技术的应用现状，对温室工程技术有总结也有展望，不仅可为温室工程建设直接借鉴，也可为温室工程的研究以及高校教学和研究生学习温室工程技术提供参考。

2021 年是中国共产党百年诞辰之年，也是中国社会发展步入"十四五"的开局之年。值岁末之际，作者整理"拾零"，汇成"集锦"，是作者近 3 年工作的总结，也是给行业的一份献礼，抑或是为温室工程行业继往开来的征程上增添的一个节律音符。

"拾零"本是对现实的发掘、整理和再现，希望本书的出版除了知识的传播外，还能给广大温室工程技术研究和建设的从业者带来一点"眼力不及、步伐不到"而不能亲自体验的现场真实画面。

书中不妥之处在所难免，敬请广大读者批评指正。

周长吉

2021 年 12 月于北京

目 录

自序

▶ **上篇 日光温室工程技术**

日光温室的形式与分类 · 3

如何选择日光温室骨架结构型式 · 13

一种后屋面演变为后墙的日光温室结构 · 15

一种无后屋面活动保温后墙组装结构日光温室 · 20

一种自防水无拼缝橡塑保温被围护的主动储放热组装结构日光温室 · 28

戈壁温室墙体建造方法 · 40

干打垒土墙表面防护方法 · 47

增大日光温室前部空间的方法 · 52

形形色色的日光温室上屋面爬梯 · 54

解决日光温室顶部兜水的方法 · 60

日光温室骨架形式的改良与创新 · 62

椭圆管骨架日光温室结构及其构造 · 69

日光温室钢骨架端部锈蚀后的加固与修复技术 · 79

日光温室屋脊卷膜通风系统 · 86

日光温室中卷二连杆卷帘机连杆底座的形式 · 90

日光温室卷帘机自动控制限位方法 · 96

一种日光温室卷帘机自动控制系统 · 101

一种以屋面拱杆为支撑轨道的日光温室内卷被 / 卷膜保温系统 · 105

日光温室主动加温技术与设备 · 111

▶ 中篇 塑料大棚与连栋温室工程技术

一种连栋日光温室结构 · 129

半封闭温室在中国的工程实践 · 136

圆拱顶连栋塑料薄膜温室屋面拱架结构形式 · 144

锯齿形连栋塑料薄膜温室屋面结构与开窗形式 · 156

连栋塑料薄膜温室天沟托架的实践与创新 · 163

外保温塑料大棚的结构形式 · 171

大跨度"气楼"塑料大棚 · 178

大规模连栋温室供热首部 · 184

大规模连栋温室 CO_2 施肥系统 · 197

大规模连栋温室液态 CO_2 供气系统 · 205

连栋温室番茄架式栽培系统 · 213

连栋温室草莓吊架栽培系统 · 224

观光型可升降草莓吊架及配套设施设备 · 235

一种叠层式人工补光叶菜生产栽培架 · 245

▶ 下篇 综合温室工程技术

甘肃日光温室的特色及改进建议 · 253

甘肃省张掖市温室设施发展现状调研 · 262

丰富多彩的冬枣栽培设施 · 273

几种光伏食用菌设施模式 · 284

马铃薯种薯繁育设施 · 290

一种"蜗牛"平面造型的异型展览温室 · 297

海南温室抗风措施二则 · 303

非金属材料温室骨架 · 308

大规模连栋温室生产自动拉秧机 · 316

上篇
日光温室工程技术

日光温室的
形式与分类

　　自 20 世纪 80 年代中国开始研究和发展日光温室以来，无论是从事学术研究的科学家、工程师，还是从事生产实践的企业家、民间工匠，都在不断推陈出新，研究和改进日光温室的结构形式、建筑用材、配套环境控制技术与设备以及生产作业装备。在各界的共同努力下，目前已形成了适合各地气候条件和种植要求的各具特色的日光温室技术，为国内温室工程技术的发展和提升奠定了良好的基础。

　　在各地迅猛发展日光温室的同时，我们也应该清醒地看到，对日光温室的分类和命名方法不论是学术界还是社会上都很不规范，甚至可以说是五花八门。为了更清晰和准确地区别日光温室的类型，笔者从日光温室的建筑用材、结构形式、储放热方式以及采光方式等建筑和光热特征出发，研究提出了日光温室的分类方法，以方便行业内同行交流。

一、按墙体结构和用材分类

1.按墙体建筑材料分类

　　墙体是日光温室重要的保温和围护结构，也是区别于连栋温室和塑料大棚最重要的建筑特征之一。传统的被动式储放热日光温室，墙体是主要的储放热体和结构承重体。随着近年来主动储放热技术的发展以及轻型组装结构日光温室的出现，温室墙体承重和储放热的功能逐渐消失，由此墙体的用材也发生了革命性的变化。

　　可用于日光温室墙体建造的材料有很多种，其中最基础的材料是砖、石和土。这些基础材料可就地取材、价格低廉，用作日光温室墙体材料既能承重，又能储放热，因此得到广泛应用。但从"十二五"开始，中国对黏土砖实行限黏使用和禁黏生产政策，用于建筑的实心黏土砖越来越少，而且价格也越来越高，由此推动了土墙结构日光温室的大规模发展，尤其以山东寿光机打土墙结构日光温室为代表。机打土墙结构日光温室材料成本低、建设速度快、保温性能好，自推出后很快替代了传统的干打垒结构墙体，并在广大农村快速推广成为日光温室的主流形式。但这种机打土墙结构日光温室墙体用土量大，对耕地的耕作层破坏严重，虽然用土都是就地取材，没有远距离搬运（在一栋温室建设的区域范围内从温室地面搬运到温室墙体），也没有对原土成分造成破坏，但使土壤的结构发生了重大变化，对耕地表层土壤的破坏比较严重，恢复耕地质量花费的时间和投资成本都不低，而且下挖地面后造成场区排水困难，由此造成水涝灾害的案例每年都在华北地区大量发生，从保护耕地的长远发展角度看，这种墙体材料也终将被禁止。石材在中国的戈壁滩比较丰富，但在其他地区取材并不方便，而且砌筑石墙的用工量大、建造周期长，难以成为日光温室建设的主流建筑材料。

由于廉价的基础建筑材料受来源和政策限制，工业与民用建筑使用的工业化建筑材料被大量使用在日光温室建设上，更有大量廉价的利用工农业废旧资源的新材料被开发出来。概括起来，可用于日光温室墙体建设的材料有无机材料、有机材料，刚性材料、柔性材料、松散材料，承重材料、非承重材料等，从不同的角度出发有不同的分类方式。以材料是否具有储放热功能这一日光温室特质来区分日光温室的墙体材料（表1），可分为用于被动储放热墙体建设的砖、石和土等重质材料，以及仅用于墙体保温隔热功能而无储放热功能的轻质材料两大类。

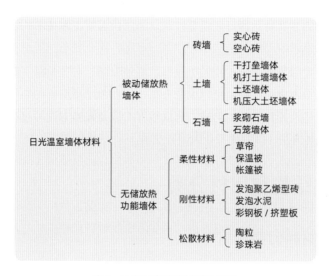

表1 日光温室墙体材料及分类

（1）被动储放热墙体材料及其墙体结构 能够兼具承重和储放热功能的砖、石和土，在具体建造中还有不同的表现形式。如砖有实心砖、泡沫砖和空心砖之分，其中实心砖同时具备承重和储放热功能，但由于导热系数大，很少有日光温室后墙采用单一实心砖材料建造（主要是墙体厚度大、建设成本高），往往是在两层实心砖中间夹设松散保温材料（如土、建筑陶粒、珍珠岩）或者刚性保温材料（如聚苯板），也有用双层中空砖墙的做法。近来的做法更多的是直接在实心砖的外侧粘贴或贴筑保温材料，如彩钢板、挤塑板、发泡水泥、泡沫砖等，使墙体的承重储热和保温隔热各自分工，功能明确且建造方便。

土墙根据墙体砌筑方法的不同分为干打垒墙、机打土墙、土坯墙和机压大土坯墙。前两种墙体都是直接用原土夯筑而成，其中干打垒是在模板中将潮湿松散的土通过人工或机械夯杵压实而成，而机打土墙是用挖掘机将原土挖起铺置于墙体后用链轨车压实而成。由于压实的方法不同，墙体的强度和厚度差异也较大。一般干打垒墙体强度高而厚度小，机打土墙强度低且厚度大。干打垒墙体建造时间长，建筑劳动强度高，建设成本也高，此外对土壤的黏性要求较高，沙质土不适合干打垒；相反，机打土墙建设速度快，建造机械化程度高，建设成本低，缺点是用土量大，墙体占地面积大。

土坯墙是用草泥或灰土浆将事先拓制晾干的如同砖块一样的土坯像砖墙一样砌筑而成，墙体强度高、厚度薄，缺点是拓制土坯和砌筑墙体速度慢、劳动强度大。为了解决土坯墙体建造的缺点，有人发明了机压大体积土坯，每块土坯的体积为 $1.2m \times 1.2m \times 1.2m$ 或 $1.0m \times 1.0m \times 1.0m$，也可根据墙体保温的要求制作不同厚度的土坯。大块土坯是在一个钢板箱中利用液压杆将松散的土壤挤压成型。砌筑墙体时直接将每块土坯用铲车堆码成型后勾缝或表面涂抹草泥、白灰等即完成对墙体的砌筑，因此，墙体建设速度快，墙体强度高且厚度不大。由于制作土坯需要黏性土壤，在一些沙性土壤地区这种墙体材料难以推广。

传统用石料砌筑的墙体都选择用大块的石料（鹅卵石或破碎石），用水泥砂浆做浆并勾缝（称为浆砌石墙）。这种石墙强度高、使用寿命长、外表美观，但由于大块石料来源不广，墙体砌筑劳动强度高、速度慢，在日光温室建设中推广难度很大。为此，在戈壁沙滩建设日光温室的实践中开发出了一种石笼墙体。砌筑石笼墙体的方法有两种：一种是先将碎石装在一个矩形的石笼中（石笼的大小根据墙体的厚度确定，一般为 $1.0m \times 1.0m \times 1.0m$），然后像机压大土坯墙体砌筑的方法将每个石笼码垛成型即形成石笼墙体；另一种是先浇筑后墙钢筋混凝土立柱，并在立柱的两侧挂设钢板网，养护立柱钢筋混凝土到凝固强度后，直接用铲车将松散的石子灌入两相邻立柱间形成的钢板网笼中，即形成石笼墙体。相比浆砌石墙，石笼墙的建造速度更快，建造的机械化水平高，劳动强度低，更重要的是对石料的大小和规格没有特殊要求，只要大小级配合适将墙体充实即可，因此，墙体的建造成本大大降低。

（2）无储放热功能轻质墙体材料及其墙体结构　无储放热功能的轻质墙体材料主要为保温隔热材料。这种材料除了上述用于砖墙内夹（主要为松散材料或硬质板材）或外贴外，也可独立形成温室的墙体。

可独立形成温室墙体的保温隔热材料根据其建造特征，可分为能自承重的刚性保温材料、不能自承重的柔性保温材料以及松散保温材料三大类。不论是刚性保温材料还是柔性或松散保温材料，由于其没有承重能力，温室后墙还必须配置承重立柱，对于有储热要求的日光温室还必须配置储放热系统。

日光温室后墙常用的刚性保温材料包括发泡聚苯乙烯型砖、发泡水泥、彩钢板或挤塑板；柔性保温材料包括草帘、各种材质的日光温室前屋面保温被、防灾应急或野外使用的帐篷被等；松散保温材料主要包括建筑陶粒、膨胀珍珠岩等（表1）。

发泡聚苯乙烯型砖是将可发性聚苯乙烯珠粒经加热预发泡后，在模具中加热成型制成的具有闭孔结构的聚苯乙烯空心塑料板材。作为这种材料配套使用的日光温室墙体承重立柱有钢筋混凝土柱和钢管柱两种。由于聚苯乙烯型砖内部为空心，不论是钢筋混凝土柱还是钢管柱都可以直接立插在聚苯乙烯型砖的内孔中，从而完全消除后墙立柱形成的"冷桥"，使墙体的保温性能更好。

发泡水泥墙是在两侧模板内灌注发泡水泥浆，待水泥浆完全发泡并凝固后即形成发泡水泥保温墙。这种墙体由于是整体浇筑，一次成型，整面墙体没有接缝，所以，墙体的密封性能好。配套发泡水泥墙的墙体承重立柱可以是钢筋混凝土柱，也可以是钢管柱，一般设置在墙体的内侧，柱顶设压顶梁，温室屋面承重拱架直接连接在压顶梁上。这种墙体也不存在"冷桥"，但室内有可见的立柱，会影响室内美观且可能会影响作业走道的运输。

彩钢板或挤塑板是大家熟知的工业化产品，它是将保温和表面防护合二为一，用作温室的墙体保温材料不用附加其他表面防护即可直接应用。产品的工业化水平高、性能稳定、来源丰富、价格适中。但由于价格低廉的聚苯板材不具防火性能，随着国家对彩钢板防火性能要求的不断提高，温室建设的成本也在不断攀升。此外，由于保温板两侧的钢板厚度和防腐处理不同，材料的销售价格和使用寿命也有较大的不同。温室建设中应根据温室的使用寿命选择合适的建筑材料。

用于日光温室墙体建设的柔性保温材料以保温被为主。凡是前屋面保温用的保温被都可以用于墙体的保温，这些材料包括草苫、针刺毡保温被、发泡橡塑、发泡聚乙烯以及帐篷被等。需要强调的是：①所有的柔性保温材料都需要增设防水面层；②柔性保温材料与后墙承重立柱的连接应牢固并尽量避免形成"冷桥"；③柔性保温材料之间的连接应牢固、密封，不得出现漏水、漏风等现象。塑料薄膜、防水布、电缆皮等都是常用的柔性保温材料表面防护材料。压膜线紧压、针刺缝合以及热压黏合是柔性保温芯和表面防护层之间结合的主要方式。

需要特别说明的是作为农业生产废弃物的稻草秸秆、小麦秸秆、玉米秸秆等，用作日光温室墙体材料不仅具有良好的保温隔热性能，而且还可大量消化和利用农作物秸秆，使本已形成废弃甚至污染物的材料得到了有效开发利用，将其变废为宝的同时也大大提升了农业废弃物的价值。草秸作为日光温室墙体材料有两种用法：一是将草秸打捆成方捆，砌筑墙体时如同上述机压大体积土坯一样层层码垛即可，码垛后的墙体还可自承重；二是将草秸编制成草苫（又称"草砖"），施工时只要将草苫的一边（短边）固定在温室的屋脊，另一边自由垂落到温室墙体基部，做好固定和防水、密封即完成墙面围护材料的安装。草秸由于是有机材料，潮湿后容易腐烂，因此草墙温室不仅要求防水而且要求防潮。此外，由于农作物有机秸秆是易燃物，对草墙温室的防火要求也更高。

2.按墙体结构分类

墙体结构就是墙体材料的构造方式。按墙体结构分类，日光温室围护墙体有单质材料墙体和复合材料墙体两种结构形式（表2）。

单质墙体指由单一材料形成的墙体，包括可承重的砖墙、石墙、土墙和非承重的柔性材料墙体

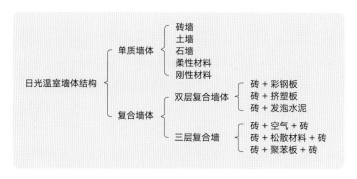

表2 日光温室墙体结构形式与分类

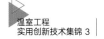

和刚性保温材料墙体。复合墙体是指由两种或两种以上的材料复合而成的墙体，实际生产中常用两种或三种材料复合的墙体。

两种材料组成的墙体称为双层复合墙体，其主要的形式是在承重砖墙的外侧复合彩钢板、挤塑板、发泡水泥等刚性材料，除临时保温外，砖墙外很少使用柔性材料复合；石墙和土墙也基本不用外贴保温板或保温帘的复合结构。对非承重的墙体有采用彩钢板外复合柔性保温被的案例，根据保温要求甚至可以复合多层保温被。

对承重砖墙，采用三层复合结构时一般是在双层砖墙之间夹设保温材料，可以是松散的保温材料，如陶粒、珍珠岩、土等；也可以是硬质的保温材料，如聚苯板；还可以是双层中空墙体（相当于双层砖墙之间夹设静止空气），利用静止空气的绝热特性来实现温室墙体的保温隔热。需要说明的是由于施工的原因，在双层砖墙之间夹设刚性保温板时由于保温板与墙面不能实现紧密贴合，保温板之间的连接也不严密，实际的保温效果并不理想，另外从保温和储热的理论分析，内层砖墙为储热层，中间保温板为隔热层，外层砖墙实际上是中间隔热层的一层保护层，如果中间保温板能够做到自身表面防护，则完全可以省去外层砖墙，从而演化为砖墙外贴保温板的双层复合结构。这也是目前双层复合墙替代三层复合墙并大面积应用的主要原因。

三层复合墙中间填充松散保温材料的墙体结构，虽然松散保温材料由于自重可以与两侧墙面紧密贴合，但由于松散保温材料容易吸潮而降低保温性能，而且随着时间的推移，保温材料在自重的作用下会压紧而下沉，造成保温层的密实度加大，一则使保温材料自身的保温性能降低，二则在保温层的上部会出现镂空，直接影响镂空部位墙体的保温性能。因此，中间夹设松散保温层的三层复合墙体结构在目前生产中应用越来越少。

二、按日光温室用材和结构承力体系分类

1.按结构用材分类

日光温室的承力结构包括墙体、屋面和立柱。墙体用材前已叙及，不多赘述，这里主要从温室屋面和立柱的结构用材方面对温室结构进行分类。

温室结构用材一是要求其有足够的承载能力，保证结构在外部荷载作用下不变形、不倒塌；二是要求其有足够的抗腐蚀能力，能够在高温高湿的温室环境中常年使用不腐蚀。

钢筋混凝土结构是承载能力和抗腐蚀能力俱佳的材料，尤其是用作抗压构件更具有显著的优势，因此，温室的立柱常用钢筋混凝土材料。有的日光温室屋面拱架也采用钢筋混凝土材料，但由于材料的抗弯能力差，构件截面大而遮光面积多，尤其是预制构件在运输和安装过程中由于构件细长容易折断，所以，钢筋混凝土材料用于屋面拱架的温室越来越少。

竹木材料可就地取材，价格低廉，在投资能力比较低的广大农村有大量的应用。竹材可以是剖开的竹片，也可以是截面较小的毛竹。竹材由于承载能力较弱，一般不用于立柱，而主要用于屋面支撑塑料薄膜，并将塑料薄膜上的外力传递到屋面拱杆或立柱。木材主要以原木的形式用于温室立柱。由于材料截面不一，自身抗腐蚀能力不强，再加上木材来源越来越少，在现代日光温室结构中

基本放弃了原木材料。

钢材是日光温室结构中使用最广泛的一种结构材料，在经过表面防腐处理后使用寿命可与温室设计使用寿命同步。对一些表面防腐处理不足或根本没有做表面防腐处理的构件，也可通过每年涂刷银粉等表面防腐剂来保持材料表面不被锈蚀。日光温室结构常用的钢材主要有钢筋（包括光面钢筋和螺纹钢筋）、钢管（包括圆管、方管和椭圆管）和 C 形钢（包括外卷边 C 形钢和内卷边 C 形钢）。为增强结构的承载能力，屋面拱架一般都采用桁架结构，弦杆可以是钢筋、钢管或 C 形钢，其中以圆管使用较多，腹杆多用钢筋或钢板。桁架弦杆和腹杆之间可以是焊接，也可以是组装连接（包括螺栓连接和卡具连接），如表 3。

除了传统的竹木、钢材和钢筋混凝土外，近来的研究也有使用玻璃钢材料和回收废旧塑料薄膜或硬塑材料粉碎制粒后，经过成分调配、挤压成型，制作温室屋面拱架的成功案例。

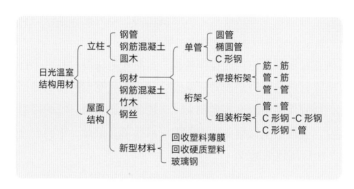

表 3　日光温室结构用材与分类

2.按结构承力体系分类

日光温室的结构承力体系主要指温室的屋面承力体系。日光温室的屋面包括前屋面（采光面）和后屋面，一般前屋面和后屋面为一体化承力体系（统称为屋面结构）。支撑屋面结构的承力构件包括温室后墙和室内立柱。

被动储放热的砖、石和土墙，不仅可以自承重，而且可以承载屋面结构传递的荷载，墙体和屋面结构共同承载温室荷载，这种承力体系称为墙－梁联合承力体系，如果温室跨度大，屋面结构的承载能力较弱，可在屋面结构下支撑室内立柱，这样就形成了墙－梁－柱承力体系。墙－梁－柱承力体系由于室内立柱的存在会影响温室内机械作业和种植布局，未来的发展趋势将主要以无柱式的墙－梁结构为主或至多在走道边设置一排立柱的墙－梁－柱结构。

对于墙体采用轻质保温材料不能自承重，或者虽能够自承重但不能承载屋面荷载的温室，屋面结构将采用立柱替代承重后墙，从而形成梁－柱结构，其中屋面结构用材可以是表 3 所示的任何材料，而后墙立柱材料则主要为钢筋混凝土、钢管或钢桁架。如果屋面结构和后墙柱均采用桁架或钢管材料，则屋面承力结构与后墙立柱将形成一体化的全钢结构，称为全组装钢结构温室。

日光温室中一种特殊的屋面结构称为"琴弦"结构，它是用沿温室长度方向布置的钢丝和屋面拱架共同承载屋面荷载，是一种屋面弦－梁双向承力体系。用竹木材料做屋面辅助拱杆的温室还需要在拱杆下或者拱杆下的纵向支撑梁下设置立柱，形成弦－梁－柱三维承力体系。这种结构一般3m左右设置一道屋面拱架，相邻两榀屋面拱架之间设置竹竿或竹片辅助承载。为了解决竹片或竹竿截面尺寸不一，材料长度不足而造成屋面不平整的问题，有的设计采用塑料管替代竹材，可使温室屋面更加平整，外观更美观。"琴弦"结构温室整体承载能力强，结构造价便宜，而且设置立柱后温室跨度理论上可以无限加大，目前这种结构的温室跨度已经有超过20m的案例。

三、按温室建筑形式分类

日光温室是由后墙、后屋面和采光前屋面构成的坐北朝南、东西走向的一种单体建筑。由此，后墙、后屋面和前屋面的形式即决定了日光温室的建筑形式（表4）。

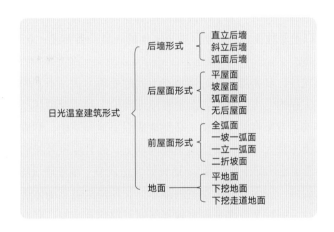

表4　日光温室建筑形式及分类

从日光温室的后墙形式看，有直立后墙、斜立后墙和弧面后墙。砖墙结构的墙体（包括砖墙外贴保温板双层复合墙体、砖墙内夹保温材料的三层复合墙体）基本都是直立后墙，干打垒土墙、土坯墙体（包括机压大体积土坯墙）、石笼墙等也都是直立墙体。浆砌石墙、机打土墙的墙面基本都是倾斜的，而且墙体截面基本是下大上小。刚性保温材料墙面可以是直立墙也可以是斜立墙。弧形墙面主要为柔性保温材料的墙体，一是为了便于绳压固定柔性保温被；二是轻型组装结构采用弧形后墙能尽可能减少墙体立柱构件内的弯矩，提高结构的承载能力。一种刚性材料的滑盖温室后墙也是弧面结构。

从日光温室的后屋面形式看，有无后屋面、平屋面、斜屋面、圆弧屋面等建筑形式。无后屋面的温室采光面大，室内光照强度强而且分布也更均匀，周年室内无阴影，但温室的保温比小，相应温室的保温性能较差。此外，这种温室要求墙体的高度高（墙体高度即是温室屋脊高度），相应对墙体结构的强度要求高，用材量也大。这种类型温室不适合在高寒地区建设。平屋面温室是从温室的外观看屋面是平屋面（至少应有2%的排水坡度），但从室内看，温室的后屋面仍然是倾斜的，也就是说温室后屋面整体是一个三角形剖面。这种温室屋面保温性能好，但结构自重大，屋面保温层下沉后屋面容易积水，因此对屋面的防水要求高。为解决平屋面上述问题，目前的保温后屋面大都做成斜坡屋面，整个屋面的厚度一致，如同工民建的坡屋顶屋面，不仅解决了温室屋面的排水问题，而且大大减轻了温室屋面的自重，从而减小了温室屋面骨架的荷载，从整体上降低了温室的工程造价。弧形后屋面是近年来随着活动保温后屋面兴起而产生的一种屋面形式，其主要目的是便于固定和卷放保温被或塑料薄膜。

日光温室前屋面是温室主要的采光面。研究表明，同样高跨的条件下坡屋面的采光量比弧面屋面的采光量大而且室内光照更均匀，但如果将前屋面做成从温室前沿基础到屋脊的单坡面屋面，虽然温室的采光量增大了，但温室前部低矮不能种植作物也不便于生产作业，为此，实践中都是把前屋面做成两折坡面，即将温室前部坡面做成60°左右的斜坡面或甚至做成直立面。对硬质板材的透光覆盖材料（如玻璃、中空PC板等）用坡屋面比较合适，但对柔性塑料薄膜覆盖的采光面，平坡屋面不易压紧塑料薄膜，容易引起塑料薄膜兜水，因此，用塑料薄膜做透光覆盖材料的日光温室，前屋面一般都做成弧形形状。同时，为了增大温室前部空间，也经常将弧形屋面做成两折式，其前部如同两折坡面一样可以是斜坡面或直立面（即表4中的一坡一弧面或一立一弧面），更可以是与后端弧面光滑连接的大弧面。

除了温室的外部形状外，日光温室的地面也有不同的处理方式。正常的温室地面与室外地面齐平，称为平地式，温室工程的土方量最小，温室种植地面的土层不受破坏。但机打土墙结构日光温室，由于建造温室墙体的土方来自温室地面，必然造成温室地面下挖，形成下挖式温室地面。这种温室由于墙体建设要求土方量大，不仅要在温室地面取土，而且温室外相邻温室之间的地面也需要取土（主要是为了减小温室地面的下挖深度），这样就会造成整个温室建设场区地面标高下降，到了雨季经常造成场区排水困难，进而形成向温室内灌水、长期浸泡温室墙体造成温室倒塌等问题。为了解决温室地面整体下挖，同时又能满足温室前部保有足够作业空间，有的温室设计者将传统的温室靠后墙走道前移，布置在温室前部，并将走道下沉，形成下挖走道式日光温室。

从日光温室的建筑形式看，除了标准的后墙、后屋面和前屋面结构温室外，还有一种在传统日光温室的北侧再设计一个采光面朝北的与采光面朝南温室对称或非对称的结构，形成阴阳型日光温室。采光面朝南部分称为阳棚，采光面朝北部分称为阴棚。由于两个棚公用一堵后墙，所以从外形上形成了一栋建筑。阳棚可按照传统的日光温室种植喜温果菜；而阴棚由于光照弱、温度低，一般用于种植食用菌、果树或耐低温的叶菜等。最新的发展是将连接阴棚和阳棚的中间隔墙做成活动保温墙体，冬季将保温墙体展开形成阴阳两个独立空间；夏季可将保温墙体卷起形成南北通透的东西走向大棚，可极大地提高温室的通风降温能力，也可种植同种作物便于作业管理。

四、按储热的方式分类

传统的日光温室都是被动储热建筑。随着轻型保温材料墙体的出现，传统的厚重墙体储放热功能被彻底革新，温室主动储放热应运而生。

所谓主动储放热，就是可以人为控制储放热的量和时间，做到最大限度收集室内能量，而又能在夜间按需释放白天收集的能量，使收集的能量得到更高效利用。

主动储放热，从收集能量的介质来分，有水体、空气和相变材料（实际上相变材料也是一种被动储放热方式，但因相变温度能在一定范围内控制能量的吸收和释放，为区别传统的无任何调控功能的被动储放热系统，也将其划归为主动储放热中）；从收集热量的途径来分，主要有墙面和室内空气两种渠道（实际上地面也是收集热量的主要渠道之一，但由于每个温室都有地面集量，因此不列入分类的类别中）；从热量储存的载体来分，有墙面水体储热、地面土壤储热和墙体储热（表5）。

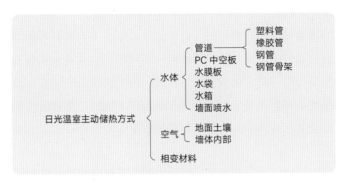

表5 日光温室主动储热方式及分类

廉价而储热能力又强的水体，是各种储放热系统优先选择的储热介质。向水体收集热量的方法有被动晒热圆管（包括塑料管、橡胶管、钢管，甚至有人用温室钢管桁架的弦杆）、中空板、水袋、水箱或水膜板中循环流动或静止不动的水体（静止不动的水体实质上也是一种被动储放热形式）以及通过向墙面喷水来主动吸收墙面热量两种方式。储存循环水体一般采用保温水池，设置在温室内地面下。当主动储热白天收集的热量不足时，也可以通过对水体加温来提高水温，其中对水体加温的方式有太阳能集热器加温、电热加温和地源热泵或空气源热泵加温。

空气的热惰性比水体小，因此其自身储热能力有限。用空气作为传热介质主要是通过循环空气将高温空气中的热量储存到地面土壤或热惰性较大的砖、石或土墙内，到夜间再通过空气循环将白天储存在地面土壤或墙体内的热量置换出来释放到温室内，以弥补温室夜间热量的损失，从而保证室内一定的设计温度。空气在土壤和墙体内的循环方式有纵向和横向之分，所谓纵向就是空气沿温室长度方向流动，而横向则是空气沿温室跨度方向运动，对于墙体而言也就是沿墙体高度方向循环。

对相变材料的使用有几种方法：①将其与水泥砂浆混合涂抹在温室的内墙面；②与水泥砂浆混合制成水泥砖砌筑在温室内墙面；③灌装在管道容器内铺设在墙体内。日光温室用相变材料，一是要求其相变温度应与温室内温度管理相适应，在室内温度升高到25℃以上后开始吸热相变，从固态变为液态，在室内温度下降到16~18℃时开始放热相变，从液态变为固态，满足这一要求的单一相变材料目前还没有找到，因此研究中大都使用混合材料；二是要求在相变过程中不渗漏、不挥发。由于这些苛刻的要求，目前温室工程中还没有一种经济可行的材料推广应用，材料的开发还处在科研阶段。

五、按增大温室采光面的角度分类

光不仅是温室内作物光合作用的必备要素，而且也是保证温室内温度的主要能量来源。在保证温室保温的条件下，使温室获得最大限度采光是日光温室设计的主要目标之一。

传统的增大日光温室采光量的办法主要是提高温室的屋脊，或者说是增大前屋面的坡度，但过高的温室屋脊会大大增加温室的建筑成本，而且高大的空间对温室内作物的种植也没有更多的促进作用。此外，温室一旦建成，温室的采光面大小就不可改变，温室适应季节性变化的能力较差。

最新的研究是在尽量不增大温室屋脊高度的条件下，采用活动采光面，根据每日的日照变化和季节变化调整温室采光面的大小和坡度，从而一方面加大温室的采光量，另一方面也保证温室内光照分布更加均匀，以实现温室内作物均匀受光、整齐生长的目标。

增大温室采光面的措施可分别从前屋面、后屋面和后墙面3个面上考虑（表6）。前屋面增大采光量的措施是采用可变倾角屋面，即将前屋面做成二折式屋面，并将上部折面围绕二折面交线进行旋转，在需要增大温室采光时，将上部折面向上旋转，增大该折面的坡度，减小光线入射折面的角度，覆盖保温被前，温室不再需要采光时，启动上折面向下旋转，将其就位到原始位置，从而降低温室的室内空间，减小温室外围护面积，更便于温室保温。

日光温室增大采光方式 ┤ 可变倾角前屋面 / 活动保温后屋面 / 活动保温后墙面

表6 日光温室增大采光的方式

增大后屋面采光的措施是将传统的固定式保温后屋面设计为活动保温后屋面。采用与前屋面覆盖塑料薄膜和保温被相同的措施，在后屋面上安装活动保温被和卷帘机，在保温被下覆盖塑料薄膜。在需要采光的时节打开保温被，使天空辐射从后屋面进入温室，从而增大温室的采光量。这种设计在后屋面塑料薄膜上安装卷膜器，还可以形成通风窗，与前屋面通风窗结合而形成穿堂风，更有利于温室的夏季通风。这种设计方式在寒冷季节由于温室的保温需要后屋面保温被全天候覆盖，如同固定保温后屋面温室一样管理。所以，这种形式的温室更适合于冬季气温比较暖和的地区或者寒冷地区的温暖季节使用。

增大后墙面采光的方式有两种：①在后墙面设置大面积的采光窗；②温室后墙面采用与后屋面相同的活动保温被覆盖，寒冷季节覆盖保温被温室保温，温暖季节卷起保温被温室采光通风。事实上，在温暖季节卷起保温被后，日光温室基本形成与塑料大棚相同的全光型温室，不仅大大增强了温室的采光，而且温室的通风也得到了显著加强，在适当遮阳的条件下温室甚至可以安全越夏生产，真正实现了温室的周年运营。

如何选择日光温室骨架结构型式

日光温室的骨架形式有多种。从建筑材料分，有竹木材料、钢筋混凝土材料和钢材，其中钢材又有钢筋、圆钢管、椭圆管、C形钢等；从骨架的截面形式分，有单截面骨架和组装桁架骨架两种形式；从结构的承力体系分，有梁柱结构、墙梁结构、"琴弦"结构以及整体组装结构等。

选择什么形式的骨架结构，是温室设计和建设中首要解决的问题。一般应从以下几个方面考虑。

一是看骨架的材料。如果骨架用承载能力较弱的竹木材料，温室结构可选择"悬梁吊柱结构"，屋面拱杆用竹木材料，拱杆下布置沿温室长度方向的钢丝，并在钢丝与拱杆之间用短柱连接，室内立柱采用钢筋混凝土立柱（图1），我国早期的日光温室主要采用这种结构形式。后来的改进中将承载力较强的钢管或钢管／钢筋桁架加入进来取代部分竹木拱杆（一般相邻桁架中布置3~5根竹木拱杆），室内立柱也从多排立柱向单立柱，直至无立柱方向发展，典型的结构是山东寿光"五代"机打土墙结构日光温室（图2）。如果温室骨架采用钢筋混凝土材料，温室的跨度则不宜超过8.0m，室内可不设立柱。如果材料是钢筋或圆管，温室骨架可采用焊接桁架或组装桁架（图3）。如果材料是截面较大的圆管、椭圆管或C形钢，温室骨架可采用单管结构（图4）。

二是看温室的后墙是否为承重墙。如果温室后墙是可承重的砖墙、石墙或土墙，则温室骨架可直接坐落在后墙顶面，形成墙梁承重结构；如果温室后墙为保温板或保温被等非承重围护材料，温室屋面梁在后墙上的承重则需要设立后墙立柱和柱顶梁，从而形成组装式梁柱结构。

图1 "悬梁吊柱"结构日光温室

图2 "琴弦"结构日光温室

a.焊接桁架   b.组装桁架

图3 桁架结构日光温室

a.圆管结构   b.椭圆管结构   c.外卷边C形钢结构

图4 单管结构日光温室

　　三是看温室的跨度和当地的风雪荷载。如果温室跨度大，而建设地区的风雪荷载又较大，则温室骨架优先选择桁架结构。如果建设地区就近有热浸镀锌厂，可选择采用钢管／钢筋焊接后整体镀锌的桁架；如果没有镀锌条件，可选择用镀锌钢管或镀锌钢带辊压成型的C形钢组装的桁架结构。如果温室的跨度不超过9m，温室建设地区的风荷载不超过 $0.55kN/m^2$ 或雪荷载不超过 $0.5kN/m^2$，则温室的骨架可选择采用单管形式的椭圆管或外卷边C形钢。

　　经过30多年的研究和发展，我国日光温室的骨架结构型式从早期的"琴弦"结构逐步发展出了桁架结构，当前更是发展出了组装式单管结构，使日光温室的骨架结构向无立柱、轻简化、组装式方向发展。

一种后屋面演变为后墙的日光温室结构

迄今为止，对于日光温室后屋面的功能和做法，无论是学术研究还是工程实践都没有给出明确的定论，因此在日光温室的建设中包括后屋面的几何尺寸（投影宽度、后坡仰角）、热工参数（低限热阻、蓄热性能）、建筑做法（建筑材料、建筑构造）等各地做法都千差万别。

早期的日光温室研究中，后屋面是重要的保温结构，尤其在一些高寒地区，不仅要求后屋面的投影宽度大（2.0m以上，图1a），而且要求后屋面要厚重、保温。这种做法确实增强了温室的保温性能，但同时也带来了后屋面在春夏季节对温室后墙及后部种植作物的遮光。此外，厚重的后屋面也对温室结构的强度提出了更高的要求，在后屋面下增设立柱即成了常规的做法和需求，这又无形中提高了温室的建设成本，也给室内种植和操作带来不便。

山东寿光下挖式机打土墙结构日光温室率先对后屋面进行了革命，主要表现在：一是将后屋面投影宽度减小到1.0m以内（图1b），最短的后屋面投影宽度不到0.5m；二是对后屋面的保温要求进行了大幅度削减，常规的做法是在针刺保温被外直接覆土。这种做法不仅大大降低了温室后屋面对结构的荷载，而且温室后墙可以全季节无死角接受阳光，不仅不影响温室内作物的采光，而且由于增加了温室后墙的光照时间和采光面积，温室后墙的储热能力大大增强，由此也弥补了由于后屋面保温性能减弱而造成温室整体保温性能下降的损失。

随着近年来日光温室建设工业化水平的不断提高，传统的多层松散保温材料后屋面也逐步被标准化的工业化保温板材所替代，如早期的苦萎土板、现今的聚苯板、彩钢板等。这种材料的更替大大降低了温室后屋面的自重，而且由于材料自身的导热系数小，较小的厚度即可达到较高的保温要求（保温板材的厚度一般为10cm，严寒地区不超过20cm），因此，温室的采光、保温和结构轻简化

a.传统的长后屋面温室　　　　b.寿光短后屋面温室　　　　c.无后屋面温室

图1 日光温室后屋面投影宽度的变迁

水平都得到了大大提升。

在一些冬季气温较高地区的温室（如青岛、烟台、唐山）和高寒地区只进行越夏生产的温室，对后屋面的极端简化措施是完全取消后屋面（图1c），在最新的完全组装结构日光温室中，后屋面的功能也在逐步弱化，或采用短后屋面，或完全取消后屋面，使温室结构进一步向轻简化、标准化方向发展。

2020年7月在做河北省石家庄市无极县七汲镇设施蔬菜产业发展规划的现场考察中，笔者发现了一种另类形式的无后屋面日光温室。这种温室的部分后墙仍采用传统的机打土墙结构，保留了传统土墙结构日光温室的保温蓄热性能，但同时又把现代工业化保温板后屋面转移到了温室的后墙，形成了从外形上看无后屋面，从后墙围护材料看为两段结构的一种新型日光温室结构。在此介绍给广大的读者，供大家研究和借鉴。

一、温室结构的演变

后屋面的改进和变形首先表现为温室屋面结构的变化。传统的无后屋面温室，温室前屋面骨架要么是直接搭设在后墙压顶圈梁（或梁垫）上，要么与后墙立柱连为一体，完全取消了温室的后屋面骨架。但七汲镇的温室则保留了温室后屋面骨架，与传统的有后屋面温室相比，只是将倾斜或圆弧形的后屋面骨架改变成了直立的后屋面骨架（图2a），而且为了增强温室结构的承载能力，有的温室还在原来倾斜后屋面骨架的位置增设了斜支撑（图2b），这种设计对抵抗屋脊位置卷帘机和保温被的荷载具有非常积极的作用。

由于将倾斜后屋面变为了直立后屋面，事实上，也就相当于取消了温室后屋面而提高了温室的墙体高度或者说将温室的屋脊脊位后移到了温室后墙。这种改变，从温室的整体保温性来看，与相同结构有后屋面温室相差无几，但将后屋面从倾斜改变为直立后，一是温室后屋面的防水问题得到了彻底解决；二是温室后墙可以全天候接受太阳辐射。从另一个角度分析，将温室后屋面从倾斜改变为直立后，一是温室脊位后移将加大前后温室栋与栋之间的间距，不利于提高土地的集约利用；二是前屋面骨架和后墙骨架呈锐角连接，在转折点容易形成应力集中，非常不利于结构的内力传力，由此采用图2b中的加强措施也是不得已而为之。综上可见，这种结构的改良还是利弊共存，总体而

a.直立后屋面　　　　　　　　b.附加斜支撑　　　　　　　　c.与后墙立柱连为一体

图2 屋面骨架的演变

言，似乎还是弊更多于利。

将后屋面彻底改良的另一种方法是取消后墙承重，将上述改良后屋面骨架直接作为后墙立柱从屋脊直通到后墙基础（图2c）。这种改良不仅彻底摒弃了传统日光温室墙（后墙）–梁（屋面梁，即屋面骨架）承重体系，而改为了柱–梁承重体系。墙体不再行使承重功能后，其基本功能将转化为围护、保温和储热，由此温室的后墙将由大面积土墙改变为大面积保温围护（图3a、b）。对于机打土墙结构日光温室而言，由于大幅度减少了后墙土方，由此温室的挖土方以及温室的地面下挖深度也相应显著减小，虽然没有完全摒弃挖土的建设思想，但由于后墙土方量减少，可以采用下挖两栋日光温室之间空地的方法来补充后墙建设的土方需要，只要做好场区排水，基本可以保证不破坏温室内种植地面的土层，从而在一定程度上保护了耕地，更完全保护了温室内的土壤耕作层，温室地面不下沉也不会造成室外积水倒灌、温室内湿度过大等问题。应该说这种改良还是利更大于弊。

将高土墙改为矮土墙在温室结构上的另一种改进方法是将土墙内置在保温墙内（图4）。这种做法是在后墙设置一立一斜一组墙柱，低矮土墙内置在两根柱的中下部（图4a），在立柱的两侧分别展挂保温板或保温被（图4b）即形成既保温又储热的温室墙体。需要强调的是，这种改进由于增加

a.高土墙   b.矮土墙

图3　温室后墙的演变

a.墙体结构   b.墙体保温

图4　低矮土墙内嵌在保温墙内的做法

了一道斜立外墙立柱，与温室屋面拱架形成了钝角连接，由此也有效减轻了柱－梁连接处的应力集中，更有利于温室结构承载能力的提高。在温室结构承载能力要求不高（如温室跨度较小或风雪荷载较小的地区建设温室）时，甚至还可以省去墙体内侧直立柱，从而大幅降低温室结构的建设成本。

二、室内立柱的设置

除了屋面和墙体结构的改变外，考察中还发现室内立柱的设置很不规范。第一种做法是将立柱插入墙体基部（图5a）。这种做法，立柱的设置不影响室内作业，便于机械化作业和室内种植安排，但从结构的合理性来讲，由于立柱在屋面拱架上与后墙立柱之间距离过小，二者分担屋面拱架内力的位置相对集中，对骨架整体结构的强度提升有限。第二种做法是将立柱设置在后走道的外沿（图5b）。这种做法，立柱设置也基本不影响室内的种植，而且立柱倾斜，柱顶设置在屋脊通风口的下沿，不仅有利于屋面通风口的设置，而且也更能分散屋面拱架的支点，有利于提高温室结构的整体承载能力，是一种比较好的立柱设置方案。第三种做法是在前两种做法的基础上，采用临时立柱的方法在温室中部设置立柱（图5c）。合理的屋面拱架设计原则上不推荐采用这种方案，但如果遇到偶遇荷载（如极端降雪、极端暴雨等），作为临时支撑，保全结构，保证安全生产也不失为一种有效的应急措施。

a.单立柱插入墙基　　　　　　b.单立柱设在走道边　　　　　　c.多立柱

图5 室内立柱

三、改进直立后墙的建筑构造

将传统的倾斜后屋面板改为直立后墙板后，两段墙体连接的构造处理是这种结构有别于传统日光温室的一个重要特点。由于直立后墙板主要起防水和保温作用，无承重功能，所以，在构造处理上用塑料薄膜将直立后墙板全部包裹，并将包裹直立后墙板的塑料薄膜进一步延伸到下部土墙，使直立后墙板与土墙外表面形成统一的防水面（图6a），可有效解决两段墙体衔接处的水密性问题，同时用塑料薄膜覆盖下部土墙也可永久保护土墙不受雨水侵蚀。为了保证土墙面塑料薄膜的牢固固

a.塑料薄膜包裹保温板和土墙   b.保温被覆盖保温板

图 6　后墙材料的保护

定，设计者在后墙面外侧间隔一定距离设置塑料薄膜压板，从而可保证在大风天气塑料薄膜不被风吹起。

后墙上部保温板与温室骨架的固定采用了"琴弦"结构屋面固定塑料薄膜的办法，即在保温板的外侧敷设一根压条，将压条与温室骨架用钢丝连接即可将保温板牢固固定在温室骨架上。

为了进一步增强后墙上部围护部位的保温性能，在铺设保温被时，有意将保温被后延，在完全覆盖后墙上部保温板后用沿温室长度方向通长的压条固定（图6b），其中固定压条可采用地锚钉，上端固定压条后，下端打入土墙。由此，温室墙体的保温和防水都得到了良好的保证。

一种无后屋面活动保温后墙组装结构日光温室

一、引言

2019年7月23—26日应全国农业技术推广服务中心（以下简称"中心"）之邀，笔者赴河北省张家口市康保县参加中心对口扶贫援助的调研活动。25日下午我们来到了忠义乡马莲卜村的沃野种植专业合作社，调研这里的设施蔬菜种植情况。

进入合作社的生产基地，道路两侧明显对比的两列日光温室（图1）吸引了笔者的眼球。东侧是典型的传统日光温室（图2），墙体为砖墙，后屋面为保温彩钢板，前屋面采用针刺毡保温被中卷保温，温室屋面骨架采用焊接桁架（所不同的是桁架腹杆与上下弦杆不是倾斜焊接而是垂直焊接，而且腹杆布置的间距较大且不均匀，结构的整体承载能力应该比腹杆与弦杆倾斜连续焊接的桁架差）；而西侧温室则是一种全新结构，后墙透光、活动保温被覆盖保温，温室无后屋面，后墙立柱和屋面承力骨架一体化连接，单管承力、整体组装，从外表看是一种非常轻盈的结构形式（图3）。

不论是传统日光温室还是新型日光温室，温室两侧都没有配置门斗。要知道，这里地处北纬42°地区，冬季温度经常在−30℃以下，是日光温室发展的典型高寒地区，温室不设门斗，保温又如此简陋，种植果菜如何才能越冬生产？带着这些疑问，调研团队聆听了生产基地负责人的介绍，原来两种不同结构温室是不同时期建设的产物，温室主要利用当地的冷凉气候条件进行夏季果菜生

图1 基地整体建筑布局

a.南屋面　　　　　　　　　　b.北后墙　　　　　　　　　　c.内景

图2　基地传统的日光温室

a.南屋面　　　　　　　　　　b.北后墙　　　　　　　　　　c.内景

图3　无后屋面活动保温后墙日光温室

产，冬季深冷时节由于加温成本高、生产风险大而休闲备耕。这里是全国的夏菜生产基地，其生产的蔬菜正好填补盛夏季节华北平原高温酷热不能进行蔬菜生产（或者在温室中勉强生产，但需要遮阳降温，运行成本高、产品市场竞争力差）的淡季，其生产的茬口安排也正好与华北平原日光温室冬季生产夏季休闲的模式完全错位。看来我们的温室设计不能抱着老脑筋一味强调和追求冬季生产，而应根据当地的气候条件和产品的市场供应情况，以最大经济效益为目标，因地制宜选型设计才是最实用、最科学，也最接地气的设计方案。

　　在知道了温室用途后，让我们跟随基地负责人的脚步来共同领略一下基地内这种无后屋面活动保温后墙结构日光温室的结构与性能特点吧。

二、无后屋面活动保温后墙温室结构

　　传统日光温室后墙和后屋面都是不透明的永久保温围护结构，被动储放热墙体除了承重和保温外还承载着白天储热夜间放热的功能。虽然近年来有的日光温室用塑料薄膜和柔性保温被覆盖后屋面将其设计为可活动屋面，在冬季寒冷季节覆盖保温被如同永久保温后屋面一样满足温室的保温要求，到了春秋季节室外温度升高时，可如同前屋面保温被一样白天卷起保温被温室从后屋面采光、通风，夜间展开保温被温室保温。这种做法不仅可提高温室的采光性能，也更有利于温室的通风和降温。

　　温室取消后屋面，并将后墙做成活动保温被覆盖的保温和采光结构，似乎是前述活动保温后屋

a.整体结构　　　　　　　　b.后墙立柱与基础的连接　　　　　　c.山墙立柱与基础的连接

图 4　无后屋面活动保温后墙日光温室结构体系

面的进一步发展（后墙和后屋面合二为一），又似乎是不对称结构外保温塑料大棚在日光温室结构上的一种变形（将塑料大棚的圆拱侧墙面变成了日光温室的斜立后墙）。不管是从哪种设施形式演变而来，这种新型的无后屋面活动保温后墙结构日光温室不仅保留了传统日光温室后墙的保温特性（夜间覆盖保温被），同时也获得了塑料大棚全方位光照的采光优点，使温室内种植作物的采光量更大、更均匀。此外，在晚春到早秋季节使用，温室的降温负荷减小（一是完全消除了后墙的储放热功能，消除了墙体向室内释放热量的热源；二是单层塑料薄膜的热阻很小，更有利于散热；三是打开后墙塑料薄膜可进一步加强温室通风，提高温室的降温能力），可进一步延长温室的使用季节。这种温室在气候比较温暖的地区还是有很大的推广应用空间。

　　由于革新了温室后墙围护材料，与传统的土建结构日光温室相比，无后屋面活动保温后墙结构日光温室自身的建筑荷载大大减轻，这为温室结构的轻简化创造了条件。该温室后墙立柱和前屋面拱杆采用一体化的排架结构承力体系，承力构件统一采用 DN50（外径 60.3mm，壁厚 3.5mm）热浸镀锌钢管，工厂加工，现场组装（图 4a），大大提高了温室建设的标准化水平和建设速度，同时也大大降低了温室建设的工程造价。为了增强构件的承载能力，设计者还将后墙立柱和屋面拱杆的构件截面由圆管辊压成了椭圆管，有效增大了构件的截面模量，对提高构件的抗弯强度具有非常积极的作用。

　　采用轻简化组装结构后，除了温室后墙立柱和前屋面拱杆直接连接形成一体化构件外，构件与基础的连接也采用一一对应的连接方式，山墙柱基础和后墙柱基础全部采用独立基础（图 4b、c），温室整体结构形成完全的排架结构体系。按照排架结构的设计要求，使每个独立的排架构件形成整体的承力体系，设计者在温室结构的纵长方向共设置了 7 道纵向系杆，其中屋面拱杆上设置 4 道，后墙立柱上设置 3 道（图 4a）。为了增强排架结构的整体稳定性，在靠近山墙的第一个开间屋脊部位还增设了空间斜撑（图 5a），但从规范的要求看，这种斜撑设置的数量仍显不足，设置的位置也有待商榷。

　　排架拱杆与纵向系杆之间的连接采用典型的椭圆管与圆管组装结构交叉连接方法（图 5b），即在承力立柱或拱杆上用自攻自钻螺钉固定连接卡（该连接卡为热浸镀锌钢板冷压成型，工厂生产、现场组装，通用定型产品、批量生产、造价低廉）的开口端后将纵向系杆插入连接卡背部凹槽，用销钉在凹槽内卡紧纵向系杆即可牢固连接纵向系杆和承力构件（立柱或拱杆）。这种连接不仅安装方

a.山墙处设置斜支撑　　　　　b.立柱、拱杆与纵向系杆的连接　　　　　c.山墙立柱在屋面拱杆上的连接

图5　温室节点构造

便，而且也容易拆卸。温室结构需要拆迁或结构构件需要更换时，都可以很方便地将其拆卸并重新安装。

美中不足的是该结构山墙立柱与屋面拱杆的连接采用现场焊接的连接方式（图5c）。由于焊接直接破坏了焊接节点处钢结构构件的表面镀锌防腐层，这将直接影响构件的使用寿命。这也可能是没有找到合适的标准化构件连接件，专门开发又会因为用量少导致成本高的缘故吧。

三、温室通风

传统的日光温室通风大都采用前屋面和屋脊通长开设通风口的方式进行自然通风。控制通风口开启的方式主要采用卷膜方式（包括手动卷膜和电动卷膜），屋脊通风口也大量采用卷绳拉膜的启闭方式，因为这种通风口开启方式启闭通风口大小一致、启闭时间同步，温室通风均匀。

基地中的无后屋面活动保温后墙温室保留了传统日光温室前屋面位置的通风口（图3a），没有设置屋脊通风口，但却在温室后墙的中下部位置开设了通风口（图6）。可能是考虑建造成本的因素，所有通风口都没有安装卷膜或拉膜开窗的通风设备，而是全部采用最原始的手动扒缝通风的方式。

从通风口的设置位置看，前屋面通风口和后墙面通风口全部打开时能够在室内形成沿温室跨度方向的穿堂风，通风效率高。但由于前屋面和后墙面上通风口的设置位置都偏低，排除集聚在屋脊部位的高温空气有一定难度，会在作物冠层上部形成一个长期滞留的高温气团，对作物冠层形成辐射热源，不利于降低温室作物冠层的体感温度。如果能和传统的日光温室一样，在屋脊开设通风口，则能快速排除集聚在室内屋脊部位的高温气团，消除对作物冠层的炽热辐射，尤其到了室外温度较低的季节，当后墙面通风窗无法打开时（打开后墙面通风窗，通风量过大，会引起室内温度急剧下降），单独打开屋脊通风口可及时排除室内湿气，引进室外新鲜空气并降低室内温度。从更加合理或者优化控制温室内通风的角度看，除了前屋面和后墙面通风口之外，这种温室还应设置屋脊通风口。

从控制通风口启闭的手段看，该温室全部采用人工扒缝的启闭方式，没有配置任何机械或电动控制设备，应该说是一种落后的控制方法。一是人工启闭通风口需要花费的人力成本较大、劳动强度高；二是控制通风口的大小不一致，室内通风不均匀；三是控制通风口启闭的时效性差，不能及时根据室内外温度的变化快速反应控制通风口的启闭。为此建议尽早在前屋面和后墙面安装手动或

图 6　温室后墙人工扒缝通风

电动卷膜开窗设备，在屋脊安装卷绳拉膜或卷膜开窗系统，以提高温室管理的机械化和自动化水平，减轻劳动强度，提高环境控制的精度和时效性。

四、温室保温

　　保温是日光温室赖以在北方大部分地区不加温越冬生产的关键技术之一。但基地内无后屋面活动保温后墙结构日光温室对保温的设计并没有像传统日光温室那样给予足够的重视。

　　温室的山墙采用中空 PC 板围护（图 7a）；温室的前屋面和后墙面均采用单层透光塑料薄膜外覆盖活动保温被保温的做法，且保温被材料采用保温性能较差的针刺毡保温被（图 3a、图 7c）；为了方便安装和检修塑料薄膜以及保温被，温室的屋脊处覆盖了一层铁皮瓦楞板（图 5a、图 7b），基本不具备任何的保温隔热能力；温室山墙侧门口没有设置缓冲门斗，只用一幅门帘遮盖；温室墙体和地面上也没有设置主动或被动储放热设备。总体而言，温室的保温性能应该不高，甚至不如基地内东侧早期的日光温室。这种设计或许也正是因为温室不越冬生产的缘故吧。

　　严密保温是日光温室设计和管理中的主控要素。该温室虽然前屋面的保温和传统日光温室完全相同，但取消后屋面并将传统的固定保温后墙改为活动保温后，温室围护结构的整体保温性能明显

a.山墙保温

b.屋脊保温

c.后墙保温

图 7　温室保温

下降。各地在学习引进这种温室结构时一定要根据当地的气候条件和种植季节加强或调整温室的保温性能，需要时还应配置主动或被动储放热设备，使这种温室冬季运行的日光温室特性能得到基本保证，同时又能使其夏季运行的塑料大棚特性得到充分体现。

五、无后屋面活动保温后墙结构日光温室的发展前景与设计方法探讨

1. 历史沿革与推广前景

对日光温室后屋面的研究，包括后屋面的功能、几何尺寸和热阻及材料选择等，目前还没有一套完整的科学理论体系指导工程设计。从长期的理论研究和工程实践看，日光温室建设从强调保温的长后屋面，到山东寿光机打土墙结构日光温室的短后屋面，再到如今的无后屋面结构，是人们对温室保温、采光以及结构强度几个主要设计要素相互关系不断认识和优化的结果。

在日光温室发展的初期，温室设计注重保温（主要是日光温室的发源地辽宁冬季比较寒冷），设计中更强调增大温室的保温比，由于后墙低矮，增大保温比的办法只有加大温室的后屋面投影宽度，一般温室后屋面投影宽度均在 1.0m 以上，长的甚至超过 2.0m。这种温室结构，由于后屋面投影宽度大，虽然温室的保温性能良好，但屋面遮光也造成温室地面北部区域从晚春到早秋光照不足，室内光照不均匀，严重影响室内种植作物的采光。此外，由于后屋面大都是固定的保温结构，屋面结构荷载较大，从结构安全的角度考虑室内立柱难以取消，这给温室日常管理和操作带来很大不便。

山东寿光机打土墙结构日光温室，由于后墙加高，而且厚度较大，同时也为了减轻后屋面的荷载，后屋面的投影宽度多在 0.5~0.8m。由于后屋面投影宽度缩短，使温室的屋面采光面积大大增加，一方面提高了温室白天的室内温度，保证了温室作物足够的采光，另一方面也大大延长了后墙上接受光照的时间和光照强度（尤其在春夏秋季），通过墙体的储热从另一种途径弥补了温室保温比的不足。此外，日光温室技术从辽宁传播到山东，由于山东冬季的气温要远远高于辽宁，对日光温室的保温要求也相应降低，缩短日光温室后屋面投影宽度，减小温室保温比似乎也是日光温室发展适应不同气候条件的结果。

无后屋面温室则是将温室后屋面设计推向了极端。从无后屋面结构日光温室的建筑形式看，主要有直立后墙、斜立后墙和弧面后墙 3 种形式（图 8）；从后墙的用材看，有柔性保温材料（保温被、保温帘）、刚性保温材料（砖墙、聚苯乙烯空心板、彩钢板）；从柔性保温材料的固定形式看，有永久固定式和活动卷被式。

取消温室后屋面，完全消除了传统日光温室后屋面对温室室内采光的遮挡，温室结构上后屋面的固定荷载也完全消失，温室结构更倾向于向组装式、轻简化方向发展。由于取消温室后屋面，在相同跨度和后墙高度的条件下温室的保温比将会最小。根据温室的实际保温性能，这种类型的日光温室也将更适合在冬季或生产季节室外温度更高的地区推广应用。笔者曾在山东青岛、烟台和河北唐山看到过类似完全无后屋面的日光温室结构。事实上，该生产基地的无后屋面温室就是河北唐山的温室企业建造的。从建设这种类型温室的分布地域看也正好说明了这种温室更适合在冬季或生产

| a.柔性材料活动保温直立后墙 | b.刚性材料固定保温斜立后墙 | c.柔性材料固定保温弧面后墙 |

图8 无后屋面日光温室后墙的几种形式

季节室外温度高于 –10℃左右的地区推广。

　　组装式、轻简化是当前日光温室结构发展的新趋势，无后屋面活动保温后墙结构日光温室由于荷载减轻，温室结构更适合走向组装式和轻简化。节约能源、周年生产、提高土地利用率是未来我国温室设施发展的必然要求，无后屋面活动保温后墙结构日光温室冬季寒冷季节按照日光温室管理运行，保温节能；炎热夏季按照塑料大棚管理运行，降温负荷小，运行能耗低；温室周年使用，土地利用率高。从这个角度看，这类温室也引领了未来日光温室发展的一种方向。

2. 结构特征与设计方法探讨

　　无后屋面温室的出现给我国传统的日光温室大家族又增添了一种新的结构形式。这种温室由于取消了传统日光温室的后屋面，与传统日光温室相比，优点主要表现在：①前屋面采光面积加大，室内地面、墙面均不会出现由于后屋面结构遮光而产生的阴影带；②传统的屋面荷载消失，结构的永久荷载（恒载）减轻，更便于温室结构向轻简化方向发展。但取消后屋面后，与同样脊高的传统日光温室相比：①温室的后墙高度加高，对温室后墙结构的强度要求也相应提高；②温室屋脊后移，会直接影响后栋温室的采光，或者说前后温室之间的间距加大；③温室的保温比减小，虽然白天前屋面的采光量有所增大，但夜间的散热面也同样增加，对温室的保温性能提出了更高的要求。

　　为了减少后墙直立造成前后栋温室之间间距增大的影响，具体实践中可以将温室后墙斜立（图8b）或做成弧面（图8c），将屋脊前移。这样做还可以减少前屋面骨架对后墙立柱的推力，减小温室墙体结构承受的弯矩，从而提高结构的承载能力或减小构件的截面面积，降低温室建设成本。将温室屋脊前移，应以不影响温室室内地面和墙面采光为前提，可将温室后墙的倾斜角度取为当地夏至日中午的太阳高度角，但考虑到温室内靠后墙走道的存在以及温室内不同种植作物冠层的高度，实际设计中还可将屋脊进一步前移，使屋脊与室内种植作物最靠近后墙一株植物冠层位置连线的倾斜角度与当地夏至日中午的太阳高度角一致，即完全不会影响温室作物生产周年的光照。进一步考虑如果当地夏至日中午的散射光强度也能达到种植作物的光合作用饱和点（甚至到补偿点），遮挡作物冠层的直射光还有利于降低温室内的温度，这种情况下温室的屋脊位置还可以再进一步前移。

　　将温室后墙面做成活动保温后墙后，由于温室可以从后墙面采光，温室的脊位控制似乎没有不透光固定后墙温室的那些限制了。对这种温室脊位的控制，应以能够打开后墙面采光时节当地中午的太阳高度角为依据，按照上述不透光固定后墙温室脊位的方法确定。

　　温室屋脊前移，不仅可缩短温室前后栋之间的间距，而且墙体立柱承受前屋面拱架的推力将进一步减小，立柱构件的内力分布也均匀。如果将斜立后墙立柱进一步改进为弧形拱杆，与前屋面拱杆形成非对称拱面结构，其构件的内力分布将会更加合理，弯矩减小、压力增大，构件截面将会进一步减小，只是需要对直杆进行弯曲加工，不仅多了一道加工程序，而且需要专门的加工设备和平台，给温室构件的加工增加了生产成本。

　　对温室后墙的保温，除了选择高保温性能的保温被材料、增加保温被厚度外，还可考虑采用双层保温被，在墙体基部1.0m左右的高度范围内设置永久固定的保温墙体，不会影响这种温室的采光和通风，但对提高温室的保温性能，尤其对限制地面土壤的散热，将具有非常积极的作用。

　　上述温室屋脊前移的设计方法只是笔者的一种理论设想，没有经过实践检验，仅供读者在具体应用和设计中参考，大家如有更好的设计方法欢迎交流。

一种自防水无拼缝橡塑保温被围护的主动储放热组装结构日光温室

——记北京华美沃龙农业科技有限公司的创新

随着国家对耕地用途管理的要求越来越严格，传统的对土地破坏比较严重的土墙或砖墙结构日光温室在基本农田甚至在一般农田上建设的难度越来越大。为此，行业内已经开启了对日光温室墙体的革命，其中墙体占地面积小的轻型组装结构日光温室是一个发展方向。组装结构日光温室墙体围护采用轻质柔性或刚性保温材料，墙体厚度大多可控制在10~30cm，与机打土墙结构日光温室（墙体厚度在5~7m）相比，墙体厚度仅是其1/70~1/15；与最薄的外贴保温板的砖墙结构日光温室（墙体厚度为50cm左右）相比，墙体厚度也仅是其1/5~3/5。这种结构不仅可显著减少温室墙体建设的占地面积，而且建筑材料为工业化产品，标准化水平高、建设施工速度快。

目前在生产中研究和推广的组装结构日光温室使用的墙体保温围护材料主要有刚性的EPS空心模块、彩钢板、挤塑板等，以及柔性的草苫、喷胶棉、涤棉、纺织工业下脚料制成的针刺保温被等。实践发现，单纯采用保温隔热材料作墙体围护材料的日光温室虽然具有良好的保温隔热性能，但失去了墙体的储放热功能，很多地区温室室内温度难以达到果菜安全生产的要求。此外，很多柔性保温材料难以解决吸水吸潮的问题，亦导致自身保温性能逐年下降。为此，进一步的深入研究是在保温墙体组装结构的基础上增设主动储放热设备，比较成功的案例是在温室后墙张挂水膜板和摆放水箱。前者采用循环水白天将储水池中的水通过水泵提送到张挂在温室后墙内表面的水膜板中（此时的水膜板为吸热板），吸收墙面太阳辐射和室内空气对流传热热量后回流到储水池，从而提高储水池中的水温；夜间温室需要补温时再将储水池中的热水重新提送到温室墙面上的水膜板（此时的水膜板为散热板）向温室内散热，提高温室室内空气温度。储水池为保温水池，一般设置在室内地面以下，一是不占用温室生产用地；二是可依靠温室土壤稳定且较高的温度场，减少储水池的热损失。后者则是用厚度20~30cm充满水的黑色塑料水桶内贴支撑在温室后墙形成"水墙"，如土墙或砖墙一样，水桶中的水被动储放热。水体不循环，可减小水循环设备的投资和运行费用，但这种方式被动储放热不能自主控制室内温度的劣势也显而易见。

采用柔性保温被作墙体保温围护材料，施工速度快、维修更换方便，但大部分材料使用寿命短，幅与幅之间的连接有的采用搭接，有的采用缝合，接缝处的防水和密封问题经常是延长材料使用寿命、提高温室保温性能的"短板"。为此，找到一种使用寿命长的保温被材料及其拼接严密的密封方式一直是当前行业内探索的一个焦点问题。

北京华美沃龙农业科技有限公司（由北京卧龙农林科技有限公司和华美节能科技集团投资创办，以下简称"华美沃龙"）长期以来一直致力于柔性保温被材料及其安装方式的研究和推广，发明了用改性橡塑板为保温芯材、抗老化 PE 膜为保护面层的轻质全闭孔发泡自防水保温被。这种保温被幅与幅之间的连接采用橡塑保温芯材胶粘对接、PE 膜面层搭接现场热合方式，使覆盖温室的全部保温被可形成一个整幅，完全消除了传统保温被幅与幅之间难以搭接严密、缝隙易漏风的问题，而且外观平整、光滑，不论对风力的气流还是雨雪的水流都不会形成任何的阻挡，使用寿命长（厂家保证 10 年以上使用寿命），防水防潮、防风密封性能好，保温隔热能力强，相比而言，其保温、防水、耐老化性能在目前行业内均非常优异。

为配合这种保温被的推广和应用，华美沃龙结合行业组装式日光温室发展的要求，研究开发了一套以橡塑保温被为柔性保温材料的组装结构日光温室，并配套发明了墙面和土壤两组主动储放热系统，形成了一套完整的柔性保温材料围护、具有主动储放热功能的轻型组装结构日光温室。该温室在北京、内蒙古、宁夏、新疆、河北等地推广，能够在最冷季节使温室室内外温差达到 38℃ 以上、根系土壤温度保持在 17℃ 以上。其热工性能应该说达到了目前国内同类技术的领先水平，为我国日光温室技术的发展和推广增添了一种高性能的"家族成员"。此外，该温室在一些细节设计中也有多处创新。本文就该温室的结构、保温及储放热设备及其性能做一系统介绍，可供业界同仁们研究和推广。

一、温室建筑结构

1.温室建筑

温室总体尺寸顺应当前日光温室向大型化发展的潮流，采用跨度 12m，脊高 5.5m，后墙高 4.0m，后屋面投影宽度 2.0m。单栋温室长度以 100m 为单元，轴线面积为 1 200m²，可根据温室建设地的用地条件和温室建设者的投资能力改变温室长度和面积。

为了提高温室前部的操作空间，将传统的距离温室前沿 0.5m 处的拱架高度由 1.0m 提高到了 2.2m。温室内无立柱，更便于机械化作业和室内种植布局（图 1a）。此外，为便于温室运行期间作业机具以及温室施工期间设备和材料进入温室，设计在温室山墙上专门开设了机具进出的大门（图 1b），温室日常管理期间该门常闭，只有在大型机具和材料进出温室时才打开使用。这种做法解决了温室作业机具从前屋面进出温室需要打断温室拱架可能会削弱温室结构承载能力的问题，而且大门门洞开设大小不受屋面拱架间距的限制，机具从山墙出入温室也避免了过多的转弯路径，较门斗上开设机具进出门工程量小，运行管理方便。

温室外围护全部采用柔性保温被覆盖（图 1b、c），保温被材料采用华美沃龙开发的改性橡塑保温被材料，其导热系数可达到 0.032W／（m·K），外表面采用白色红外线反光膜，可有效降低材料的辐射散热，而且表面光滑、美观，使用寿命长久。

温室门斗在建筑尺寸上和传统日光温室相同，但门斗结构和围护与新型温室一样，采用组装式轻钢结构和相同的保温被围护（图 1b）。

| a.内景 | b.入口侧山墙及采光面外景 | c.后墙及山墙外景 |

图1 温室建筑

2.温室结构

温室结构采用完全组装结构（图2a），前屋面和后屋面拱架采用单管拱架，可用闭口截面的椭圆管或开口截面的外卷边 C 形钢，在前屋面和后屋面之间设有屋脊拉杆（图2b）。温室前屋面设 6 道纵向系杆，后屋面设 2 道纵向系杆。此外，在温室的纵向方向还设有屋脊梁和柱顶梁，在温室后墙立柱上还设有 2 道纵向系杆。温室的后墙和山墙采用双立柱格构结构（图2c），立柱和腹杆均采用方管，结构承载能力强，更有利于抗风。

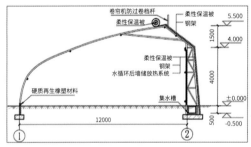

| a.整体结构（单位：mm） | b.屋脊拉杆 | c.山墙侧格构立柱 |

图2 温室结构

所有结构材料均采用热浸镀锌管材，其中山墙和后墙格构柱可采用工厂焊接后整体热浸镀锌，也可采用镀锌钢管现场焊接并剔除焊渣后现场喷锌或涂刷防锈漆进行表面防护，显然前者的整体防腐效果更好，结构使用寿命也更长，但加工、运输成本高，而后者则现场安装工作量大，焊接和防腐质量不能有效保证。

3.结构连接节点

温室结构连接节点主要包括屋面拱杆与基础的连接、屋面拱杆与纵向系杆之间的连接以及屋面拱杆与屋脊拉杆的连接等。这些连接节点因拱杆的用材不同而有差异，一般轻型组装结构日光温室拱杆多用椭圆管和外卷边 C 形钢。

对于椭圆管拱杆，拱杆与基础的连接一般采用连接板连接，即用角铁连接板通过自攻自钻螺丝将屋面拱杆与基础顶面的地梁连接在一起，地梁卧铺固定在基础上即可（图3a）；与圆管纵向系杆之间的连接多采用销栓连接，即在拱杆上用自攻自钻螺钉固定销座，将纵向系杆插入销座孔口后用键销扣紧系杆（图3b）；与屋脊拉杆之间的连接基本采用抱箍连接，即用抱箍环抱拱杆后，将屋脊拉杆的端头压扁插入抱箍的开口"鸭嘴"中，用螺栓连接抱箍和屋脊拉杆即可（图3c）。

对于外卷边 C 形钢拱杆，与基础的连接多采用内插管的连接方式，即在基础上预埋一根截面外形尺寸与外卷边 C 形钢内径尺寸相匹配的矩形管，将外卷边 C 形钢拱杆外套在矩形预埋管上，从 C 形钢的两侧壁开孔穿螺栓将 C 形钢与矩形预埋管连接在一起（图4a）；与纵向系杆的连接，由于纵向系杆多选配外卷边或内卷边 C 形钢，所以可直接用螺栓或自攻自钻螺丝将纵向系杆固定在外卷边 C 形钢拱杆的翼缘上（图4b）；拱杆与屋脊拉杆的连接可采用将拉杆插入外卷边 C 形钢拱杆内腔的做法，在 C 形钢的两侧翼开孔，通过螺栓将二者连接在一起（图4c）。

a.拱杆与基础连接

b.拱杆与纵向系杆连接

c.拱杆与屋脊拉杆连接

图 3　椭圆管拱杆连接节点

a.拱杆与基础连接

b.拱杆与纵向系杆连接

c.拱杆与屋脊拉杆连接

图 4　C 形钢拱杆连接节点

4.基础结构

温室的基础分为两种：一种是拱杆与基础一一对应；另一种是独立基础上设纵向地梁，拱杆连接在纵向地梁上。

拱杆与基础一一对应的基础一般为每个拱杆下设独立基础，基础多用 200mm×200mm 方形截面或 Φ200mm 圆形截面钢筋混凝土材料，基础埋深视温室建设地点的最大冻土层深度和地基持力层位置，一般应将基础坐落在持力层的老土上，且不小于最大冻土层深度。这种基础施工对土地的破坏最小，可在基础位置钻孔，然后在钻孔内浇筑钢筋混凝土基础，施工不需要模板，施工土方量小，是组装结构日光温室适应土地管理政策最好的工程措施之一。

对于拱杆安装在地梁上的基础，基础一般也采用独立基础，但基础之间的间距可拉大到 1.5~3m，相应基础的截面加大，多为（300mm×300mm）~（500mm×500mm）。基础表面预埋件上焊接短柱，短柱顶面焊接地梁，地梁上按照拱杆的间距和布置位置焊接拱杆连接插管，拱杆连接在插管上（图5）。在基础与拱杆结构安装完成后或者基础与拱架地梁施工完成后，在相邻基础之间安装保温板，保温板用硬质再生橡塑材料，厚度为 100~200mm，埋深达到基础底面，上部与拱杆地梁下表面齐平。实践中，基础顶面的地梁也可以用钢筋混凝土圈梁替代，圈梁的截面尺寸一般不小于 200mm×200mm，在圈梁上埋预埋件焊接钢管地梁或直接焊接屋面拱杆的短柱。由于基础截面加大，施工时需要开挖基础基坑，对土地的破坏较上述与拱架一一对应基础严重，对土地破坏要求严格的地区未必适合。

a.基础结构构件

b.基础建筑装饰

c.施工完毕后的基础

图 5　拱杆连接地梁的基础做法

二、保温系统

日光温室的保温系统由固定保温和活动保温两部分组成。固定保温就是用柔性保温被对温室墙面（包括后墙和山墙）和后屋面的固定围护和保温。活动保温是对前屋面的夜间覆盖保温，在卷帘机的驱动下白天卷起、夜间展开，故称为活动保温。除了基本的墙面和屋面围护保温外，华美沃龙还根据传统日光温室南侧地温低、作物生产边际效应显著的特征专门增设了南侧基础的保温。

1.固定保温在温室结构上的安装

由于温室采用柔性保温被覆盖的组装结构形式，温室除了采光前屋面外，其他所有的外围护面，包括温室后屋面、后墙、山墙以及门斗屋面和围护墙，都是柔性保温被固定覆盖。

固定保温被在温室结构上的安装步骤：

首先是在平地上把单幅的保温被拼接后将其通过搭接裙边热合成多幅一体的大幅宽保温被（连接保温被幅数根据施工场地大小和温室长度确定）。

其次是将拼接的大幅宽保温被覆盖在温室墙面和屋面骨架的外表面。温室后墙和后屋面保温被为一张整幅被，其上边通过卡槽压紧后用自攻自钻钉固定在温室拱架的屋脊梁上（图6a），整幅被覆盖温室后屋面和后墙后将其下边延伸到温室基础顶面。温室两侧山墙以及门斗各平面分别为一张整幅被（门斗的屋面和后墙可为一幅被），从墙面顶部用卡槽固定后自然下垂一直延伸到基础顶面。将各表面覆盖的保温被拉紧整平后再用间隔一定距离水平布置的卡槽从外侧压紧，通过自攻自钻螺钉将其固定在温室骨架上。根据温室的高度不同，温室墙面上可设置2~3道水平卡槽（图6b、c）。垂落到地面以下部分的保温被可用基础回填土填埋、压实。

第三是在全部表面固定保温被安装并热合接缝后，再在保温被外表面整体铺设一层防水、耐老化保护膜（图6b、c）。覆盖这层保护层不仅可保护保温被延长其使用寿命，而且表面光滑、防水、导流，外观也整洁美观。

温室墙面和后屋面固定保温被的厚度一般为6cm，寒冷地区可采用9cm。门斗由于对保温要求不高，保温层的厚度可选用3cm，最多不超过6cm。

a.内侧与骨架贴合　　　　　　　　b.山墙与后墙　　　　　　　　c.门斗、后墙、后屋面

图6　固定保温被的安装

2.活动保温被及其防护设施

活动保温被是用于温室夜间覆盖保温，白天卷起温室采光的保温材料。卷帘机采用常规的中卷式二连杆卷帘机，保温被仍然使用与温室后屋面和墙体固定保温被相同材料的橡塑保温芯热合多层共挤防老化聚乙烯薄膜的新型保温材料。为了保证卷帘机的安全运行以及保温被的严密密封，华美沃龙的设计者附加了卷帘机防过卷挡杆、触碰式限位器、山墙防风挡板以及保温被活动边固定密封带，这些措施的使用有效保证了温室活动保温被的安全运行和温室的保温性能。

（1）卷帘机防过卷挡杆　卷帘机防过卷挡杆就是沿温室长度方向间隔一定距离安装在温室屋

脊部位的竖直立杆。其作用是当卷帘机运行到温室屋脊位置后控制限位的开关损坏或发生故障失效后阻挡卷帘机使其停止前进。增设这一设施，可有效避免卷帘机控制失效后保温被卷过屋脊，甚至卷出温室后屋面等事故的发生，不仅可以保证卷帘机的有效运行，而且也可以保证温室保温的可靠和有效性。

卷帘机防过卷挡杆采用与温室拱架相同规格的椭圆管材料，其下部穿过屋脊焊接固定在温室屋面拱杆和屋脊拉杆上（图7a），上端则竖直直立在温室的屋脊上（图7b）。挡杆的间距一般控制在10m之内。

a.室内部分   b.室外部分

图7 防过卷挡杆

（2）**防风护板** 对于轻质保温被，防风是保证温室前屋面活动保温被安全覆盖的一项基本要求。我国北方地区冬季大部地区以西北风为主导风向，因此，在风荷载作用下日光温室的采光屋面基本承受负压作用，也就是说保温被覆盖后可能会被风从温室屋面"吸起"。防止屋面保温被被"吸起"的措施一般采用压被绳，即在保温被展开后在其外表面铺压麻绳或扁带，其上端固定在温室屋脊或是后屋面、后墙，下端则在保温被展开后固定在温室前底脚基础或散水的预埋勾（环）上。早上需要卷起保温被时，人工手动解开绳索，解除对保温被的紧压，保温被在卷帘机的驱动下可自由卷起。压被绳一般安装在温室两侧山墙顶面，在压紧保温被的同时还可防止从山墙侧向来风从保温被的底部吹入保温被与屋面塑料薄膜之间，从而避免保温被双面承受风荷载的危险和冷风直接吹袭屋面塑料薄膜增大温室屋面散热的风险。

用压被绳压紧和固定保温被的措施投资少、固被效果好，但锁紧和放松压被绳需要人工作业，无法实现卷帘机的自动控制，对于组装结构日光温室，实际上在屋脊、后屋面或后墙上固定压被绳也比较困难。为了解决卷帘机自动控制的问题，华美沃龙彻底摒弃了压被绳固被的做法，在温室两侧山墙上加装了防风护板（图8）。该护板为一弧形平面板，沿温室山墙顶面弧线设置，护板高度与保温被卷起时的被卷直径一致，护板采用钢架支撑，用保温被和塑料薄膜等不透风柔性材料围护形成实体挡板。从山墙侧来风在挡板的导流作用下，气流将在挡板的内侧形成涡流，即贴近保温被面

温室工程
实用创新技术集锦3 Wenshi Gongcheng
Shiyong Chuangxin Jishu Jijin 3   ▷   34

| a.保温被卷起状态 | b.保温被展开状态 |

图8 防风护板

层的位置气流向温室山墙外旋转，正好形成对保温被的活动边压紧的效果，从直观的效果看，由于挡板的阻挡，山墙侧来风实际上也难以进入保温被与塑料薄膜之间的间层。这种措施在大风地区效果尤其显著，更适合于自动化控制的卷帘机运行和管理。

（3）**保温被的搭接密封**　密封严密是保温的基础。对于中卷式卷帘机卷被系统，在卷帘机所在位置温室的中部，由于卷帘机两侧为两幅独立的保温被，为保证两幅保温被之间的密封，一般要在卷帘机运行轨迹的下方铺设一幅固定幅保温被（图9a）。卷帘机两侧保温被展开时，该固定幅保温被正好弥补了相邻两幅保温被之间的空隙，由此，使卷帘机两侧的保温被得到密封。

保温被的活动边除了靠近卷帘机一侧外，还有远离卷帘机的远端边。对远端边的密封，实践中也采用与卷帘机所在位置一样的处理方式，在靠近山墙的一个开间屋面铺设一幅固定保温被（图9b、c），当活动保温被夜间展开保温时，正好搭接覆盖在此固定保温被上，形成对活动保温被远端侧的密封。由此，形成了一个完整的前屋面活动保温被密封保温系统。

值得说明的是，该设计的山墙侧固定保温被是安装在透光塑料薄膜之下的（图9b）。这种设计，一是为了保护保温被不受室外风雨雪的影响，保证保温被的保温性能和使用寿命；二是不影响温室采光面底脚卷膜器的卷放；三是不影响后续棚膜更换。施工安装中应高度重视这种细节构造。

| a.中部固定保温被 | b.山墙侧固定保温被（室外） | c.山墙侧固定保温被（室内） |

图9 温室前屋面活动保温被密封措施

此外，用于活动保温被密封的固定保温被白天如果不能卷起，会在温室内形成一个阴影带，影响温室作物的采光。所以，很多卷帘机还针对温室中部固定保温被附加设置了一套密封保温被随卷帘机卷放的绳卷系统，白天固定保温被随活动保温被一起卷起，夜间随保温被一起展开，从而既保证了温室白天的采光，也保证了温室夜间的保温。在今后的温室保温系统设计中应积极采用。

3.基础保温

传统的日光温室前屋面底脚的基础基本不做保温。研究和生产实践发现，对于不做基础保温的日光温室，其南部地温较中后部明显偏低，而且随室外气温变化呈周期变化。这种地温变化的边际效应影响面积随温室跨度减小而增大。边际效应的影响范围一般在距离前底脚2~5m范围，对温室内生产作物的产量和商品性都有极大的影响。

为了尽量减少这种边际效应对温室作物生产带来的负面影响，华美沃龙在温室基础设计中增设了温室基础保温（图5b），即在温室拱架的独立基础之间设置了8cm厚的硬质再生橡塑保温板，保温板的深度与基础埋深齐平，一般在地表以下50~80cm。

三、通风系统

温室通风采用传统的屋脊通风和前屋面底脚通风相结合的通风方式，通风口的启闭采用电动卷膜器卷膜通风，可实现自动控制（图10a）。为防止屋脊通风口处积水形成水兜，在屋脊通风口塑料薄膜下设置防兜水的支撑钢丝网；为防止害虫进入温室，在温室的两个通风口均安装相应目数*的防虫网，这些都是传统的设备配置。所不同的是由于在温室的山墙上设计了防止保温被被风卷起的防风挡，该防风挡高出温室屋面50cm以上，给安装在温室屋面上的卷膜轴的运行形成了障碍。为此，设计者在温室屋脊通风口卷膜轴行程范围内的防风挡上开设一个狭长孔口（图10b），而在前屋

a.整体通风系统　　　　　　　　b.屋脊卷膜通风　　　　　　　　c.前屋面底脚卷膜通风

图10　温室通风系统

---

　*　筛网有多种形式、多种材料和多种形状的网眼。网目是正方形网眼筛网规格的度量，一般是每2.54cm中有多少个网眼，名称有目（英）、号（美）等，且各国标准也不一，为非法定计量单位。孔径大小与网材有关，不同材料筛网，相同目数网眼孔径大小有差别。——编者注

面底脚通风口卷膜轴行程范围内直接切断防风挡（图10c），从而保证了温室上下通风口启闭的顺畅，而且防风挡上部窄小的风口进风量很小，下部近地面风力较小防风挡局部截断也不会给保温被形成太大风压。因此，这种设计兼顾了卷膜器启闭和保温被防风，是该特定条件下的一种恰当选择。

四、温室主动储放热系统

该温室的主动储放热系统包括安装在温室后墙表面的水循环储放热系统和安装在地面土壤中的空气循环储放热系统，两套系统均为华美沃龙专利技术。

1.水循环后墙储放热系统

水循环后墙储放热系统由供水主管、水分配管、水袋、回水支管、集水槽以及补水和给水水泵等组成。其中满铺在温室后墙的水袋是华美卧龙的专利产品。该水袋为三层结构，内外两侧为黑色聚乙烯薄膜，中间为抗菌吸水无纺布。水袋外形为三边封口、一边敞口的长方形平面结构，每个水袋的长度比温室后墙高度短50cm，宽度比温室后墙立柱间距小5cm左右。安装时，每相邻两个温室后墙立柱之间铺设一个水袋，上部开口边缠绕供水管并吊挂其上，然后自由垂落紧贴温室后墙垂挂在温室后墙立柱间，并用后墙立柱的纵向系杆限制其向外的自由运动空间（图11a）。每个水袋的底部接回水支管（图11b），将水袋白天吸热后的热水集中汇流到集水槽中。

集水槽沿温室后墙长度方向设置。对于双立柱的格构结构承重后墙，可将集水槽设置在双立柱之间（图11c），这样完全不占用温室室内地面空间；对于单立柱结构后墙，集水槽可设置在紧靠温室后墙立柱的温室走道下，也基本不影响温室内的生产和作业空间。集水槽由40mm×40mm×3.5mm角钢作支撑骨架，外贴60mm厚硬质再生橡塑保温层，内衬20mm厚墙体保温用柔性卷材，可有效保证集水槽的保温。在集水槽的内表面整体铺设一层0.3mm厚的塑料薄膜，可有效保证集水槽的防水，避免渗漏。集水槽有效截面尺寸以500mm×500mm为宜。

集水槽内设潜水水泵，通过供水主管将集水槽内储水输送到缠绕和吊挂水袋的给水支管中。给水支管上间隔10cm开设向下喷水的喷水孔，喷水孔孔径宜控制在$\Phi 1\sim 2mm$。从供水支管喷水孔喷出的水流直接喷射在水袋内层的无纺布上，通过无纺布水流逐步下渗并最终汇集到水袋下部的回水

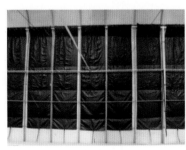

a.储热水袋及给水管

b.回水支管

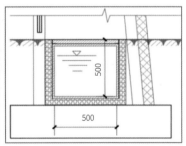

c.集水槽（单位：mm）

图11 温室后墙水循环储放热系统

支管，再汇集到集水槽中形成一个完整的水循环系统。内层无纺布的设置缓冲了水流，减少了袋内水流对外层膜的压力，这一点是区别于其他后墙储放热水袋的关键。

集水槽内设置浮球阀控制水位，当由于水分蒸发或渗漏导致集水槽内水位低于设定水位时，从外界补水，补水达到设定最高水位后停止补水。

此外，与固定式水箱储热不同，该套系统在早晨卷起保温被后，水泵不启动，水袋表面产生的热量可迅速释放到室内，提升室内气温，当室温达到一定设定值后水泵才会自动启动，进行热交换。

当夜间室内气温低于设定的警戒值时，水泵自动启动，保温水槽内的温水再次流经吊挂水袋，向室内散热。

集水槽内的热水除了用于冬季最冷月期间温室的供热外，还可用于温室灌溉，提高灌溉水的水温。同时，考虑到温室的实际使用需要，华美沃龙还利用集水槽设计增加了棚膜冲刷和自救式应急消防水功能。

2.空气循环地中土壤储放热系统

空气循环地中土壤储放热系统最早是日本在20世纪70年代用于塑料大棚的加温。我国从20世纪80年代从日本引进后先后在塑料大棚、日光温室中试验研究，取得了一些成果，但至今未得到大面积推广应用。影响这项技术推广应用主要的限制因素可能是工程施工量大、土地耕整可能损坏通风管。此外，提高土壤温度的幅度不大以及风机运行的费用也可能是限制这一技术推广的影响因素。但研究发现，地下热交换系统具有降低温室空气湿度的作用。白天高温高湿的空气在送入低温土壤后，除了进行空气与土壤之间的热交换外，空气冷凝还可以析出水分，从而降低空气湿度。这种附带的功能对长期高温高湿环境的日光温室有非常重要的作用。为此，华美沃龙的工程师们在设计过程中还是将其以一种储热与除湿功能兼顾的措施作为温室的标配设备进行配置。

空气循环地中土壤储放热系统由循环风机、风机主管、分配管、换热管和出风管等组成（图12a）。为减少管道铺设的数量和施工的工程量，设计采用换热管沿温室长度方向纵向布置的形式，这样，安装在换热管两端的进风管和出风管将分别布置在温室靠近两堵山墙的附近。动力风机安装在温室垂直高度的中上部位置，这里白天空气温度较高，风机抽取这个部位的高温空气通过直立的风机主管（图12b），将其导入埋设在地中的分配管，从分配管上接出换热管并将热空气导入其中，

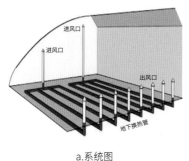

a.系统图

b.进风主管及风机　　　　c.出风管

图12　空气循环地中土壤储放热系统

在换热管的末端连接与之垂直并通出地面的出风管（图12c），将经过与地面土壤换热降温、除湿的干冷空气重新释放到温室中，实现空气的循环运动，达到空气降温、除湿并将空气中热量释放储存在地面土壤中的目的。夜间当室内空气温度降低到低于换热管位置土壤温度3℃以下时，开启风机运行，空气沿白天相同的路径流动，吸收地面土壤中的热量将循环空气升温并最终输送到温室，实现从地面土壤中取热提升温室空气温度的目的。

五、温室热环境性能

图13为位于内蒙古巴彦淖尔市临河农场五分场的巴彦淖尔市现代农业示范园区2021年新建温室在2021年12月至2022年1月最冷的连续2周室内外温度的测试结果。由图13可见，在室外最低温度达到−23.5℃的条件下，室内空气温度始终保持在15℃以上，15cm深度地温保持在18~21℃，完全保证了喜温果菜不加温安全越冬的生产条件。从温室的保温效果看，2021年12月26日最冷日室内外温差达到38.5℃（受热水循环系统室内最低设定温度的控制，室内外温差的最大潜力并没有得到完全释放），这样的保温效果在目前保温被保温的组装结构温室中应该处于全国领先水平。

从墙面水体储放热的情况看，一般水体放热的降温幅度在10℃以上，以储水量20m³计算（水槽储水截面0.5m×0.4m，长度100m），一昼夜可向温室释放热量$2×10^5$kcal的热量，相当于向温室单位地面积释放热量167kcal/m²，按14h放热时间计算，相当于增加了12kcal/(m²·h)的供热量。按电加热推算，1m³水每升高1℃，约需消耗1.5kW·h电力，升温10℃计算，该套系统相当于节约了300kW·h的电力。

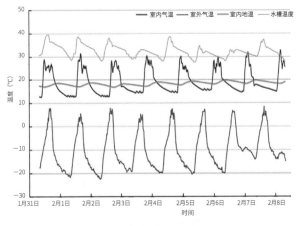

图13 温室热环境性能

---

* cal为我国非法定计量单位，1cal≈4.187J。——编者注

戈壁温室
墙体建造方法

　　2020 年 11 月 24—30 日，笔者随中国农业工程学会设施园艺工程专业委员会专家团赴甘肃省进行设施农业调研，从东部的平凉市，到中部的白银市、兰州市，再到西部的河西走廊（武威市、张掖市、酒泉市），一路走来，看到了多种类型的温室形式，其中以河西走廊沙漠戈壁的日光温室给笔者留下了很深的印象。当地设施农业建设者和技术人员充分利用本地材料和资源，创新研究提出了多种日光温室墙体的建造方法，其中有引进华北和东北地区的示范和改造模式，有紧跟前沿和热点的新型组装温室，更有代表当地特点的戈壁温室建造模式。在此，笔者做一系统梳理，以供读者系统了解甘肃省设施农业发展特点。

一、土墙温室

　　土墙温室是中国日光温室中最具代表性的温室类别之一。其建筑材料可就地取材，温室建设成本低、温室运行保温储热性能好，因此，这类温室几乎遍布了全国日光温室所有可发展区域。在土墙温室中，全国以寿光五代下沉地面机打土墙结构日光温室推广面积最大，推广区域最广，应用效果也最好。在甘肃的考察中，笔者也见到了这种原汁原味引进的温室形式（图 1），但在考察中发现，具有西部特点并大面积推广应用的温室形式还是干打垒土墙结构日光温室。从东部的平凉市、中部的白银市到西部的河西走廊都能看到干打垒墙体的日光温室（图 2a、b）。

　　相比机打土墙结构日光温室，干打垒土墙墙体占地面积小，建造墙体土方用量省，对耕地的破坏相对较小，而且墙体结构强度高，使用寿命长，保温储热性能基本和机打土墙结构日光温室相当。但这种墙体建造速度慢，墙体建造对土质的黏性要求高，沙性土壤和戈壁土壤基本无法建造，由此

a.山墙　　　　　　　　　　　　b.后墙　　　　　　　　　　　　c.室内

图 1　甘肃引进建设的山东寿光机打土墙结构日光温室

a.干打垒墙（后墙室内）　　　　b.干打垒墙（山墙室外）　　　　c.沙漠土墙

图2　甘肃的干打垒土墙和沙漠土墙日光温室

也限制了这种墙体结构温室的广泛推广。

为了解决沙性土壤建造墙体的难题，位于腾格里沙漠边缘的武威市古浪县在移民搬迁温室工程建设中采用剥离表层沙土、挖出深层黏土，再与表层沙土按比例拌和后按照机打土墙的模式建造温室（图2c）。这种方法有效解决了沙漠地区沙土筑墙的难题，而且可就地取材，造价也不很高。但从实际运行情况看，或许是沙质土含量过高，墙体表面剥离或脱落的情况比较严重，需要在运行管理中注意经常性维护或以在内墙表面加设护墙的方式对墙体表面进行保护，保证温室结构的安全运行。

二、戈壁材料墙体温室

走进河西走廊，仿佛走进了广阔的平原。肥沃的土壤和优良的气候造就了这片全国重要的商品粮基地和作物制种基地。留给后期设施农业发展可新开垦的土地大都处于戈壁沙漠的非耕地地带。如何在戈壁沙漠上建造日光温室既是对当地温室建设者的挑战，也是当地日光温室建设的特色和亮点。

1.浆砌石墙温室

戈壁沙滩中埋藏着大量的卵石。用这些卵石作建筑材料，以水泥砂浆做浆砌筑并进行表面勾缝，砌筑的石墙不仅强度高、使用寿命长，而且密封性好，抗风防雨，是当地砌河筑坝、修路护坡、垒筑田埂的常用建筑形式，在一些民用的构筑物甚至建筑物的建设中也经常使用。用这种建筑形式构筑日光温室墙体也是一种自然的选择（图3）。但这种墙体施工周期长，不论是从戈壁沙滩中起挖卵

a.后墙　　　　　　　　b.山墙（室内）　　　　　　　c.山墙（室外）

图3　浆砌石墙结构日光温室

石，还是用这些卵石建造墙体，都需要高强度的劳作，而且砌筑墙体只能人工作业，墙体施工的机械化作业水平很低，由此也限制了这种温室墙体的大面积发展。

2.戈壁石墙温室

浆砌石墙温室固然牢固、使用寿命长，但在戈壁中起挖卵石费时费力，而且碎石、小石子甚至大量的沙粒土都无法使用，使得戈壁滩大量的建筑材料不能物尽其用。为了像建筑土墙一样，能够将建设地的戈壁沙石全部用于墙体建设，当地建设者创新发明了多种建筑形式。

第一种做法是钢板护板夹心戈壁石。采用彩钢板做两侧护板，在护板中间填充戈壁砂石（图4）。这种做法对沙石的大小、形状、强度等没有任何限制和要求，可将建设地所有的砂石原料能用皆用，而且不用砌筑，直接用挖掘机将戈壁土石铲起灌注到墙体两侧护板内即形成温室的墙体。两侧护板之间的间距即温室墙体的厚度。由于护板自身较薄，侧向承载能力有限或者说自身不能承载墙体内戈壁石的侧压力，为此在墙体内部填充戈壁石后对护板形成的侧压力需要护板外侧设立立柱来平衡，所以这种结构需要在护板两侧根据墙体高度和厚度，以抵抗墙体内土石侧压力为目的的科学设立支撑立柱（主要为钢管立柱，可以是圆钢管，也可以是方钢管）。为了增强钢管立柱的支撑能力，可以在中部和上部对两侧立柱进行拉结，使两侧立柱形成共同承力体并减小立柱的自由长度，从而可减小立柱的截面尺寸和总体用钢量。日常维护中只要保证两侧护板以及钢立柱不锈蚀，即可保证温室墙体的长期使用寿命。

a.后墙　　　　　　　　　　b.山墙（室内）　　　　　　　　c.山墙（室外）

图4 戈壁石墙温室（钢板护板）

第二种做法是护网夹心戈壁石。即用围网替代上述护板夹心戈壁石墙体表面的钢板护板。这种做法可显著降低护板的建筑造价。为进一步节约围护材料，温室后墙的外墙表面也可不做围护，如同机打土墙一样自然放坡，只在山墙两侧做围护（图5）。外表面不做围护的后墙，形式上如同一堵"挡土墙"。为了减小挡土室内立柱的土石侧压力，一般在立柱中上部向室外地面斜拉一根拉筋（实际上该拉筋埋设在后墙的戈壁石中）。这里所指的"拉筋"可以是钢绞线、钢筋或钢管。用做墙体表面的护网由三层结构组成，紧贴戈壁土石是一层致密的柔性材料，可以是无纺布或其他材料，防止戈壁土石外露；中间层为小网格钢丝网，主要功能是保护致密柔性材料在戈壁土石的侧压力作用下不发生鼓包，保持墙面平整；最外层是在小网格钢丝网外侧的大网格钢板网（图5a）或钢筋网（图5c），用以支撑小网格钢丝网不发生变形并将墙面侧压力传递到墙面立柱。

第三种做法是钢丝围护无纺布夹心戈壁石（图6a）。即用柔性无纺布做围护，用"琴弦"温室屋面用钢丝支撑无纺布，在无纺布外表面设置沿温室长度方向通长、沿温室后墙高度方向平行的"琴弦"，形成平整的内墙面，用"琴弦"承载墙体戈壁石的侧压力并将其传递给墙体立柱。为了增强立柱的承载能力，立柱还采用桁架式格构柱（可以是平面桁架格构柱或三角形空间桁架格构柱）。相比护网夹心戈壁墙的做法，由于无纺布没有网眼，所以戈壁石不会裸露在墙面。这种墙面从室内看也更"温暖"，没有了土石结构墙体的"硬冷"，操作人员也不必刻意小心躲闪与墙面的碰撞，似乎更有一种"温馨"作业环境的感觉。此外，无纺布的吸潮作用还起到了墙体"呼吸"的作用，可调节温室内的空气湿度。

第四种做法是"水泥槽砖"内腔填充戈壁石（图6b）。即事先预制一面开口，其他五面封闭的开口钢筋混凝土板槽（简称"水泥槽砖"）。水泥槽砖的尺寸通常为长1m，高0.5m，宽与墙体厚度一致（一般为1~1.2m）。施工时，将水泥槽砖像砌筑黏土砖墙一样错缝砌筑，每砌筑一层水泥槽砖，即刻向槽砖内腔中灌注戈壁石，直到墙顶最后一层砌筑完成后在槽砖顶面做水泥抹面封口或在其上浇筑钢筋混凝土圈梁并预埋埋件做好与屋面拱架连接的准备。这种墙体砌筑速度快，砌筑墙体可用汽车小吊车与挖掘机联合作业，墙体施工机械化水平高，墙体建造标准化水平高，相应墙体施工质量高、使用寿命长，而且墙体可自承重，相应节省了后墙立柱的造价和成本。其缺点主要是预制水

| a.后墙（室内） | b.后墙（室外） | c.山墙 |

图5 戈壁石墙温室（钢丝/钢筋围网护墙）

a.钢丝+无纺布围护　　　　b.水泥槽砖墙体温室　　　　c.砖石夹心复合墙

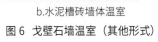

图6 戈壁石墙温室（其他形式）

泥槽砖需要一定的预制和养护时间，现场预制相对施工周期长，如果采用工厂预制则可以显著缩短现场施工的周期。

第五种做法是砖墙夹心戈壁石（图6c）。这种做法如同"砖包土"的复合墙体一样，是在两侧围护砖墙内填筑戈壁石即完成墙体的施工。由于戈壁土石的侧压力较大，为减少两侧砖护墙的厚度（一般砖墙按240mm厚度砌筑），应在砖墙内设置钢筋混凝土构造柱或承力柱并在相邻立柱之间设置水平拉梁（包括墙体表面和纵深两个方向），使所有立柱形成框架承力体系。

戈壁石墙的做法或许不止这些（诸如石笼墙等），有待进一步挖掘，也希望有兴趣或有志向的读者能针对戈壁土石的特点，研究和更新更多施工速度快、结构强度高、造价低廉的建筑形式。

3.沙袋墙体温室

从浆砌石墙到戈壁石墙，石材的尺寸在不断减小。针对更小粒径的细沙或粉砂，尽管戈壁石墙中的一些做法（如无纺布夹心、水泥槽填充、砖包土结构）也能适应这种建筑材料，但当地的建设者还是发明了一种更适合这种建材且廉价的墙体建筑方法——沙袋墙体（图7）。这种墙体的做法是将沙土盛装在塑料袋中，像码"粮垛"一样一层压一层地错缝堆摆成墙体（图7a），墙体码垛成型后再在墙垛表面涂抹草泥浆（图7b）或张挂无纺布（图7c）对沙土袋进行表面防护，即形成温室的围护墙体。对沙土袋的表面保护不仅美化了墙体表面，而且可避免塑料袋直接暴露在自然环境中而可能发生的加速老化，显著提高墙体的使用寿命。

由于塑料袋表面光滑，墙体内码摆沙土袋之间的结合强度不高，除了自承重外，墙体设计中没有将这种墙体用作屋面骨架的承重结构。所以温室的后墙和山墙上都设置了立柱，并与屋面拱杆直接连接形成了一体化的梁柱结构温室承力体系。

a.内部码垛结构　　　　　　　　b.草泥抹灰表面防护　　　　　　　　c.无纺布表面防护

图7 砂袋墙体温室

三、空心/加气砖墙温室

砖是中国具有悠久发展历史的建筑材料，但随着国家对黏土烧结砖限制政策的落地和实施，目前建筑用砖主要是非承重的空心砖和加气砖，制砖材料更多采用灰砂材料，但也有采用黏土做空心砖的。

砖是工业化产品，规格多、标准化程度高、性能稳定、价格低廉，因此在各类建筑中都有大量应用。在甘肃省的日光温室墙体建设中也看到采用不同材质和形式的砖材，包括黏土空心砖、灰砂空心砖和加气泡沫砖等（图8）。根据不同材质砖的承载能力，有的温室墙体采用砖承重墙体（图8a、c），有的温室则采用钢筋混凝土梁柱框架结构，砖只作为填充和围护材料使用（图8b）。

不论是空心砖还是加气泡沫砖，其共同的特点是它们只能做墙体隔热和围护，传统日光温室墙体的被动储放热功能基本消失，因此温室的热工性能受到直接影响。为此，有的温室采用辅助加温的措施（图8b）；有的温室调整种植结构，种植冬季休眠的果树（图8a）；有的则冬季闲置，待室外温度回升后再定植生产（图8c）。

随着日光温室主动储热技术的不断成熟，在这类温室中配置墙面或地面主动储放热设备，相信温室冬季的热工性能会有大幅度提升，喜温果菜生产的季节也会得到相应延长，甚至可以周年生产。建议有条件的园区可先行引进试验示范，在技术成熟后再进行大规模推广应用。

a.黏土空心砖

b.灰砂空心砖

c.加气砖

图 8　砖墙结构温室

四、保温被（板）墙温室

用保温被或保温板作墙体和后屋面围护材料是目前日光温室轻简化发展的一个方向。这种形式温室承力结构采用组装式结构，温室建设基本不破坏土壤耕作层，对温室建设的土地性质要求不严苛，而且温室在需要时还可以拆卸搬迁，是目前国家严格保护耕地的土地政策下发展日光温室的一种有效技术途径。

甘肃省的河西走廊虽有大片的戈壁沙滩等非耕地资源可以开发建设日光温室，但受生态环境保护的约束以及交通、水资源、土壤条件和生产管理远离生活居住区等条件的限制，在现有农田上建设日光温室也是生产中的现实需要。为此，河西走廊的设施农业生产和建设者们也在和全国同步试验研究各种形式的组装式保温日光温室。柔性的保温被和刚性的保温板是这种组装结构温室墙体和屋面围护材料主要用材。

柔性保温被材料各地有不同的选择，有的用涤棉、有的用喷胶棉、有的用草苫，但更多是采用针刺毡、塑料薄膜和发泡塑料等材料按照防水、密封、抗老化和不同的保温要求多重复合形成的复合材料（图 9a、b，图 10a、b）。在硬质保温材料选择上，目前国内主要采用 EPS 空心砖（图 9c）和保温彩钢板、挤塑板（图 10c）。这些材料在甘肃河西走廊的日光温室建设中都有使用。

实际温室建设中，有后墙、山墙和后屋面全部用柔性材料进行围护的做法（图 10a、b）；也有用柔性材料围护后屋面和后墙，用刚性保温板围护山墙的做法（图 10c）；还有所有墙体用刚性保温板围护，后屋面用柔性保温被围护的做法；更有全部墙体和后屋面都用刚性保温板围护的做法（图 9c）。

柔性保温被围护时，被与被之间接缝可以用子母粘粘接，也可以是用手持缝纫机缝合，当然，在外表面附加一层塑料膜（图 10b）既可固定保温被，又能密封墙面，还能起到保温被防水的作用。只是传统的塑料薄膜使用寿命短，需要定期更换，如果有价格便宜、使用寿命更长的塑料或塑胶防水材料，将更符合这种温室建设需要。

a.柔性保温被1

b.柔性保温被2

c.EPS空心砖

图 9　保温被（板）温室用建筑材料

a.保温被围护

b.保温被外罩塑料膜围护

c.挤塑保温板围护

图 10　保温被（板）温室墙体的建筑方法

干打垒土墙表面防护方法

干打垒土墙由于墙体强度高、建材就地可取，建设成本低，在中国西北黄土高原地区有着悠久的建筑历史。西北日光温室建设中也充分借鉴了历史建筑经验，用干打垒做围护墙体，不仅可以承重，而且保温储热性能也非常出众。此外，不同于山东寿光机打土墙结构日光温室，干打垒土墙温室的墙体占地面积相对较小（墙体厚度一般在1m左右），对土地的破坏小，土地利用率更高。因此，这种墙体结构的日光温室在中国西北地区有大量应用。

虽然干打垒土墙较机打土墙的结构强度高，但由于土的本质没有改变，所以仍然摆脱不了表面风化的问题（图1）。此外，干打垒土墙在施工过程中由于模板长度的限制，相邻两段墙体之间常出现通透的接缝，称为施工缝（图2），原则上要求在施工完成后应对施工缝进行填堵处理或表面防护，如果不进行相应处理，室外冷风将会通过该缝隙直接进入温室，使温室的保温性能难以得到保证。所以对干打垒土墙进行表面保护不仅是延长这种温室结构使用寿命的重要手段，也是维护其保温性能的实际需求。除了实用功能外，对土墙进行表面防护还可提升温室表面的整洁度，从而提高温室建设区的整体美观性，尤其对于采摘和观光园区，通过表面围护甚至色彩的变化，更有利于吸引游人，提升园区运营的经济效益。

机打土墙结构温室墙体表面防护已经有了比较成熟的做法，包括覆盖塑料薄膜、无纺布等柔性材料的方法和铺砌水泥板、黏土砖等刚性材料的方法等。但由于干打垒土墙为直立墙面，上述机打土墙坡面墙面上的表面防护措施基本不能直接引用，为此，寻找适合干打垒土墙表面防护的经济有效的做法也是生产实践中的迫切需求。

a.墙体内表面

b.墙体外表面

图1 干打垒土墙表面风化情况　　　　　图2 干打垒土墙的施工缝

2020年11月24—30日笔者随中国农业工程学会设施园艺工程专业委员会专家团在甘肃考察期间看到了一些干打垒土墙表面防护的方法，现介绍给大家，期望各位同仁能够在此基础上总结提升，创造出更多、更经济实用的干打垒土墙表面防护方法，以供此类温室建设和日常维护所用。

一、外墙面防护方法

日光温室的外墙面包括后墙外墙面和两堵山墙的外墙面。后墙是日光温室承重和储放热的主要载体，保护其完整性将直接影响温室的性能和使用寿命，但后墙也是温室墙体表面积最大的部位，防护后墙的用材和成本也是很高的。大部分温室后墙体不做表面防护主要还是出于经济投入的考虑（不做防护也是因为这种墙体在干燥地区即使不防护使用寿命也在 10 年以上）。山墙虽然也有储放热和承重的作用（尤其对于"琴弦"结构温室，山墙更是"琴弦"的主要承力体），但相对后墙接受太阳照射的时间短，储放热量少，理论分析和生产实践中经常将其储放热的功能忽略不计。事实上，山墙的外墙面基本都直面室外道路，表面美观直接影响园区的形象。所以，不论从功能讲，还是从形象看，对土墙外表面进行防护和美化都是生产实践中需要的。

从墙体风化的成因看主要有两种动因，一是风力侵蚀；二是雨水（潮湿）侵蚀。西北地区风沙大，长期的风沙吹袭会使墙面土粒不断剥落，由此造成墙体的破坏。因为风力侵蚀是对墙体整体的风蚀，所以墙体防护必须进行整体防护才有效。如果采用局部防护，应根据当地各月的主导风向，重点保护处于上风向位置的墙体部位。

雨水侵蚀是因为墙体受到雨水浸湿后，土粒的结合强度降低，在上部压力和风力的作用下，墙面土体从墙体表面脱落。雨水侵蚀的途径不仅限于天然降水的侵蚀，高位的地下水和室内长期的高湿度都可能会造成与雨水侵蚀相同的结果，这种结果称为潮湿侵蚀。图 1 中墙体靠近地面部分出现侵蚀主要原因就是室外墙体受到雨水浸泡，室内墙体由于长期种植作物的灌溉造成墙体基部潮湿所形成的。

针对不同的侵蚀动因，在墙体表面防护上也应采用不同的措施。保持墙体干燥是防止雨水侵蚀的主要技术防护路径。图 3a 是甘肃省平凉市降雨量大的地区为了减小雨水侵蚀在后屋面伸出挑檐的

a.采用挑檐防止雨水侵蚀　　　　　　　　　　　b.整体防护防止风力侵蚀

图 3　后墙外表面防护方法

做法。这种做法可以将屋面雨水疏导到远离温室墙体的地方，从而避免墙体直接遭受雨水侵袭，后墙面不再做防护也节省了投资。图3b是甘肃酒泉大风地区的墙体防护方法。河西走廊风力较大，而且大风频发，所以对日光温室墙面的防护采用了整体防护的做法，后墙和山墙采用不同的材料分别进行了防护。

二、外墙防护材料

与机打土墙墙面防护不同，由于干打垒墙体为直立墙体，所以对墙体防护材料的要求，一是粘接材料，能够与土墙良好粘结；二是刚性材料，虽不能完全粘接到墙面，但能够自承重或能钉挂在墙体表面。塑料薄膜、无纺布等柔性材料由于在墙面固定比较费事，而且在大风条件下容易撕裂，所以，柔性材料不适合做西北地区日光温室墙体的表面围护。

基于对墙体表面防护材料的要求，生产建设中也有不同的用材。草泥是最经济的防护材料，而且草泥与土墙也有极好的相容性。在泥浆中拌入杂碎麦草或稻草秸形成草泥浆，将草泥浆均匀涂抹在墙体表面即可形成既美观又实用的墙面保护层（图4a）。在草泥表面防护的基础上再粉刷白灰浆或其他颜色的灰浆更可以改变草泥的颜色，增加温室的色彩。这种做法在降雨量比较少的河西走廊地区可以较好地延长温室墙体的使用寿命。主要缺点是草泥浆制备和草泥浆在墙体表面涂抹需要大量人工，操作劳动强度大，作业效率低。

在甘肃的考察中，笔者还看到一种用压型彩钢板做墙面围护的做法。压型彩钢板有红色、蓝色、绿色等不同的颜色。除了颜色的区别外，压型钢板表面花纹也有多种形式，这都给温室建设提供了多种选择，设计者可根据园区建设的风格选择不同形式的材料进行防护。钢板围护温室外墙面可以是围护全部外墙面（图4b、c），也可以是只围护温室后墙面（图3b）或只围护山墙面（图3a）。为了节约用材，对材料用量大的后墙面采用间隔围护的方法（图4c），对于抵抗大风的侵蚀也具有较好的防护效果。

砖是传统的刚性建筑材料，不论是黏土砖还是灰砂砖都可用于土墙的表面防护。用砖做墙体表面防护就是在墙体外紧贴外墙面砌筑一层砖墙，砖墙的厚度可以是120mm或240mm，墙体砌筑的方法可以是平面墙体（图3b），也可以是表面花纹的美术装饰墙体（图5），后者虽美观，但砌筑费工、

| a.草泥防护 | b.彩色钢板全表面防护 | c.彩色钢板后墙面间隔防护 |

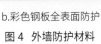

图 4 外墙防护材料

费时，建造成本高，更适合在观光采摘园区对温室的山墙表面进行局部防护，对大面积的温室后墙建议还是用简易、廉价的防护方法进行防护。在砖护墙的外表面用水泥砂浆罩面更能提高墙体保护的使用寿命（图5c）。在一些观光采摘园，在水泥砂浆罩面上粉刷白色、黄色、绿色或绘制图画更能吸引游客的眼球。

a.砖角突出装饰 　　　　　　　　b."十"字形突出装饰 　　　　　　　c.砖头突出装饰

图5　山墙外表面装饰砖防护

三、内墙表面防护方法

土墙结构日光温室内墙表面既是温室储放热的主要传热面，也是吸收和排放室内湿气的温室"呼吸面"，不仅具有保持室内温度的功能，而且具有调节室内湿度的作用。所以，对土墙内部表面是否要进行防护以及采用什么材料防护是值得探讨的问题。

温室内表面处于室内，不会出现温室外表面的风蚀和雨水浸湿的现象，但室内潮湿，尤其是温室地面种植作物需要经常灌溉致使墙体底部长期处于潮湿状态，在墙体上部压力作用下，下部墙体表面土粒不断剥离墙体表面而脱落，从而导致内表面的侵蚀。从这个角度分析，土墙内表面的防护应该从降低墙体表面湿度的途径寻找措施。

生产中经常看到土墙温室内表面裸露不做防护的情况（图6a）主要就是考虑到上述温湿度控制的需要（虽然这是一种被动式的控制方式）。为了在保证被动式温湿度控制功能的前提下又能获得防止内墙表面侵蚀的效果，有的温室建设和管理者采用在温室内表面下部局部进行防护的方法（图6b）。这种方法有效协调了温室温湿度调控性能，而且也节省了防护成本，应该说是一种经济有效的防护方法。

除了在墙体内表面下部进行局部防护的做法外，在一些旅游或采摘的温室内，为达到美观的效果，有的温室建设者采用后墙表面整体防护的方法（图6c）。在防护材料的选择上，更多地考虑装饰效果或视觉美观，对经济性的考虑较少。笔者认为采用草泥抹面也不失为一种经济美观的内墙面整体防护的有效方法。为增强室内装饰效果，可在草泥抹面的基础上再进行二次粉刷或绘制彩图，使游客获得更多的愉悦感。

a.不做防护

b.下部局部防护

c.整体防护

图6 内墙表面防护方法

增大日光温室
前部空间的方法

日光温室前屋面为弧形结构，在靠近前部基础部位由于骨架高度低，一是不便于机械作业；二是不能种植高秧作物；三是人工操作也不方便。因此，生产中在靠近前沿基础至少0.5m范围内要么只能种植低矮的叶菜（如白菜、油菜、生菜、小葱等），要么完全闲置（图1），直接影响了温室的生产能力和温室生产者的经济效益。

为了能充分利用温室前部空间，在工程设计中，《日光温室设计规范》（NY/T 3223—2018）要求：一是在前屋面底脚部位的坡度不宜小于60°；二是距离前屋面墙体（或基础顶）内表面0.5m地面处前屋面的净空高度，即最低作业高度不宜低于1.0m。

除了设计规范的上述要求外，在生产实践中还研究推广了以下三种方法。

第一种方法是将温室室内地面整体下沉，形成半地下式温室建筑（图2），这是机打土墙结构日光温室常用的形式。温室后墙建造用土直接从温室地面就近挖取，自然形成了半地下式温室建筑。这种结构根据温室建设后墙和山墙墙体厚度和高度的要求不同，温室地面下挖的深度可到0.5~1.5m。为了保证温室良好的通风和排湿以及前部空间的采光，一般要求地面下挖深度不宜超过1.0m。

第二种方法是将传统的日光温室靠后墙的作业走道前移至温室南侧，并将作业走道局部下沉（图3），形成下沉走道温室建筑。这种建筑形式一是避免了温室前部的局部低温边际效应；二是保证了作物种植面处于与室外相同标高的水平面上，不影响作物采光；三是室内种植面的空间高度基本都

图1 日光温室前部空间低矮造成前部种植区闲置情况

图2 半地下式日光温室

图3 走道南移并局部下沉日光温室

a.内景

b.外景

图4 直立南立面日光温室

能满足高秧作物栽培；四是农机作业也基本不受空间的影响。这种建筑形式的主要缺点是由于作业走道下沉，与种植地面形成一定高差，南北垄种植时生产作业和运输需要经常上下运动。

第三种方法是将前屋面弧形改为直立面形式（图4）。这种改进将完全克服弧形屋面造成温室前部空间低矮的问题，可如同连栋温室和带肩塑料大棚一样进行作业和生产。但这种改变带来的是温室屋脊的进一步提升和温室造价的相应提升。

形形色色的日光温室
上屋面爬梯

安装和维修保温被、卷帘机、屋脊通风窗、屋面塑料薄膜、压膜线以及对后屋面的日常维护等活动，都需要操作人员上到日光温室后屋面和屋脊进行作业。所以，在日光温室的设计中必须考虑操作人员上屋面的路径和相应的交通措施。

台阶是日光温室设计和建设中最常用的一种上屋面交通形式，但这种交通形式土建工程量大，有的可能局部削弱墙体影响墙体的强度或保温性能，有的则可能影响屋面保温被、塑料薄膜安装或卷帘机运行，在目前的一些轻简化组装式日光温室结构上土建形式的台阶甚至无法实现。

爬梯是日光温室操作人员上屋面的一种重要工具，也是对台阶的一种有效补充，尤其适合于轻简化组装结构日光温室。本文收集和整理了各种爬梯的形式以及在日光温室上的安装方式和上屋面的各种路径，可供日光温室建筑设计参考。

一、爬梯的形式

与民用的爬梯一样，日光温室用爬梯最基本的形式是两侧用梯梁将相互平行的踏步杆绑扎（图1a）、焊接（图1b）或组装（图1c）起来的一种平面组件。标准的爬梯两侧的梯梁平行布置并与踏步杆相互垂直（图1b），但也有两侧梯梁不平行（图1a、c）或踏步杆不平行的形式（图1a），其中踏步杆不平行的做法是一种不规范的做法，在实践中应尽量避免。

爬梯的用材大多采用钢材，包括钢筋、钢管（方管、圆管、矩形管）或型钢（角钢、钢板、工字钢等），但也有因地制宜选择使用木材（圆木、方木、竹竿等）的爬梯（图1a）或用轻质铝合金

a.木梯   b.钢梯   c.铝合金梯

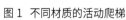

图1 不同材质的活动爬梯

温室工程
实用创新技术集锦 3   Wenshi Gongcheng
Shiyong Chuangxin Jishu Jijin 3   **54**

材料的爬梯(图 1c)，其中铝合金爬梯更多的是直接从市场上购买工业化产品，规格多样、制造规范、来源便利。

爬梯一般要求踏步杆之间的距离不超过 300mm，靠近地面的第一级踏步距离地面不超过 450mm，爬梯的宽度不小于 300mm，多在 600mm 左右，一般不超过 1000mm。

用于日光温室上屋面的爬梯有活动爬梯和固定爬梯之分。活动爬梯就是可以随意搬动的爬梯(图 1)。使用活动爬梯，在设计阶段不需要考虑温室上屋面的问题，在温室运行的过程中按照温室结构尺寸选择合适长度的爬梯即可。在工程承包中可以将爬梯包含在承包合同中，也可以不包含在承包合同中，但如果包含在承包合同中，设计单位或建设单位就应该明确规定爬梯的要求，包括规格和用材，对于现场焊接的钢制爬梯，设计单位应给出施工图纸或指定标准图纸，以方便施工单位制作和工程验收。

活动爬梯可以固定放置在温室上下屋面最方便的地方，也可以根据需要人为搬移到任何需要上屋面的地方，甚至在温室内作业也可以使用。因此，这种爬梯使用的灵活性大，使用后可以放回原位或保存在温室门斗内。对于活动爬梯，基于方便搬运的考虑，自身重量不应过重，整体总重一般应控制在 20kg 以内。从承重要求看，梯子的载重能力至少应达到 80kg 以上，一般要求应达到 100kg，保证操作人员携带轻型的维修工具上梯不会发生变形或倒塌。对于一些重量较重的设备或材料，应通过其他途径运输到温室屋面，以免通过爬梯运输造成爬梯过载，酿成事故，给温室生产和管理带来不必要的损失。

对温室设计而言，爬梯更多的是固定爬梯。日光温室上用的固定爬梯主要为钢制爬梯，包括钢筋爬梯、直立爬梯和斜立爬梯 3 种形式。实际上，钢筋爬梯也是一种变形的直立爬梯。

钢筋爬梯就是用 $\phi20mm$ 左右的钢筋，折弯成"Ⅱ"形构件，构件的长度（爬梯的宽度）保持 400mm 左右，两侧侧翼长度至少 400mm，其中一半埋入墙体，一半露出墙面，在两翼的端头向外折弯，折弯长度不小于 100mm。施工时，按照爬梯踏步的间距（200~300mm）将上述折弯构件随墙体施工一并埋设在墙体即可。

钢筋爬梯设置的位置可以在温室的后墙面（为方便作业，一般设置在靠近门斗侧的后墙面，图 2a），也可以设置在温室的山墙立面(图 2b)或山墙表面(图 2c)。钢筋埋件既是操作人员上下的踏步，也是上下的把手。为保证上下方便和安全，一般要求在温室屋面上对应爬梯的位置埋设一根与屋面垂直的埋件，用作操作人员上下屋面的把手。距离地面的最低一根埋件可离地面 300~400mm，最大不超过 500mm。钢筋爬梯两侧一般不需要梯梁，每根踏步都是独立的构件（图 2a、b），其承力的着力点都在墙体内，但也有的在钢筋踏步的两侧增设了形式上的梯梁（图 2c），这种梯梁的作用实质上就是连接各个钢筋踏步杆，并没有承力的作用，可靠的设计完全可以取消两侧联系钢筋，以节约用材。

钢筋爬梯用材少、投资低、施工方便，也基本不占用建筑空间，但上下屋面比较费力，而且需要手脚并用，这一点也是直立爬梯的共同特点。

钢筋爬梯由于踏步杆都是独立的构件，彼此没有联系，而且其承载能力与钢筋的直径、插入墙体的深度及水泥砂浆的强度等因素都有直接关系，虽然结构简单、投资低廉，但运行的风险相对较大，长期使用有可能从墙面拔出的风险。另外，这种爬梯只适用于安装在砖墙或钢筋混凝土立柱，

a.安装在后墙立面

b.安装在山墙立面

c.安装在山墙弧面

图 2 钢筋爬梯及其不同安装位置

a.固定在山墙上的方管爬梯

b.固定在后墙上的方管爬梯

c.固定在后墙上的圆管爬梯

图 3 固定在墙面上的直立爬梯

对于轻型组装结构则无法安装。

为了能在更大范围内应用直立爬梯，通常的做法是将标准的爬梯直立固定在温室的墙面上，可以在温室的山墙面（图 3a），也可以在后墙面（图 3b、c）。安装在温室山墙面可直通屋脊，安装在温室后墙面则是直通温室后屋面。

直立爬梯用材可以是方钢管（图 3a、b），也可以是圆钢管（图 3c）；爬梯可以是落地支撑（图 3c），也可以是离地靠墙的墙面支撑（图 3a、b），但不论哪种用料或支撑方式，爬梯顶部都要高出屋面 500mm 以上，以便操作人员上下屋面抓握爬梯。

固定式直立爬梯操作人员上下屋面可以手握踏步杆，但更多时候是手握梯梁、脚踩踏步杆。为此，爬梯的宽度不宜过宽，一般应控制在 600mm 左右。

为了能彻底摆脱上下屋面需要手脚并用的局面，实践中多采用斜梯形式，就是将标准的钢梯倾斜一定角度安装。日光温室用的斜梯从形式上更接近于民用和工业建筑的钢制楼梯。按照民用建筑的要求，一般楼梯的坡度多在 30°左右，但温室建筑不能完全按照民用建筑的要求照搬，应结合工业建筑的做法适当提高倾斜角度以节约用地。为此，日光温室斜梯的坡度大都在 45°以上，而且为了保证安全，爬梯的宽度应设计在 1.0m 左右，踏步的宽度应不小于 200mm。此外，对于坡度较大的爬梯，还应在爬梯的两侧或单侧设计扶手。因此，可将斜梯分为带扶手斜梯和不带扶手斜梯两种形式（图 4、图 5）。

不带扶手的斜梯一般要求坡度为 30°～45°，在可能的条件下应尽量减小坡度，以保证安全。

a.从山墙侧上温室后屋面　　　　b.从山墙侧上山墙顶面　　　　c.从山墙侧上门斗屋面

图4　不带扶手斜梯

a. 沿后墙坡面的单侧扶手斜梯　　b.沿后墙坡面的双侧扶手斜梯　　c.沿后墙长度的单侧扶手双跑斜梯

图5　带扶手斜梯

斜梯的设置位置可充分利用山墙面的坡面（图4a）和门斗前的空地（图4b、c），上屋面的路径可以是直通屋面（图4a），也可以是通过山墙墙面（图4b）或门斗屋面（图4c）登上温室屋面。

对于后墙为坡面的日光温室，可充分利用后墙的坡面设计斜梯（图5a、b）。这种设计不另外占用建筑空间，而且用后墙的墙体作土建的踏步更稳定、可靠。只是由于后墙的坡度较大，一般可能超过60°，所以应在斜梯双侧或单侧设置扶手（图5a、b），扶手的高度宜为900mm。

对于后墙为直立墙面的日光温室，斜梯可以顺温室的长度方向紧贴后墙设置（图5c）。当温室后墙较高时，还可以将斜梯做成多段式，相邻梯段设计平台，以缓解长距离登梯的压力。

二、爬梯上屋面的路径

利用爬梯上屋面最直接的途径就是从地面直通温室后屋面。这种做法交通路径直接，不会影响或损坏温室的其他部位，但直通后屋面的做法往往需要操作人员从温室操作间转弯绕道到温室后墙才能攀爬到温室屋面，实际上是通过增加地面交通的距离换来直通屋面的捷径。在冰雪季节，从温室的南部绕道到温室北部，为避免路滑，需要清雪或除冰。此外，安装在北侧的爬梯也因长期接受不到阳光而非常冰冷，甚至在爬梯上还会有冰霜冻结，给操作人员上下屋面带来不便或危险。为此，也有大量的温室设计将爬梯设置在温室的南侧。

在温室南侧设置爬梯的一种做法是通过温室山墙上屋面，就是在门斗前山墙侧（图4b、图6）或山墙面（图2b、c）设置爬梯。操作人员首先攀爬到温室山墙上部平缓地带，再从山墙步行到温室屋脊或后屋面。这种做法适合于山墙顶面不覆盖塑料薄膜的温室。如果山墙顶面覆盖塑料薄膜，一是经常性的踩踏会损坏塑料薄膜；二是塑料薄膜表面光滑，容易造成因脚下打滑而引起的人身安全事故。所以，在山墙表面覆盖塑料薄膜的日光温室上尽量不要采用通过山墙上屋面的做法。

第二种做法是通过温室门斗屋面上温室屋面（图1c、图4c、图7）。这种做法爬梯可以依靠在山墙面（图1c、图4c），也可以直接依靠到温室门斗屋檐（图7）。依靠在温室门斗屋檐时，爬梯可以放置在门斗的南侧（图7a、c），也可以放置在门斗的北侧（图7b）。当然，放置在门斗的南侧更方便操作，放置在门斗南侧靠温室山墙则更节约空间。当爬梯依靠在温室门斗屋檐时，爬梯应高出门斗屋面300~500mm，以便操作人员上下扶手。

第三种做法是将爬梯设置在门斗与温室之间的后墙上（图8a）或者放置在相邻两栋日光温室连接后墙上（图8b）。这种做法根据温室的具体设计确定，在日光温室设计中也是一种特例。尤其是后一种做法，只有在温室群的最后一排温室中才可能采用这种相邻温室连接的方法。

除了上述直通或曲线上温室屋面的方法外，实践中还有一种从地面直通屋脊的做法（图9）。当后屋面采用轻型屋面，不能上人或不能承重时，一般采用这种设计方案。按照爬梯的形状分为平面直梯（图9a）和折面直梯（图9b）两种形式。前者占地空间大，对梯梁的刚度要求高，相应梯梁的截面尺寸大，爬梯的造价相对较高，但制作和安装方便；后者占地空间小，但具体形状需要与温室后墙高度和后屋面坡度紧密配合，施工安装需要和温室建设同步进行。具体设计中可根据实际情况因地制宜选择使用。

图6 从山墙上温室屋面

a.从门斗南侧中部上屋面　　　　　b.从门斗北侧上屋面　　　　　c.从门斗南侧靠温室山墙侧上屋面

图7 通过门斗屋面上温室屋面

a.从门斗和温室之间上屋面   b.从两栋温室之间上屋面

图 8　通过后墙上屋面

a.斜立平面直梯   b.斜立折面直梯

图 9　直通屋脊的爬梯

解决日光温室
顶部兜水的方法

下雨、屋面积雪融化以及塑料薄膜表面冷凝冰霜融化等都会在日光温室屋面形成水流。在温室的屋脊部位，由于设计中排水坡度不足，再加上屋脊窗上下沿口设置支撑杆往往会阻碍屋面排水，所以在日光温室运行中经常看到屋脊部位积水并形成水兜的情况（图1）。发生这种情况，一是由于塑料薄膜的变形已经远远超过了其弹性变形的范畴，使其难以恢复到原始状态，事实上已经处于破坏状态；二是大量的水兜给温室的结构增加很大负载，给温室的结构造成很大的安全隐患，生产中由此造成温室倒塌的案例也时有发生。

为防范屋面水兜的形成，可在管理、设计和设备配置三个方面综合配套。

图1 日光温室顶部水兜

一、管理

一是要经常检查塑料薄膜的绷紧度，保证塑料薄膜不出现松弛；二是当发现有水兜形成时，应及时从室内将水兜顶起，排除水兜中积水并将塑料薄膜绷紧；三是用针将水兜扎破，排除水兜中积水，并及时粘补针眼并绷紧塑料薄膜。

二、设计

应按照《日光温室设计规范》（NY/T 3223—2018）的要求，保证屋脊部位的坡度不小于8°。

三、设备配置

一是在屋脊通风口设置支撑网（图2），可以是钢板网、钢筋网、塑料网或者高强度防虫网；二是在相邻两榀温室骨架之间增设支撑短杆（图3），可以是竹竿、塑料管或镀锌钢管；三是在屋脊通风口部位沿温室长度方向加密钢丝。以上措施可增大塑料薄膜支撑密度，从而减小直至完全消除屋面水兜。

a.钢丝网

b.塑料网

c.高强度防虫网

图2 屋脊通风口设置支撑网

a.竹竿

b.塑料管

c.镀锌钢管

图3 骨架之间增设支撑短杆

日光温室骨架形式的
改良与创新

　　骨架是温室的承力结构，是温室安全生产的第一保证。自从 20 世纪 80 年代我国开始研究和大力发展日光温室以来，温室的骨架形式也随着保温被材料和卷帘机的发展和改进、温室高度和跨度的不断加大、温室墙体储放热理论的完善及墙体功能和材料的改变、工厂化加工比例和水平的提升、温室内机械化作业水平的提高而在不断创新和发展。

　　从温室整体结构体系的变迁看，日光温室骨架形式总体上经历了由屋面结构后墙承重到屋面结构与墙面结构一体化的跨越发展，前者称为墙梁承重体系，后者称为柱梁承重体系，也称为完全组装结构体系。在日光温室发展的早期，温室设计和建造以墙体被动储放热理论为主导，温室结构以墙梁结构为主。随着主动储放热理论的形成和应用以及温室轻简化建设的需求，占地面积大、建设速度慢的被动储放热承重墙体逐渐被非承重隔热材料围护墙体所替代，由此也引发了对传统墙体的彻底革命，用立柱替代墙体承力的完全组装结构体系应运而生。

　　墙梁承重体系中的"墙"包括砖墙、石墙、土墙等承重墙体，它既是结构的承重构件，又是温室被动储放热的热工载体，还是温室的外围护结构；而"梁"主要指温室的屋面承重结构，包括竹木梁、钢筋混凝土梁、钢结构梁和其他材料的承重结构梁。墙梁承重体系是目前生产中大量应用的结构形式，遍及全国各地日光温室生产区。在竹木梁的墙梁承重体系中，由于竹木构件的承载能力有限，为增强结构的整体承载能力，一是在竹木梁下增设立柱，二是在竹木梁上铺设沿温室长度方向的纵向钢丝，从而形成早期的三维承力柱梁"琴弦"结构。柱梁琴弦结构因室内立柱的存在给温室内的生产和作业带来诸多不便，在后续的结构改进中人们逐步减少使用直到完全取消了室内立柱，由此发展出无立柱的双向承力无柱"琴弦"结构，同时承载能力较弱的竹木梁也被承载能力更强的钢筋混凝土梁或钢结构桁架所替代。与无"琴弦"的墙梁结构相比，无柱"琴弦"结构可大大增强温室结构的承载能力，或者在相同承载水平下可拉大结构梁的间距，从而节约结构材料用量。因此，即使发展到现代的完全组装式柱梁结构，"琴弦"屋面仍然是温室结构大家族中一种不可或缺的结构形式。

　　柱梁承重体系，就是用立柱替代墙体承重。这种结构体系中，墙体传统的被动储放热和承重功能完全消失，取而代之的是用主动储放热设备来弥补温室夜间热量的损失，墙体的功能简化到只是围护隔热和保温，由此墙体的用材发生了革命性的变化，柔性或刚性的轻质保温材料取代重质的土建材料成为墙体围护结构的选材目标。采用柔性保温材料后温室的后屋面和后墙甚至可以实现活动卷放，由此日光温室实现了与塑料大棚之间的功能转换，从而克服了日光温室主要进行越冬生产的局限，可将温室的运行时间拓展到周年生产，而且还能显著降低温室夏季通风降温的能耗，增强温室室内作物的光照强度，提高光照均匀度，使温室的生产能力得到大大提升，温室作物生产单位产品的投资显著降低，成为今后日光温室发展的一个新方向，目前北京、河北、山东、内蒙古、甘肃、新疆等地都在探索推广。

本文以温室结构承力体系为主线，系统梳理和总结日光温室的各种骨架形式及其特性，旨在为今后日光温室结构的研究和设计提供参考。

一、"琴弦"结构

我国 20 世纪 80 年代最早建设的日光温室结构以"琴弦"式结构为主，至今仍是生产中广泛应用的一种结构形式。所谓"琴弦"结构，就是在温室屋面拱杆（拱架）上间隔布置沿温室长度方向通长的钢丝，一是作为屋面荷载的承力构件将屋面塑料薄膜表面的荷载传递到屋面拱杆（拱架）和温室两端山墙外的地锚；二是连接温室屋面拱杆（拱架），起到屋面拱杆（拱架）纵向系杆的作用。从外形上看，好似温室屋面上布置了数条"琴弦"，从而得名。

"琴弦"结构一般包括钢丝（"琴弦"）、拱杆（拱架）和室内立柱。拱杆支撑"琴弦"、立柱支撑拱杆，形成纵横双向加竖向的弦 - 拱 - 柱三维承力结构体系。对跨度小、拱架强度大的温室，也可省去室内立柱，形成屋面弦 - 拱二维承力结构，由于省去了室内立柱，也更方便室内机械化作业和种植垄的布置（图 1）。

支撑"琴弦"的拱杆（拱架）形式多样，包括竹竿、木杆、塑料管、钢筋混凝土拱梁、钢筋／钢管焊接桁架拱架等，而支撑拱杆（拱架）的立柱则主要以钢筋混凝土柱为主，偶有钢管或木杆。钢筋混凝土拱梁和钢筋／钢管焊接桁架拱架等承力构件的间距一般 3.0m 左右，相邻两个承力构件之间一般布置竹片、竹竿、塑料管等较小截面的构件，间距 0.6~1.0m。每根承力拱架下立柱的间距 3.0m 左右，一般在温室后屋面的屋脊前沿设置一道立柱。

"琴弦"钢丝的布置间距一般为 200~300mm，也有用钢绞线作"琴弦"的，其间距可能会超过1.0m。典型的"琴弦"结构温室，"琴弦"钢丝主要布置在日光温室前屋面和后屋面，柱梁结构的"琴弦"温室，"琴弦"钢丝还会布置在后墙立柱上。有的非"琴弦"墙梁或柱梁结构日光温室在屋面通风口范围内也会增设"琴弦"钢丝，其功能已经远离了结构承重的范畴，主要作用是防止屋面兜水。

| a.竹木梁立柱结构 | b.钢管梁立柱结构 | c.桁架梁室内无立柱结构 |

图 1 "琴弦"结构日光温室

二、桁架结构

由腹杆将上下弦杆连接在一起形成的一种承力结构称为桁架结构。桁架结构是日光温室屋面骨架中应用最广泛的一种结构形式，在装配式柱梁结构中也有将其应用于后墙立柱的。按结构的空间形态分为空间桁架和平面桁架，按弦杆与腹杆的连接形式分为焊接桁架和组装桁架。

空间桁架只有焊接结构，没有组装结构，其弦杆和腹杆均为钢筋；而平面桁架则可以是焊接结构，也可以是组装结构。焊接结构的平面桁架上弦杆一般采用圆管，下弦杆和腹杆则可以是圆管、光面钢筋或螺纹钢筋。以圆管作弦杆或腹杆时，可直接采用镀锌钢管，也可采用未镀锌的黑管，前者结构焊接后对焊口进行表面防腐处理即可投入安装使用，而后者一般需要在结构焊接后整体热浸镀锌。虽然在生产中也有采用全钢筋材料的焊接桁架且不进行镀锌处理，但这种结构表面防腐的维护费用较高，劳动强度也很大，实际应用越来越少。

整体热浸镀锌焊接桁架抗腐蚀能力强，在保证强度的条件下，结构的使用寿命一般在20年以上，但这种结构制造加工需要热浸镀锌二次远距离搬运，且随着国家环保力度的不断加强，一些环保不达标的热浸镀锌企业纷纷退出市场，使热浸镀锌的成本不断加大，镀锌的工期也经常得不到保证，再加上焊接桁架的人工成本越来越高，整体热浸镀锌桁架的加工成本也越来越高，市场竞争力越来越弱。因此，目前生产中应用的焊接桁架更多还是采用镀锌钢管的焊接结构。

采用镀锌钢管焊接的桁架，只要对焊口进行防腐处理，即可保证整体桁架的表面防腐。但由于桁架弦杆与腹杆的连接节点多，焊接和焊口防腐的作业量大，而且防腐处理的质量也不易保证。为此，生产中开始大量采用镀锌钢管组装的桁架结构。组装桁架的弦杆可采用圆管、方管或C形钢，而腹杆则是连接卡具或钢板。目前生产中应用的组装式桁架结构有两种形式：一种是用镀锌钢管作弦杆卡具连接的组装桁架，称为卡具组装桁架；另一种是用镀锌钢带经过辊压成外卷边C形钢作桁架的上下弦杆，用压型钢板作腹杆，螺栓连接弦杆和腹杆后形成组装式桁架，称为钢带辊压成型C形钢组装桁架。卡具连接钢管桁架的上下弦杆均采用热浸镀锌钢管，腹杆不用钢筋或钢管，而采用镀锌钢板卡具。现场安装时，只要用卡具将上下弦杆连接在一起，即形成温室的承力桁架，而且全部组装构件为镀锌材料，结构的整体防腐能力强、使用寿命长。根据连接上下弦杆和纵向系杆数量的不同，连接卡具有两种形式：一种是连接上下弦杆和纵向系杆的立体卡具，另一种是只连接上下弦杆的平面卡具。

钢带辊压成型C形钢组装桁架结构采用热浸镀锌钢带，首先将钢带辊压成型为C形钢，以该C形钢为桁架结构的上下弦杆，桁架的腹杆亦采用钢带压制成型。腹杆与上下弦杆之间完全用螺栓副连接。这种结构完全摆脱了工厂化生产卡具的限制，将钢带成型生产线直接组装到施工现场即可边生产骨架边进行骨架安装，省去了工厂加工构件和构件长途运输的环节，现场加工和安装的速度快，建设成本低，而且所有构件均为热浸镀锌钢带辊压成型，构件的表面镀锌层得到完整保留，用螺栓连接也没有任何焊接作业，所以结构的防腐能力强，使用寿命长。采用C形截面还可以直接借用其截面凹槽来固定塑料薄膜，一是可以省去压膜槽；二是采用卡簧卡槽的固膜方式较压膜线固膜方式固膜平整、牢固，有利于提高温室的透光率和薄膜的抗风能力；三是在下弦杆上安装塑料薄膜还可以形成双层膜覆盖，在寒冷地区能够显著提高温室屋面的保温性能。

组装桁架一般上下弦杆采用同种规格的材料，但也有温室企业为经济有效利用材料，通过结构强度精准计算后采用上下弦杆不同规格的材料，并为此专门开发了连接卡具（图2）。从节约用材和个性化精准设计的角度出发，这种设计思路应该是值得鼓励的。

桁架结构日光温室骨架用钢量大，焊接作业量大，焊接质量不易得到保证，构件表面防腐难度大（整体镀锌构件除外），远程运输成本高（单位运输空间的重量小），占用温室空间大（事实上压低了温室的有效种植空间和操作空间），安装容易产生平面外扭曲。虽然其具有较强的承载能力，在日光温室结构中应用量很大，但在不断追求温室结构轻简化、长寿命的过程中，这种结构的上述缺点也成为制约其进一步发展的限制因子。

图 2 不同规格弦杆的组装结构桁架

三、单管结构

单管骨架结构是近年来在日光温室结构轻简化过程中兴起的一种替代桁架结构的新型骨架结构形式。单管骨架，由于不存在构件焊接，采用热浸镀锌的钢构件表面防腐不会受到像桁架结构一样的焊接破坏和加工磨损或擦伤，而且骨架结构轻盈、安装方便，部分温室企业甚至在温室建设现场加工骨架和安装骨架同步进行，更节省了运输和二次镀锌的费用。为此，这种结构在当今的轻简化日光温室结构中成为一种新潮流的结构形式。

从单管骨架的用材来看，主要有圆管、椭圆管和外卷边 C 形钢（图3），这些材料都可以直接采用镀锌钢管或用镀锌钢板辊压成型，表面防腐质量好，结构使用耐久性强。

从单管骨架的结构形式来看，分为完全单管骨架结构（图4）和在温室屋脊处局部加强的加强型单管骨架。其中，局部加强型单管骨架又根据局部加强杆与骨架的连接和布置方式不同，分为系杆加强骨架（图5）和桁架加强骨架（图6）两种形式。

系杆加强骨架是在前屋面骨架和后屋面骨架间设置拉杆，根据拉杆的不同结构形式，系杆加强骨架又分为单管系杆加强（图5a）和桁架系杆加强（图5b）两种形式。单管系杆加强骨架中，系杆

a.圆管　　　　　　　　　　　　b.椭圆管　　　　　　　　　　c.外卷边 C 形钢

图 3　日光温室单管骨架常用材料

　　　　　　　　　　　　　　　a.单管系杆加强　　　　　　　　b.桁架系杆加强

图 4　完全单管骨架结构　　　　　　图 5　系杆加强单管骨架

在温室前屋面骨架的连接位置多在屋脊通风口下沿或上沿，而在后屋面骨架上的连接位置则可在骨架的中上部、中部、中下部或直接连接到温室后墙圈梁上，由此形成了短系杆、中系杆、长系杆以及水平系杆、倾斜系杆等多种表现形式。

　　桁架系杆加强骨架是在系杆加强的基础上，在系杆与温室前后屋面骨架间再增设腹杆，形成以屋面骨架为上弦杆、系杆为下弦杆的局部桁架结构。根据桁架腹杆布置的形式及数量不同，还可进一步将其分为单吊杆腹杆（图 6a）、V 形腹杆（图 6b）、"之"字形腹杆、W 形腹杆等多种形式。

a.单吊杆腹杆　　　　　　　　　　　　　　b.V 形腹杆

图 6　桁架加强单管骨架

从加强系杆的用材看，有的系杆用圆管，有的系杆用方管或矩形管，还有的采用圆管和方管交替设置（圆管或方管分别设置在不同的骨架上，圆管系杆骨架和方管系杆骨架相邻布置）。从安装和连接方便的角度看，方管（含矩形管）更好，强度也更大；但从材料来源和造价的角度分析，圆管更有优势。腹杆的用材也有圆管和方管之分。具体设计中，可根据当地的材料供应情况以及结构的承力要求综合分析，合理选材。

具体工程中，采用哪种形式的加强结构，应根据温室结构的荷载要求本着节约用材的目标合理选择用材，优化结构形式。实际上，过多地局部加强温室骨架，对提高温室结构的整体承载能力不一定都能达到预期的效果，往往温室前屋面弧度急变部位是骨架的最薄弱位置，不能同时补强最薄弱环节，在温室屋脊部位再多的补强也不能提高结构的整体承载能力。具体设计中可进行多方案比较，以提高骨架整体承载能力为目标，尽量减少骨架的用材量，优化结构、降低温室造价。

四、柱梁结构

柱梁结构是日光温室墙体主动储放热理论指导下创新和发展起来的一种新型结构形式。其创新的源泉在于后墙围护材料采用轻质的柔性或刚性保温材料。不同形态的保温材料造就了不同类型的温室结构。在轻质保温材料作后墙围护的日光温室柱梁结构中，根据墙体保温材料与墙立柱的位置关系，可以分为内包柱和内贴柱两种建筑形式；根据屋面梁与后墙柱的连接形式，可以分为一体式和分体式；根据立柱的外形，可以分为直立柱、斜立柱和拱形柱；根据立柱的截面形式，可以分为实心柱（工字钢、槽钢等）、钢管柱和桁架柱、格构柱；根据建筑材料，可以分为钢筋混凝土材料和钢管、钢筋等。

内包柱是将墙体立柱包裹在墙体保温材料中。典型的保温材料是空心硬质聚苯乙烯型砖，立柱材料可以是钢筋混凝土或钢管，采用钢管立柱时后墙可以是直立后墙，也可以是斜立后墙（图7b、c）。这种结构屋面梁和立柱通过柱顶横梁或圈梁连接，立柱与屋面梁可以一一对应，更多的则是立柱间距大（3~4m）而屋面梁间距小（1m左右）。由于立柱包裹在保温材料中，这种结构一是完全隔断了立柱在后墙面上的"冷桥"，二是立柱不占用室内空间。保温型砖的厚度和密度可根据建设地区对墙体保温性能的要求在制造过程中增加或减小，保温型砖采用榫卯接口，连接密封性能好，建设

a.直立后墙内包钢筋混凝土立柱　　　　b.直立后墙内包钢管立柱　　　　c.斜立后墙内包钢管立柱

图7 空心硬质聚苯乙烯型砖作墙体保温的内包柱柱梁结构温室

速度快。除了硬质的保温型砖外，还有采用双侧柔性保温材料包裹墙面立柱的做法，具有和保温型砖同样的功效。

内贴柱结构就是墙面立柱设置在墙体保温层的室内一侧，墙体保温材料紧贴立柱安装或固定。立柱材料可以是钢筋混凝土、钢管或钢筋／钢管桁架。保温材料可以是刚性的，如彩钢板、挤塑板、发泡水泥等；或是柔性的，如保温被、帐篷被、草帘等（图8）。柔性保温材料墙面温室，一般屋面梁和墙面柱做成一体结构，后墙柱可以是直立柱、倾斜立柱或弧形柱，与屋面梁（包括前屋面和后屋面）共同形成非对称的拱形结构。这种结构承载能力强，立柱结构外露便于维修，利用后墙柱还可以安装作物吊蔓线，但墙面不美观，立柱也有碍室内交通。

a.水泥立柱发泡水泥保温墙　　　　　　b.钢管立柱草帘保温墙　　　　　　c.桁架立柱保温被保温墙

图8　不同墙体保温材料的内贴柱柱梁结构温室

椭圆管骨架日光温室
结构及其构造

　　长期以来中国日光温室骨架以"琴弦结构"和桁架结构为主流承力结构。近年来随着日光温室结构向轻简化、组装式方向发展，单管结构日光温室逐步开始发展，并有替代琴弦结构和桁架结构的趋势。椭圆管骨架是近年来推广面积较大的一种日光温室轻简化单管骨架结构形式，其构件截面积小，骨架挡光少；室内无立柱，便于机械化作业和种植布局；闭口截面，截面模量大，平面外稳定性好，杆件承载能力强，因此在各地日光温室发展区都有应用。

　　2020 年 11 月 24—30 日在甘肃省的设施农业考察中，也看到大量椭圆管结构日光温室，而且还创新发展出多种变形，其中有非常合理的创新结构，也有明显不合理的结构形式。本文就本次在甘肃设施农业考察中看到的椭圆管日光温室骨架及其各种变形和连接节点进行系统总结和梳理，供业界同仁们研究和改进。

一、椭圆管骨架的结构形式

　　椭圆管骨架按照其结构的承力范围，分可分为屋面承力骨架和整体承力骨架。屋面承力骨架只承载前屋面和后屋面的荷载（统称为屋面荷载），并将屋面荷载传递到后墙和前基础；整体承力骨架是在屋面承力骨架的基础上增加了后墙立柱，形成温室屋面梁和后墙柱一体化的承力体系，温室后墙不再参与结构承力。前者主要用于后墙为承重墙的温室结构；后者则主要用于后墙非承重的组装结构体系。

1.屋面承力骨架

　　屋面承力骨架按照前屋面骨架和后屋面骨架的连接方式不同，可分为圆弧过渡连接（图 1）和折线直接连接（图 2）两种方式。圆弧过渡连接方式，前屋面骨架和后屋面骨架为一根管通过辊压弯曲而成，在前屋面骨架和后屋面骨架的连接点处（屋脊部位）基本没有应力集中（或应力集中较小，视弯曲弧度大小），这种结构更适合于柔性材料覆盖的温室后屋面，如果温室为刚性材料后屋面，则后屋面在屋脊处的密封必须处理好。

　　前屋面和后屋面圆弧过渡连接的屋面承力骨架，根据前屋面和后屋面拱杆间是否设置拉结弦杆又分为无弦杆、短弦杆和长弦杆几种结构（图 1）。实际工程中，设置弦杆与否，以及弦杆设置长度、弦杆是水平设置还是倾斜设置主要取决于温室后屋面的长度、温室屋脊通风口的位置以及后屋面的荷载。柔性材料覆盖的短后屋面，可不设弦杆，但设置弦杆确实能够改善屋脊部位前后屋面拱杆的

a.无弦杆　　　　　　　　　　　b.短弦杆　　　　　　　　　　　c.长弦杆

图 1　前屋面和后屋面圆弧过渡连接的屋面承力骨架及弦杆布置方式

a.弦杆"10"型布置方式　　　　b.弦杆"100"型布置方式　　　　c.弦杆"110"型布置方式

图 2　前屋面和后屋面折线直接连接的屋面承力骨架及弦杆布置方式

内力分布，有利于提高结构的承载能力。

对于前屋面和后屋面折线直接连接的屋面承力骨架，为了减小屋脊处前后屋面拱杆的应力集中，一般都在前后屋面拱杆间设置拉结弦杆。但在甘肃的考察中看到，为节约用材，很多温室采用带弦杆骨架和不带弦杆骨架间隔布置的多种布置形式，有带弦杆与不带弦杆骨架间隔设置的（图 2a），有带弦杆骨架间设置 2 根不带弦杆骨架的（图 2b），还有连续 2 根带弦杆骨架间设置 1 根不带弦杆骨架的（图 2c）。为了方便标记和命名，以下将带弦杆骨架标记为"1"，不带弦杆骨架标记为"0"，则上述布置方式可分别标记为"10"型、"100"型和"110"型。按照这种规则，骨架全部带弦杆布置的方式可标记为"11"型，骨架全部不带弦杆的布置方式可标记为"00"型。在设计和施工中为简化标记，一般"11"型和"00"型布置方式可认定为默认标记，不做标注，也不会引起安装错误。

带弦杆骨架和不带弦杆骨架究竟以什么样的布置形式更合理？这个问题似乎应该和主副梁结构温室一样对待。将带弦杆拱架视为主梁，不带弦杆拱架视为副梁，在结构强度计算中，应以一组主副梁结构为一个计算单元进行强度校核。为简化计算，设计中经常将副梁的荷载全部等效附加在主梁上而只对主梁进行强度校核，副梁只起辅助承载作用可不做强度校核，因为按照结构破坏"各个击破"的原则，当副梁的承载超过极限承载能力发生变形或破坏后，其承受的荷载将全部转移到主梁，因此保守的简化设计方法是合理的。实际运行过程中，副梁确实能协助主梁承担一定的荷载，因此只计算主梁而不计算副梁的简化计算方法应该是一种更偏于安全的保守计算方法。在安装施工中，应严格按照设计计算的主副梁设置要求布置，绝不可以随意取消骨架的弦杆，或在带弦杆骨架间随意增设不带弦杆骨架。

带弦杆骨架上弦杆究竟如何设置？一般弦杆在后屋面拱杆的连接位置多在屋面拱杆杆长的上部（靠近屋脊部位）1/3、中部、下部1/3和基部；在前屋面拱杆的连接位置多在屋脊通风口的上沿和下沿。由于弦杆在前后屋面拱杆上的连接位置不同，从外形上看就出现了短弦杆、长弦杆、中长弦杆以及水平弦杆、倾斜弦杆等多种形式（图1b、c，图2，图3），其中倾斜弦杆基本以从后屋面向前屋面向上倾斜为主，几乎没有从后屋面向前屋面向下倾斜的布置形式。总体来讲，弦杆的长度越长，在弦杆连接前后屋面拱杆的范围内拱架的应力分布越均匀，但结构总体用材量也越多。

在甘肃设施农业的考察中还看到了一种极短的弦杆（图3c），并与中长弦杆的骨架间隔布置。这种极短弦杆的做法虽然较无弦杆骨架在屋脊部位对骨架的局部应力分布有所改进，但对结构的整体承力影响不大，总体上和无弦杆的骨架承载能力相差无几，设计和施工中也应按主副梁结构进行强度验算。

a.中长弦杆　　　　　　　　b.短弦杆　　　　　　　　c.极短弦杆

图3　弦杆的长度

2.整体承力骨架

整体承力骨架是将前屋面拱杆、后屋面拱杆以及后墙立柱全部组装设计在一根骨架上，也称为"一体式"骨架。这种结构基本室内无立柱，因此，不会影响室内的机械化作业和作物的种植布局。从承力的形式看，和非对称屋面的塑料大棚基本相同，所不同的只是作用的荷载大小以及风荷载体形系数和雪荷载分布系数的差别。

和后墙承重的屋面承力骨架一样，一体式骨架前屋面拱杆、后屋面拱杆和后墙立柱之间的连接也分为圆弧过渡连接（图4a、b，以下称为圆拱形梁柱一体化结构）和折线连接（图4c，以下称为折线形梁柱一体化结构）两种形式。当然，从理论上讲也可能有前屋面拱杆、后屋面拱杆和后墙立柱相邻杆件之间两两圆弧过渡连接或两两折线连接的组合形式。

为了增强结构承载后屋面荷载的能力，一体化组装结构在生产中还出现了一些变形。一种是在后墙与后立柱之间架设一根水平横梁（图4b），将后墙作为承重墙部分承担后屋面的荷载，一体化组装结构的立柱可以作为后墙立柱（后墙向后倾斜，柱脚设在后墙墙根），也可以作为室内走道立柱（柱脚设置在后走道南侧边沿）。这种做法立柱基本不影响温室室内耕作和种植，但前提条件是后墙必须能够承重。

对于后墙不能承重的装配式结构，为了增强结构的后屋面承载能力，也便于操作人员上后屋面进行屋面设备的安装和维修作业，设计者专门设计了一种双立柱装配结构（图5）。这种结构是在传统的梁柱一体化结构的外侧（北侧）增加一根立柱，并在其柱顶设置水平横梁与梁柱一体化结构的立柱相连（图5b），水平横梁形成的平台正好形成了温室后屋面的操作平台（图5a），双立柱之间的室内空间正好可以设置室内走道（图5b）。这种结构既增强了温室结构的承载能力，又不影响室内种植和耕作（耕作区没有立柱），实际上是一种增大温室种植区面积的有效结构形式（与同跨度一体化结构相比，作业走道后移，相当于增加了作业走道宽度的种植面积）。

a.标准的圆拱形梁柱一体化结构

b.附加后屋面梁的圆拱形梁柱一体化结构

c.折线形梁柱一体化结构

图4 梁柱一体结构

a.外景

b.内景

c.屋面节点

图5 双立柱一体化组装结构

二、椭圆管骨架构件之间的连接构造

椭圆管骨架作为一种排架结构，自身连接主要以焊接为主，一般采用对接焊接。对接焊接后应对焊口进行除渣和防锈处理。除了主体骨架自身的连接外，作为一个整体承力体系，主体骨架尚需要在两端分别与基础或后墙顶面连接，骨架中部还要与纵向系杆连接，对于带弦杆的骨架，弦杆也是主体骨架上重要的连接杆件。以下分别就上述连接节点的连接方法进行详细介绍。

1.屋脊弦杆与屋面拱杆的连接

屋脊弦杆与前后屋面主体拱杆之间的连接主要有两种形式：一种是焊接，另一种是用抱箍连接（图6）。焊接可以在工厂进行，也可以在现场进行。为了延长结构的使用寿命，焊接的拱杆在焊接

a.焊接   b.抱箍连接

图6 骨架与弦杆的连接方法

后应该对焊口进行除渣和做防锈处理。图6a不做防锈处理的做法非常不利于提高结构的使用寿命。建议在今后的日常运行中，注意观察并及早涂刷防锈漆以对构件形成长期的保护。

在不破坏构件表面镀锌层的条件下，屋脊弦杆与主体拱杆之间建议尽可能采用抱箍连接。抱箍一般采用开口"凸形箍"。针对不同形状的屋脊弦杆，抱箍的连接方式略有不同。对于方管（矩形管）弦杆，通常的连接方式是用抱箍环抱屋面拱杆后将弦杆的端头插入凸形箍的开口，用螺栓贯穿凸形箍和弦杆，拧紧螺母即可（图7a）。对于圆管弦杆，可先将圆管两端压平后开孔，用短螺栓副如同方管弦杆连接屋面拱杆一样连接即可（图7b）。

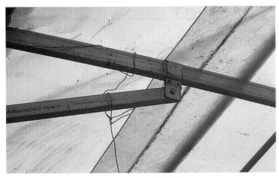

a.与方管弦杆连接   b.与圆管弦杆连接

图7 骨架与弦杆的抱箍连接法

2.屋面拱杆与纵向系杆的连接

纵向系杆是沿温室长度方向通长布置连接相邻温室拱架的杆件，一般多用圆管。其主要作用是减小温室主体骨架平面外变形的长细比，保证温室拱架不发生侧向位移或变形。纵向系杆包括连接屋面拱杆的系杆和连接后墙立柱的系杆。两种类型系杆的用材和连接方式基本相同，目前组装结构的椭圆管骨架基本都采用专用连接件连接。

由于拱杆（立柱）与纵向系杆是处于相互垂直的两个平面内的构件，而且采用压膜线压紧塑料薄膜时，为了保证塑料薄膜有一定的下压深度，以便能绷紧塑料薄膜，设计要求前屋面拱杆与纵向系杆之间要保持一定的距离，越是拱杆变形弧度大的地方，要求纵向系杆和拱杆之间的距离应越大。

按照上述要求，设计者专门设计了组装结构椭圆管拱架与纵向系杆的专用连接件，主要有两种形式：一种称为"键销夹"（图8），另一种称为"键销箍"（图9）。

两种连接件连接纵向系杆的方式基本相同，都采用"键销"法紧固，即将纵向系杆插入连接件尾部的开口凹槽内，用一根变截面的键销插入连接件的尾部并封闭凹槽开口，锤击键销尾部（大头端）可将纵向系杆锁死在连接件的凹槽内，反向锤击键销的头部（小头端）可拆卸出纵向系杆。因此，这种连接件完全是一种可拆卸的结构组装件。

连接件在连接屋面拱杆或立柱一侧，键销夹和键销箍有一定的差异。键销夹是用连接件的夹口从拱杆的下部（或立柱的室内侧）夹住拱杆（立柱），用自攻自钻螺钉将连接件双侧铆钉在拱杆（立柱）上（图8a、b）。有的温室安装连接件与拱杆（立柱）没有采用自攻自钻螺钉连接的方式，而是采用现场焊接的方式（图8c）。这种焊接不仅破坏了承力构件和连接件表面的镀锌层，而且也给未来结构的拆装带来很大的困难。实际安装中建议尽量采用自攻自钻螺钉连接。

a."长尾"键销夹

b."短尾"键销夹

c.焊接代替铆接的连接

图8 连接骨架与系杆的键销夹

图9 连接骨架与系杆的键销箍

采用键销箍连接屋面拱杆（立柱）时，连接件是采用抱扣拱杆（立柱）后用螺栓横穿抱箍颈部，在锁死抱箍与拱杆（立柱）的同时，将连接件的两个开口边也连接在了一起（图9）。这种做法构件无焊接、无钻孔，完全不破坏拱杆（立柱）和连接件，拆装方便，在可能的条件下应尽可能选用这种连接方式。唯一的缺点是抱箍在拱杆的上表面有局部凸起，在塑料薄膜压紧后可能会使其形成局部应力，对塑料薄膜的使用寿命有一定影响。

为了解决塑料薄膜在屋面拱杆上压紧的问题，屋面拱杆与纵向系杆的连接件也采用不同的规格，对压膜深度要求深的地方（拱杆弧度变化大的地方），采用"长尾"连接件（图8a）；在压膜深度要求小或没有压膜深度要求（立柱）的地方，采用"短尾"连接件（图8b、图9）。这里所说的"长尾"或"短尾"，是根据连接件从固定拱杆（立柱）的下（内）表面到固定纵向系杆的键销之间的距离来划分的，一般拱杆（立柱）与纵向系杆紧贴连接的连接件称为"短尾"连接件，拱杆与纵向系杆保持一定距离的连接件称为"长尾"连接件。

3.后屋面拱杆与后墙的连接

传统的桁架结构和C形钢单管结构，骨架在温室后墙和在前墙基础上的连接大都采用直接连接的形式，在基础（圈梁）上预埋埋件，将骨架焊接或栓接到预埋件上。理论上讲，椭圆管骨架也可以采用这种方式连接。但在甘肃省设施农业的调研中看到，椭圆管骨架与后墙的连接大多采用"卧梁"的连接方式。这里所说的"卧梁"是指水平铺设在墙体顶面的一根梁。采用"卧梁"连接的方法可有效保证骨架安装位置的精准就位，也能保证骨架的整体性，彻底避免了因某个或某些拱杆的基础局部沉降或变形而引起整个结构体系的变形甚至垮塌。

实践中所用的"卧梁"可以是传统的钢筋混凝土圈梁（图10a），也可以是槽钢或工字钢（图10b），还可以是与拱杆相同规格材料的椭圆管（图10c）。其中，用椭圆管做卧梁的做法根据墙体的承重特点又有不同的做法。对承重墙体，椭圆管卧梁可以和圈梁一样平铺在后墙的顶面，从墙体内向上伸出预埋钢筋，在卧梁铺平定位后将预埋钢筋折弯扣紧卧梁即可（图10c），而对于非承重墙体，则可以在后墙立柱上伸出支撑杆，将椭圆管卧梁悬支在后墙的内表面（图11）。

卧梁与椭圆管拱杆的连接有三种形式：一种是在卧梁上焊接U形连接件，将椭圆管拱杆的端头插入U形连接件的槽口，两侧用自攻自钻螺钉将U形连接件与椭圆拱杆固定（图12a）。第二种是

a.钢筋混凝土圈梁　　　　　　　b.槽钢卧梁　　　　　　　c.椭圆管卧梁

图10　骨架在后墙顶面连接的卧梁

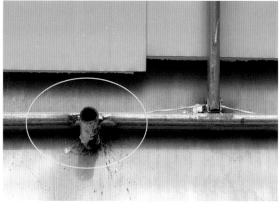

a.整体   b.局部节点

图 11 椭圆管卧梁悬支在后墙上的固定方法

a.U形连接件栓接   b.L形连接件栓接   c.拱杆底板焊接

图 12 后屋面拱杆与椭圆管卧梁在后墙上的连接方式

采用 L 形连接板，在椭圆管端头的两侧分别安装 L 形连接板，并与下部卧梁用自攻自钻螺钉固定（图 11b）。这种做法没有任何焊点，完全不破坏结构件表面的镀锌层，是一种比较合理的组装连接方法。第三种连接方式是在椭圆管骨架的端部焊接一块底板，安装时直接将该底板焊接到椭圆管卧梁上（图 11c）。这是一种全焊接连接方式，对结构件和连接件表面的镀锌层都有破坏，需要在日常运行中做好防护。

后屋面拱杆在椭圆管卧梁上的连接方法也完全适用于其在槽钢或工字钢卧梁上的连接。至于后屋面拱杆在钢筋混凝土圈梁上的连接可使用传统的圈梁中预埋件的形式，也可以在圈梁预埋件上焊接一根角钢，在角钢上再连接屋面拱杆。

4.前屋面拱杆、山墙立柱与基础的连接

前屋面拱杆和山墙立柱与基础的连接方式有多种形式。最简单的做法是像塑料大棚骨架一样的"插地"模式，即将拱杆或立柱直接插入温室地基中。这种做法没有基础，施工简单，但由于拱杆和立柱的截面积小，一是要求插入足够的深度才能保证在风荷载上拔力的作用下拱杆或立柱不会从地基中拔出（主要依靠插入地基椭圆管外表面的摩擦力来平衡风荷载作用在骨架基部的上拔力）；二是

温室工程
实用创新技术集锦 3   Wenshi Gongcheng
Shiyong Chuangxin Jishu Jijin 3   ▷   **76**

拱杆或立柱基部应铺垫石块、砖块或水泥块，以扩大拱杆（立柱）的断面积，避免拱杆（立柱）在结构自重、雪荷载、作物荷载等竖向荷载作用下向地基中下沉。

日光温室建设中骨架与基础连接常用的方法是采用钢筋混凝土圈梁，并在圈梁中预埋埋件，通过埋件将拱杆（立柱）与基础相连（图13a）。这种做法连接牢固，承载能力强，在设计荷载范围内基本不会发生骨架基部移位的问题。这种做法的缺点是骨架基部埋藏在混凝土基础或圈梁中，由于混凝土对钢材有腐蚀作用，长期运行后可能使钢构件在与混凝土接触的表面先期腐蚀，应注意观察，定期维护。

在甘肃省设施农业的调研中更多看到的还是用椭圆管卧梁来连接前屋面拱杆（图13b、c）和山墙立柱（图14a）。椭圆管卧梁与基础的连接形式有两种：一种是平铺在连续的条形基础或圈梁上（图13b）；另一种是架支在独立基础上（图13c）。在圈梁或独立基础中预埋钢筋，并将预埋钢筋的端头伸出基础或圈梁表面，待椭圆管卧梁平铺定位后，将伸出的钢筋头折弯扣压在椭圆管卧梁的上表面（图14），即可将卧梁牢固固定在基础或圈梁顶面。基础中的预埋钢筋有的使用双根（图14a、c），有的则使用单根（图14b）。从安全的角度讲，双根固定肯定比单根固定更安全。

拱杆和立柱端部与椭圆管卧梁的连接方法，除了上述后屋面拱杆与后墙上椭圆管卧梁连接的角钢连接件双侧栓接拱杆（图15a）、拱杆底脚板焊接卧梁（图15b）的连接方法外，考察中还发现一种用"放大脚"的连接方式（图15c），即在立柱的基部焊接一段与立柱椭圆管外形尺寸紧配合的大直径椭圆管，称为插管，直观看就像砖基础或钢筋混凝土基础的放大脚一样。插管短柱上部与立柱

a.直接埋入基础圈梁

b.通过椭圆管卧梁与条形基础连接

c.通过椭圆管卧梁与独立基础连接

图13 前屋面拱杆与基础的连接方式

a.山墙立柱

b.条形基础

c.独立基础

图14 卧梁与基础的固定

a.角钢连接件双侧栓接骨架　　　　　b.拱杆底脚板焊接卧梁　　　　c.焊接短柱（套管）连架后与卧梁栓接

图 15　立柱或拱杆与椭圆管卧梁的连接

端部焊接，下部与椭圆管卧梁焊接，从而实现立柱与卧梁的连接，也或许是插管短柱是事先插管到椭圆管卧梁上，对立柱进行精准定位，椭圆管立柱内插进插管短柱中。紧配合的插管，如果插入深度足够（取决于插管短柱的长度），可不做任何其他连接，如果插入深部不足，可用立柱双侧自攻自钻螺钉连接、螺栓贯通连接或连接界面焊接等方式连接。采用插接的连接方式不削弱构件截面，也不会造成构件表面镀锌层破坏，应该说是一种理想的连接方式。在插接的基础上再附加上述栓接或焊接将更加保险。

日光温室钢骨架端部锈蚀后的加固与修复技术

    钢骨架是日光温室承力结构中的核心构件。日光温室结构中 90% 以上都采用钢骨架，在现代轻简化组装结构中更是全部使用钢骨架。广义的钢骨架包括圆管钢骨架、椭圆管钢骨架、外卷边 C 形钢骨架以及用圆管、钢筋、C 形钢作弦杆组装或焊接而成的桁架。温室结构可以是全钢骨架，也可以是钢骨架与竹木骨架间隔布置的混合材料结构。钢骨架最大的特点是钢材韧性好、承载能力强，构件截面小、室内遮光少，经过热浸镀锌表面防腐后，材料抗腐蚀能力强、使用寿命长，因此具有较高的性价比。但日光温室骨架所用钢管或型材均为薄壁材料，壁厚多在 2mm 以内，在高温高湿的温室环境中，一旦表面镀锌层出现破损，构件将会很快被腐蚀。事实上，造成温室钢结构腐蚀的因素除了高温、高湿外，空气中的高 CO_2 浓度也是造成钢结构腐蚀的一个重要诱因。此外，钢骨架两端与墙体和基础部位由于接触到混凝土或土壤，在高盐和高水分环境中腐蚀的速度更快。

    图 1 和图 2 分别为不同形式钢骨架与温室后墙顶面圈梁（梁垫）和前屋面骨架基础连接处骨架

a.钢管桁架   b.钢管—钢筋桁架   c.内卷边C形钢

图 1　钢骨架在温室后墙顶面圈梁（梁垫）连接处的腐蚀情况

a.钢管桁架   b.椭圆管   c.外卷边C形钢

图 2　钢骨架在温室前屋面骨架基础表面连接处的腐蚀情况

的腐蚀情况。由此可见，温室骨架与混凝土基础或圈梁连接点是钢结构骨架遭受腐蚀的最薄弱部位。本文就如何避免该连接点钢构件腐蚀、发生节点腐蚀后如何修复或加强骨架保证结构安全性的一些措施和方法做了综合梳理，可供温室设计和建设者借鉴和参考。

一、立柱加固法

立柱加固法就是在温室骨架下附加立柱，用立柱部分或全部替代墙体或基础来支撑整个屋面结构。从立柱设置的持久性可分为临时立柱和永久立柱两种，前者主要设置在温室屋面骨架的中部（或中前部），后者则主要设置在温室屋面骨架的两端。

1.前屋面骨架中部临时立柱加固法

临时立柱可设置在骨架的任何部位，一般设置在骨架变形较大部位或前屋面骨架的中部，可以是单根柱，也可以是多根柱（图3）；所用材料可就地取材，可以是圆木（图3a），但更多的是使用钢管；立柱可以是单管直立（图3a）、斜立（图3b），也可以是双管交叉支撑（图3c）；立柱可以按照一定的间距规则设置，也可以根据前屋面骨架的变形情况在变形大的拱杆下局部设置。总之，临时立柱设置具有较大的随机性，一是设置的方式可以是随机的；二是设置的时间也可以是随机的，一般在下大雪或刮大风预警时临时设置，风雪过后为便于作业在保证结构不变形的情况下也可将其拆除。

临时立柱对骨架的支撑方式也有多种形式（图4）。有的是将立柱直接支撑在前屋面骨架（图4a），但更多的是支撑在连接前屋面骨架的纵向系杆上（图4b、c）。前者可以精准支撑变形骨架，但对温室整体屋面的支撑作用小；后者则可以在更大的屋面范围内起到支撑骨架作用，立柱用量少，但支撑作用大。

立柱支撑屋面纵向系杆的连接方式有直接连接（图4b）和通过过渡连接件连接（图4c）两种。前者纵向系杆支撑点局部应力较大，而采用柱顶槽钢（或半圆管、C形钢、钢板折板等）支撑纵向系杆可以有效分散支撑点的应力，更有利于提高结构的整体承载能力。

| a.单根木立柱 | b.单根钢管立柱 | c.双根倾斜交叉钢管立柱 |

图3 设置临时立柱

a.直接支撑在骨架上　　　　　　　b.直接支撑在纵向系杆上　　　　　　c.焊接柱顶槽钢支撑纵向系杆

图4　临时支柱在骨架上的支撑点及支撑方式

2.屋面骨架端部永久固定立柱加固法

在屋面骨架的中部或中前部设置临时立柱主要是避免由于结构的整体强度不足造成骨架过大变形或失效，这种临时加固方法如果用于加固因骨架两端锈蚀而可能造成屋面结构失效或倒塌情况，则临时加固立柱变成了不可拆除的支柱，实际上也就变为了永久加固立柱。

对于屋面骨架整体承载能力能够满足结构承载要求，而仅由于两端的锈蚀使结构失效或有失效危险时，常采用骨架两端设置固定立柱的永久加固方法。

永久固定立柱设置的方法可分为两类：一类是下端支撑在地面基础上的长立柱（图5）；另一类是下端支撑在墙面或通过过渡件支撑在墙面或地面的短立柱（图6、图7）。按照立柱支撑的位置来分，可分为前立柱和后立柱，前立柱设置在屋面骨架的前部基础内侧，支撑前屋面骨架的前端；后立柱设置在温室后墙内侧，支撑后屋面骨架的后端。设置两端立柱后，屋面骨架可以完全脱离后墙和基础，从而有效解决了骨架两端由于锈蚀而无法将骨架内力传递到墙体或基础的问题。

（1）长立柱　设置长立柱时，为了减少立柱的数量（目的是节约成本，或更多是便于室内作业），立柱柱顶与屋面骨架基本不采用立柱与骨架一一对应的支撑形式，而是采用柱顶梁的过渡支撑方法，立柱支撑柱顶梁，柱顶梁再支撑屋面骨架。其中柱顶梁的形式有通长的横梁（图5b）和断续的支撑杆（图5c）两种形式。柱顶梁用材可以是钢管或角钢，立柱材料多用圆钢管。

a.立柱支撑骨架端部整体情况　　　　b.立柱支撑横梁、横梁支撑骨架　　　　c.立柱支撑短杆、短杆支撑骨架

图5　长立柱支撑骨架端部

柱顶梁与屋面骨架以及与立柱的连接大都采用直接焊接的方式。这种施工方式现场作业方便，也具有较大的灵活性，尤其适合于骨架锈蚀不规则，甚至在安装和运行过程发生位置偏差的情况。柱顶梁与屋面骨架连接时，要求焊接点位置离开骨架锈蚀位置一定距离，焊接后应除去焊渣并对焊接节点进行防腐处理。在未来的研究中，应积极开发系列化的组装卡具，以彻底解决现场焊接破坏构件表面镀锌层的问题。

长立柱下部的固定一般采用独立基础（图5a），为避免立柱基部积水，要求基础表面高出温室地面。

（2）短立柱　与长立柱设置不同，短立柱设置基本与屋面骨架一一对应，而且立柱与骨架是直接连接。根据屋面骨架的型材不同，短立柱材料可以是圆管（图6a）、方管（图6b、c），甚至是钢筋（图7）。短柱的长度应尽量短，以满足两端稳定支撑为原则。

短柱上部与屋面骨架相连接，可以是焊接，也可以是栓接，对改造工程而言，焊接居多。短柱下部的固定有两种方法：一种是独立分散地将短柱直接固定在温室后墙面上（图6a、图7c），即在温室的后墙面上短柱下端所在位置安装一块钢板或角钢（可以用膨胀螺栓固定，也可以在墙内打入长钢筋来固定），将短柱的柱脚焊接在该固定钢件上；另一种是将所有的短柱统一固定在柱脚下部沿温室长度方向通长设置的横梁上，该横梁可以是方管（图6b、c），也可以是角钢（图7a），短柱用于支撑后屋面骨架时横梁设置在后墙内表面（图6b、图7a），短柱用于支撑前屋面骨架时横梁设置在温室地面上（图6c）。横梁在温室后墙面上的固定可以采用长钢钉将其钉挂在墙面上（图6b），也

| a.短柱支撑在后墙 | b.短柱支撑在后墙水平横梁上 | c.短柱支撑在地面横梁上 |

图6　用短柱支撑骨架端部

| a.短柱支撑在后墙梁上（整体） | b.短柱支撑在后墙梁上（局部） | c.短柱支撑在角铁板上 |

图7　用双钢筋做短立柱支撑骨架端部

可以在墙面上先固定钢板件，然后用角钢片支撑横梁，并将其与钢板片焊接在一起。用于支撑前屋面骨架短柱的横梁，如果地面为混凝土可直接铺卧在温室地面上（图6c）；如果地面为自然土壤，则应在横梁下间隔一定距离设置混凝土独立基础。在独立基础上预埋连接件，将横梁与基础埋件相连接。

由于骨架的腐蚀都发生在与墙面或基础接触的位置，所以用短柱加固屋面骨架时，短柱的上端总要离开骨架基部一定距离，这样从外表看短柱在竖直方向都会有一定倾斜角度，一般与竖直线的夹角在5°~10°。

采用钢筋做短柱时，由于钢筋截面小、承压能力差，一般是在骨架的两侧设置双根钢筋进行加固（图7）。钢筋立柱的下端多采用角钢固定，上部与骨架的连接基本是采用焊接。

二、更换骨架法

更换骨架法就是用全新的骨架去替换腐蚀的骨架，实际上是对骨架的全面翻新。具体实践中，骨架翻新的方法有两种。一种是保留原骨架，在相邻两根原骨架之间增设新骨架（图8），这种做法新旧骨架的外形尺寸完全相同，由此也就完全保留了原温室的温光和结构性能。这种做法的优点是节省了拆除旧骨架的成本，但缺点也很明显，就是温室屋面骨架数量翻倍，骨架的遮光面积也同时翻倍，此外旧骨架由于表面锈蚀，容易引起屋面覆盖塑料薄膜表面老化或破损，因此，在经济条件允许的情况下应尽可能拆除旧骨架。

另一种翻新骨架的办法就是拆除老旧骨架，用全新的骨架代替老旧骨架。由于老旧骨架温室设计和建设的时代都比较久远，受建设时期温室研究和设计水平的限制，温室的温光性能较现代温室都有差距，因此，新更换温室骨架时实际上是对老旧温室的一种全新改造，不仅要更换温室骨架，而且可能要提高后墙高度或者加大温室跨度，对温室的脊高和后屋面长度等设计参数都会根据最新的研究成果进行重新设计，由此也将大大提高温室的温光性能。值得注意的是由于老旧温室改造基本不会改变原温室的位置，所以，在加大温室跨度、提高温室后墙高度或脊高时一定要准确测算前栋温室对后栋温室的遮光，确保种植作物在种植季节所要求的光照时间。

a.外景   b.内景

图8 保留旧骨架增设新骨架

三、节点修复法

节点修复法就是对锈蚀的节点进行局部处理以恢复其原有功能。由于锈蚀杆件完全失去了结构的承载能力，修复节点也就是要将这些锈蚀的杆件局部进行功能性更换。这种功能性更换的方法包括完全切除构件的腐蚀部位并在原位更换同规格的新构件，以及保留原锈蚀构件、另外增设新的构件或构造措施与原构件非锈蚀部位相连接的方法。

实践中，切除锈蚀部位并用新的构件替代锈蚀部位的做法称之为"断指再生法"（图9a）。具体施工方法就是切除锈蚀部位，用相同规格的构件焊接到原骨架的切口即可。这种做法对前屋面骨架只要揭开塑料薄膜即可施工改造，但对于后屋面骨架则需要整体拆除温室后屋面，施工工程量较大，但更换的效果较好。为了解决更换骨架锈蚀部位需要拆除温室屋面的问题，实践中大都是保留原骨架而在骨架锈蚀部位进行局部功能性更换。

与"断指再生法"相类似的功能性更换方法包括原路"搭桥"法（图9b）和旁路"搭桥"法（图9c）。原路"搭桥"法是在原骨架锈蚀构件旁侧并行焊接一根同规格的新构件；而旁路"搭桥"法新构件的设置位置和方向不受锈蚀原构件的约束，根据温室具体可承载位置确定，生产中更具有操作上的灵活性，但结构的传力效果远不及原路"搭桥"法。

对于锈蚀范围不大的骨架，可不必进行构件大范围的功能性更换，只要在节点局部进行加强即可实现对锈蚀部位构件功能的替代。这些做法包括如同原路"搭桥"法类似的并联钢管加强法（图10a）、

a.断指再生法　　　　　　　　b.原路"搭桥"法　　　　　　　　c.旁路"搭桥"法

图9 局部更换或替代腐蚀骨架

a.并联钢管加强　　　　　　　b.焊接单支角钢加强　　　　　　c.焊接多支角钢加强

图10 骨架锈蚀端部局部加强法

焊接单支角钢加强法（图10b）和焊接多支角钢加强法（图10c）等。这些方法最大的好处是不必拆除或切断原有构件，因而工程改造的工程量小、费用较低，但由于改造节点基本都是焊接处理，所以对焊接后焊点的表面防护将非常重要，如果不对焊点进行表面防护，改造节点将很快锈蚀，又会重蹈覆辙。

四、避免骨架基部锈蚀的方法

从骨架锈蚀的机制分析，造成骨架锈蚀的原因：一是骨架基部集聚了大量冷凝水使金属构件长期处于潮湿环境；二是骨架基部与混凝土或土壤接触，其中的盐分对金属构件形成腐蚀。为了避免骨架基部的腐蚀环境，实践中，有人在骨架基部涂刷沥青等疏水性表面保护涂层（图11a），使金属构件表面远离水膜侵蚀；也有人在骨架设计中采用钢筋混凝土短柱作基础，将其伸出地面一定高度后与屋面骨架绑扎连接（图11b），这种做法可将屋面骨架的金属构件完全脱离地面土壤。骨架与混凝土短柱之间的连接不是直接连接而是采用绑扎连接，从而显著减小了二者之间的接触表面，进而有效降低了金属构件被腐蚀的概率，使温室骨架得到有效保护。

在温室设计和运行管理中，应尽量用保护的方法来减少或甚至完全克服温室骨架由于锈蚀而造成的结构失效和二次维修，为温室结构的安全运营提供可靠保障。

a.基部刷沥青　　　　　　　b.基部用混凝土柱

图11　骨架基部的保护措施

日光温室屋脊卷膜
通风系统

　　日光温室的通风形式主要为自然通风，其中以前屋面和屋脊的连续通风口通风是最基本的自然通风方式。寒冷地区日光温室，为了减少冷风渗透热损失，避免冷风直接吹袭作物而造成作物冻害，有的温室甚至不开设前屋面通风口而只保留屋脊通风口。

　　随着现代化水平的不断提升，早期日光温室屋脊通风口采用的如手动扒缝通风等作业劳动强度大、环境控制精度低的通风方式已经基本被机械拉膜扒缝通风和机械卷膜通风所替代（虽然也有温室采用齿轮齿条开窗通风，但由于造价高，生产应用较少）。本文就屋脊机械卷膜开窗系统的组成和其结构构造形式做一系统梳理，可供业界同仁们进一步研究和推广。

一、屋脊卷膜通风的驱动方式

　　所谓卷膜通风，就是将覆盖通风口的塑料薄膜缠卷在卷膜轴上，通过卷膜轴的正反转转动卷起或展开通风口塑料薄膜，从而打开或关闭通风口的一种通风形式。这种通风形式，在日光温室中不仅可用于屋脊通风口，而且可用于温室前屋面通风口，甚至在后屋面为活动保温屋面或后墙为活动保温后墙时也可用于相应通风口的启闭。卷膜通风由于沿温室长度方向通风口的开口大小相同，所以温室各部位的通风量一致，由此形成温室室内温度、湿度和气体浓度分布更均匀，是一种高效的日光温室通风方式。

　　根据驱动卷膜轴转动的动力不同，卷膜通风可分为手动卷膜和电动卷膜（图1）。手动卷膜是通过人力手工操作驱动卷膜轴转动的一种卷膜方式，根据动力输入的形式不同，手动卷膜又分为手柄卷膜和链轮卷膜，其中手柄卷膜又有直驱短手柄和万向节长手柄之分。直驱短手柄是将"之"字形手柄直接焊接或栓接在卷膜轴的端部，形成卷膜轴的"摇把"，手动转动摇把，即可驱动卷膜轴转动。这种摇把式卷膜系统动力输入和输出比为1∶1，既不省力，也不省工，而且操作还需要操作人员登爬到温室屋脊或者在地面架设高梯或平台，操作管理极不方便。为克服短柄直驱的缺点，后来的改进一是将短柄改为长柄，操作人员可以站立在地面上进行操作；二是将直驱改为间接驱动，包括用万向节连接手柄和卷膜轴以及用减速箱增强输出动力等（图1a）。

　　链轮卷膜就是在卷膜轴的端部安装一个链轮，用导链驱动链轮转动，操作人员只要向下拉动导链即可带动链轮转动，进而带动卷膜轴转动，从而实现通风口的启闭（图1b）。由于导链是柔性的，而且长度可根据操作需要确定，所以操作人员不必登爬到温室屋脊操作，直接站立在地面上就可以作业，极大地方便了作业管理。此外，选择不同直径的链轮可获得不同大小的动力输入输出比，从而也可减小操作动力输入，大大节省操作人员的作业强度。

a.手柄手动驱动　　　　　　　　b.链轮手动驱动　　　　　　　　c.电动驱动

图1 卷膜器动力形式

电动卷膜通风是在卷膜轴的端部安装减速电机，由减速电机带动卷膜轴转动从而实现通风口启闭的一种通风方式（图1c），其中减速电机有直流电机和交流电机之分。根据减速电机的控制方式不同，电动卷膜可分为人工手动控制和完全自动控制两种控制形式，其中人工手动控制又分为人工操作电源开关的控制方式和人工操控遥控器控制电源通断两种方式。自动控制系统一般根据室内温度或室内外温差进行控制，控制通风口开启的大小可人工编程，控制卷膜电机停止的方法有限位控制器机械控制法和卷膜轴转数的行程控制法等。从节省人力、提高控制精度以及提高日光温室现代化水平的发展方向看，电动卷膜应该是未来的发展方向。

二、卷膜器摆臂杆结构及其固定方式

为了控制卷膜轴的运行轨迹，除手柄式手动卷膜系统外，卷膜系统一般在卷膜器上安装一根摆臂杆，用于控制卷膜轴的运行轨迹。

从摆臂杆末端的固定形式看，有完全不固定的自由臂和末端固定的固定臂之分。自由式摆臂杆只适用于手动卷膜系统（图2a），实际上手柄式卷膜系统的手柄也可以视为一种变形的自由臂（图1a）。自由式摆臂杆虽然从形式上看末端没有固定，但在实际操控中操作人员要掌控摆臂杆，实际上形成了一种可移动的固定点。

固定臂从其末端的固定位置看，有墙面固定臂和地面固定臂之分（图2b、c）。当墙面结构有足够承载能力时应首选墙面固定的方式，一是因为墙面固定可减小摆臂杆的长度，减少构件用材和成本；二是因为摆臂杆固定在墙面上不会影响地面道路，可防止由于地面运输或作业碰撞摆臂杆而可能造成的摆臂杆损伤甚至破坏。

对于端部固定的摆臂杆卷膜系统，如果摆臂杆的长度不能改变，则卷膜轴只能围绕以摆臂杆端部固定点为圆心、摆臂杆长度为半径的圆弧轨道运行。但由于大部分日光温室屋面开窗部位的弧形并非严格的圆弧曲面，或者虽可近似为圆弧曲面但相应的圆弧半径较长，因此，在具体实践中虽也有采用固定点圆弧轨迹的摆臂控制系统（图3a），但大部分摆臂还是做成伸缩套管形式（图3b），即一根钢管插入另一根钢管中，两管之间留有足的空隙，可使两管在不脱离的条件下自由地相互进行直线运动。从运行外观看，是内插管在外套管内往复运动，形成内插管在外套管内的伸出或缩进，

a.自由臂

b.墙面固定臂

c.地面固定臂

图 2　摆臂杆的形式

a.固定长度摆杆

b.伸缩套管摆杆

c.套环摆杆

图 3　固定摆臂杆结构

这就是伸缩杆名称的由来；从运行结果看，即形成了一根可变长度的臂杆，从而可适应非圆弧曲面的卷膜轴运行轨道，且臂杆的长度也不至过长。

　　实践中解决臂杆伸缩的另一种做法是将外套管变形为外套环，使摆臂杆在套环内往复运动（图3c）从而实现摆臂杆长度变化的要求。这种做法可进一步简化伸缩杆结构，节约臂杆用材。

　　固定式摆臂杆在墙面或地面上虽有固定点，但由于臂杆在卷膜轴运行过程中必须随卷膜轴的运动而转动，所以摆臂杆在固定端必须安装可转动的转轴。实践中转轴的形式有两种：一种是套管转轴，另一种是销钉转轴（图4）。

　　套管转轴是活动套管外套在固定转轴的一种转轴形式（图4a）。固定转轴为一根直径一般在20mm以上的圆管，卷膜系统安装时将其垂直山墙面部分插入墙体（插入深度200mm以上），部分外露墙面。活动套管是一根外径和摆臂杆相当、内径比固定转轴外径稍大（至少大2mm）、长度与固定转轴外露山墙长度相当的短钢管。套管垂直焊接在摆臂杆端部并外套在固定转轴在山墙面的伸出端，即形成摆臂杆的转轴。

　　销钉转轴是用一根钢筋或钢钉（称为销钉）替代套管转轴的固定转轴，进一步简化了套管转轴而且也更方便施工安装。施工中只要将销钉钉入山墙摆臂杆固定点位置并保留约2倍于摆臂杆直径的外露长度，即完成对销钉的施工安装。在摆臂杆的臂杆上靠近固定点端部的位置垂直臂杆长度方向开设通孔，将销钉插入该通孔中并在摆臂杆外侧销钉上安装钉丝（阻止摆臂杆脱位）即完成对转轴的安装。

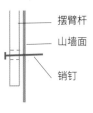

摆臂杆
内插管
外套管

摆臂杆
山墙面
销钉

a.套管转轴   b.销钉转轴

图4 摆臂杆固定点转轴形式

三、一种行程开关控制的自动控制卷膜系统

对于自动控制的卷膜开窗系统，为防止卷膜轴过卷（超过通风口边沿位置），应在通风口的上下沿分别设置限位开关（图5）。当卷膜轴运行中碰到限位开关后，自动切断电源，从而停止卷膜轴转动。

一组限位器应包括上位限位器（控制卷膜通风口开启的最大位置）和下位限位器（控制卷膜通风口关闭的最大位置）两个限位器。限位器应用桥架架空设置在安装卷膜器一侧的温室山墙上（图5a、b），桥架的安装高度应保证卷膜轴的运行高度与限位器限位杆的位置相适应。桥架可以是钢管或其他不同型材，如可以是直杆，也可以是与通风口弧面相适应的拱杆。

a.整体结构   b.上下限位   c.限位器

图5 行程开关控制的自动卷膜控制系统

日光温室中卷二连杆卷帘机
连杆底座的形式

中卷二连杆卷帘机是日光温室最常用的外保温被卷帘机之一。其中，二连杆是支撑和导引电机减速机的重要结构构件，其一端连接电机减速机，随电机减速机和保温被及其卷轴同步运动，是二连杆的活动端；另一端则固定在地面或屋面的连杆底座上，形成二连杆的固定端。为适应电机减速机在运动过程中位移的不断变化，同时要保证连杆结构在运行平面内的平稳运行，在杆件连接中，二连杆与底座的连接以及二连杆两根杆之间的连接均采用铰接的方式，而与电机减速机之间的连接端则采用固结连接。

二连杆之间的铰接以及二连杆与电机减速机之间的固结连接方式一般变化不大，其中，二连杆与电机减速机之间固结连接的方式大都采用焊接，而二连杆两根杆件之间的铰接则主要采用栓接，但二连杆在固定端的铰接方式在工程实践中却有多种形式。本文总结梳理了工程中常用的几种铰接方式，可供工程设计中研究和应用。

按照连杆与底座连接方式不同，可将连接底座大体上分为单铰直连底座和连杆放脚底座两种，每种底座在生产实践中又有不同的工程做法。

一、单铰直连底座

所谓单铰直连底座，就是用一根销钉（单铰）将二连杆的下端杆直接栓接在底座上。销钉既是连杆下端杆与底座的连接件，也是二连杆随电机减速机运动的转轴。底座固定在基础上，形成连杆的不动支座，连杆下端杆则通过转轴转动，形成二连杆中部节点的圆周运动轨迹，带动二连杆的上端杆下端沿相同的圆周轨迹运动，从而调节二连杆固定端与活动端之间的直线距离，以满足电机减速机运动过程中对支撑连杆活动端位移变化的需求。

工程实践中连杆与底座的连接形式有两种：一种是 Π 形底座，连杆直接插入 Π 形底座的双支夹缝，销钉贯穿双支夹板与连杆（图1a）；另一种是 T 形底座，在连杆的端部焊接 Π 形夹板，将底座的 T 形单支板插入连杆端部的 Π 形双支夹缝，用销钉贯穿连杆端部 Π 形夹板的双支板和底座的 T 形单支板（图1b、图2）。底座固定在基础上，形成连杆的不动支座。其共同特点就是"双支夹单支"，销钉贯穿"三支"。不同之处仅在于"单支"和"双支"的上下位置有区别。

从 T 形底座（图2）实际工程应用看，无论是连杆端部的 Π 形双支板还是底座的 T 形单支板，在连杆运动平面外的强度与连杆管材的强度相比都相差甚远，而且这些板件都未经表面防腐处理，长期运行锈蚀严重，工程隐患较大。此外，在连杆的端部焊接 Π 形双支板比在底座上焊接双支板要

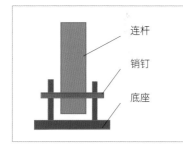

a.Ⅱ形底座

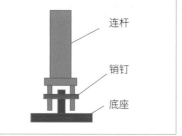

b.T形底座

图1 单铰直连底座的结构形式

图2 单铰T形底座

a.焊接在钢管基座上

b.预埋在混凝土基础中

c.焊接在基础表面预埋件上

图3 单铰Ⅱ形底座及与基础的连接

费工。因此，在工程实践中，大量应用的单铰直连底座还是Ⅱ形底座。

连杆与Ⅱ形底座的连接方式有两种：一种是将连杆的端部压扁后插入Ⅱ形底座的双支板内，用销钉贯穿底座双支板和连杆端部压扁部位（图3a）；另一种是将连杆原样不动地插入Ⅱ形底座的双支板内，用销钉贯穿底座双支板和连杆端部（图3b）。将连杆端部压扁的做法可减小底座的尺寸，工程实践中可将Ⅱ形底座直接焊接在钢管端部，钢管按照桩基的做法直接打入地基，由此使基础的做法得到大大简化（图3a），而将连杆原样不动地插入Ⅱ形底座双支板内的做法不仅不削弱连杆的结构强度，而且也节省一道压扁端头的加工程序。

工程实践中，Ⅱ形底座与基础的连接方式除了上述钢桩基础外，一般有两种连接方式。一种是在底座的底板焊接钢筋，将底座预埋在基础内，表面露出夹持连杆的双支板（图3b），这种做法底座的位置在土建施工过程中已经确定，卷帘机安装过程中无法调整位置，但底座与基础的连接牢固、可靠；另一种是在基础表面预埋平板埋件，将Ⅱ形底座的底板焊接在基础预埋板上（图3c），这种做法在卷帘机安装过程中可根据需要微调底座的位置，便于卷帘机的精准定位和安装，但基础埋件和Ⅱ形底座的用钢量较大，底座底板与埋件的焊接质量及其表面防腐都受施工质量的影响较大。

二、连杆放脚底座

连杆放脚底座就是在连杆的端部垂直连杆运动平面焊接一根直径和连杆相同、长度约1.0m的钢管，称为连杆放脚。该放脚既是连杆的转轴，又是连杆的端部支撑，还可平衡连杆在运动平面外的扭曲弯矩。相比单铰直连底座，不仅连接强度大大提高，而且还能抵抗连杆平面外的变形，对提高卷帘机的平稳运行具有良好的作用。因此，这种底座在工程实践中得到大量应用。

连杆放脚既是转轴，又是连杆的固定点，也就是说，放脚转轴只能转动但不能平面位移。所以固定转轴位置并保证其灵活转动是工程设计中需要解决的主要问题。工程设计师和民间工匠们在解决这一问题的过程中也创新提出了多种工程做法。

最简单的做法是将放脚直接放置在地面上（图4）。在相对坚硬的自然土壤地面上（或对自然土壤进行表面夯实），放脚转轴可自由转动，地面土壤既是转轴的支撑，同时也不约束转轴转动，固定转轴不再需要增设基础，是一种最经济的做法。但这种做法由于连杆在运行过程中会对转轴形成推力，如果土壤比较松软（尤其是降雨后支撑转轴的土壤可能会吸水变松或发生大范围蠕变），对转轴完全不限位的固定方法（图4a）可能会由于该推力使转轴发生沿卷帘机运动方向向外的位移，造成保温被卷放位置不到位或连杆内力发生变化，为此，简单的做法是在转轴的外侧单侧（图4b）或双侧(图4c)用钢筋或钢管设置转轴在连杆运动平面方向限制位移的挡杆。这种做法投资低、安装方便，可在卷帘机安装定位后再最后锚钎钢筋（钢管）限位挡杆固定转轴，但这种做法只能限定连杆端部在卷帘机运动平面内的位移，却不能阻挡连杆端部在卷帘机运动平面外的位移（尽管这种位移量在卷帘机平稳运行时不会发生或者发生量较小，但在保温被卷放过程中如出现卷帘变形，则这种位移将不可避免）。此外，转轴直接坐落在地面土壤表面，受土壤水分和盐分的侵蚀比较严重，对转轴的表面防腐要求也较高。从图4看，放脚转轴都发生了大面积腐蚀，但如果在自然土壤地面上铺砖或对土壤表面进行局部混凝土罩面，将放脚转轴脱离地面自然土壤，则可有效减轻管材的表面腐蚀(图4c)。

第二种做法是用套管外套在放脚转轴的两端并将转轴架离地面（图5）。这种做法彻底消除了转轴与地面自然土壤接触可能造成材料表面由于接触土壤盐分和水分而发生腐蚀的问题，是一种提高卷帘机连杆底座使用寿命更有效的方法。

在转轴上加装外套管后，转轴在套管内同轴旋转，可保证转轴的自由旋转，但要固定转轴的平面位移，套管则需要配套基础固定，而且由于转轴在套管内转动和位移的摩擦阻力较地面土壤小很多，为了避免转轴在套管内径向位移，还需要在套管端头或转轴端头增设堵头，为此，工程实践中

a.无限位　　　　　　　　　b.钢筋挡杆单侧单点限位　　　　　　c.钢筋挡杆双侧双点限位

图4　直接落地式连杆放脚底座及其固定方式

| a.转轴两端用钢筋封堵 | b.转轴两端用钢板封堵 | c.端口封闭套管 |

图 5　钢管套管式连杆放脚底座及其固定方式

也派生出多种做法。

从套管的固定基础看，有钢管桩基（图 5a、c）和钢筋混凝土独立基础（图 5b）之分，其共同的特点是每个套管下配置各自独立的基础，套管与桩基或基础埋件采用焊接方式，保证套管与基础的可靠连接。由于套管安装在转轴的两端，所以每根转轴需要配套两个独立基础。为保证连杆在运行过程中不发生偏移，两个转轴套管固定基础的顶面标高必须保持水平一致，施工中不得出现相对高差。

从防止转轴在套管内径向位移的限位方式看，有在转轴端头设封堵的（图 5a、b），也有在套管端头设封堵的（图 5c）。在转轴端头设封堵的办法可以是焊接钢筋（图 5a），也可以是焊接钢板（图 5b），只要封堵件的外缘超出套管的外径，保证转轴不会从套管内捅出即可。封堵件可以只在转轴的一端设置，也可以在转轴的两端都设置。为保证安全，最好在转轴两端都设置封堵，或者加长未焊接封堵端转轴伸出套管的长度。在套管端头设封堵的方法就是直接在套管的外端焊接钢板，将套管的端口封死（图 5c）。显然，转轴端头设封堵时，转轴的长度应大于两套管外缘之间的距离；套管端头设封堵时，转轴的长度应小于两套管外缘之间的距离。一般转轴从套管内伸出或缩进的长度应控制在套管长度的 1/3~2/3，而套管的长度应控制在转轴直径的 2~3 倍。

固定转轴的第三种做法是采用 U 形抱箍（图 6a）。这种做法兼取了转轴直接落地和套管限位转轴两种方式的优点，转轴直接落地不需要做底座基础，用钢筋做 U 形抱箍较钢管套管节省投资，方便安装，但转轴落地与地面土壤接触钢管表面腐蚀的弊端犹存。固定 U 形抱箍的方式，一种是加长抱箍的双支，将其钎锚在地基中（插入土壤深度一般为 500mm 以上）；另一种是和转轴套管的固定形式一样采用独立基础，将抱箍的双支插入基础并在基础内设弯钩或焊接在钢筋混凝土基础内部的主筋或箍筋上，钢筋混凝土基础的埋深一般也应超过 500mm，视基础截面大小和地基的承载力而定。

第四种固定放脚转轴的做法是在转轴内插入内插管，转轴绕内插管转动（图 6b）。这种做法由于内插管贯通转轴，对转轴在卷帘机运行平面外连杆的变形约束更强，同时为了约束转轴在垂直卷帘机运行方向的位移，如同转轴外套管设置限位一样，需要在内插管伸出转轴的两端设置转轴的限位。所不同的是由于还要对内插管进行固定，所以内插管必须伸出转轴两端以便有空间安装其固定基础，由此，外套管中使用的在转轴和套管端头焊接封堵的做法在这里将无法实施。工程实践中，一种方法是如外套管一样，在内插管的两个伸出端设置独立的基础，在内插管靠近转轴两端的位置

a.U形钢筋抱箍　　　　　　　　b.内插管　　　　　　　　c.底座置于屋脊

图6　其他形式连杆放脚底座及其固定方式

外套套管或焊接钢筋环、短钢筋等做转轴的限位；另一种做法是在内插管的两端直接焊接直径与转轴相同的钢管，并将该外伸钢管固定到基础即可。前一种做法比较适合连杆固定点设置在地面的情况，而后一种做法则适合用于连杆固定端设置在温室屋脊的情况（图6c）。

三、底座设计和安装中的注意事项

底座是卷帘机连杆的重要结构部分，其作用是在保证连杆平稳运行的前提下，不发生底座自身在三维方向的变形或位移。为此，在底座设计中首先要保证底座的强度。

对于单铰直连底座，不论是 Π 形底座还是 T 形底座，或是从连杆端部焊接的 Π 形双支，要保证其结构强度，各支板的宽厚比必须保持在一定范围，使用钢板不得过薄，在保证连杆可转动的范围内应尽量减小支板的长度。

对于放脚转轴底座，要保证连杆不发生运行平面外的变形或偏移，放脚转轴的长度应适当加长。对于跨度较大的温室，由于连杆的长度较长，侧向偏移的风险较大，为平衡连杆的侧向偏移弯矩，放脚转轴的长度应适当加长。在这种情况下，如果连杆与放脚转轴直接连接，连接节点承受的弯矩将更大，可能会造成连接节点的扭曲变形或断裂。为此，在工程实践中可在连杆和放脚转轴上设置加强支撑杆来减小连杆与放脚转轴节点的内力。加强支撑杆的做法是在连杆与放脚转轴平面内，连杆两侧设置与放脚转轴连接的倾斜支撑（图7），斜支撑与连杆和放脚转轴呈45°左右角度，支撑的管径可采用与连杆相同规格。

在保证底座强度的条件下，要保证连杆平稳运行，还需要保证连杆转轴转动灵活，不得出现卡壳或过大的摩擦，这是减小运行阻力的基本要求。

对于直连底座，连杆与底座连接的间隙不能过大，销钉与连杆及底座连接的间隙也不能过大，否则可能会发生连杆在运行平面外的偏移（图8a、b）。对于放脚转轴底座，套管与转轴的间隙要适中，不得过紧或过松，转轴两端套管与基础连接应牢固、可靠，两个套管的基础顶面标高应一致。

此外，底座的安装位置要适宜，不得距离温室基础过远或过近。若过远，连杆的长度要求长，在相同动力驱动时，要求连杆的刚度大，材料用量增大；若过近，连杆在运行过程中下端杆可能会

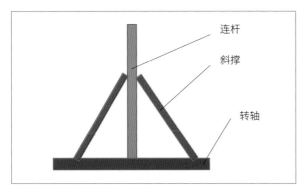

连杆

斜撑

转轴

图 7　加强放脚的做法

a.底座与连杆间间隙过大

b.连杆平面外偏移

c.底座位置不合适

图 8　底座与连杆设计和安装中的失败案例

碰到温室屋面，造成卷帘机无法正常运行。设计中要事先对底座的位置进行准确定位，避免出现底座施工完后连杆无法安装的问题（图 8c）。

日光温室卷帘机
自动控制限位方法

卷帘机的发明是我国日光温室技术发展史上一项里程碑式的技术创新，但卷帘机的自动控制技术却迟迟没有跟进。对于保温被的卷放，虽然目前的技术已经基本摆脱了"手拉脚踹"的人力卷放时代，但对卷帘机控制还大多停留在人工操控电闸的初始电动控制阶段。在人类进入电气设备智能化控制的时代后，日光温室卷帘机还未踏入自动化的阶段，从另一个层面也说明了我国日光温室现代化的道路还很漫长。

2020年11月24—30日，笔者随中国农业工程学会设施园艺工程专业委员会专家团考察甘肃设施农业，在来到甘肃省农业科学院张掖试验场设施果品生产基地时不经意间发现这里的科研人员在默默地研究和开发着日光温室卷帘机的自动化控制系统。难以抑制的激动使我难以迈开脚步走向下一个参观点。拉了几位志同道合者脱离大团队开始详细了解和剖析这套具有代表日光温室划时代进步的创新技术。

原来这项技术是由甘肃省农业科学院蔬菜研究所在张掖试验场设施果品生产基地的科技人员与当地一家名为张掖市众智众创科技有限公司联合开发的。

事实上，他们的开发之路也是从传统的手动控制起步的。

传统的手动控制方法是在卷帘机的支撑连杆（图1a）或温室的山墙上安装手动控制开关，以实现对卷被电机的"正转""反转"和"停"三个功能的手动控制。这种控制方法需要操作人员在卷帘机运行过程中始终守候在开关旁边并注意观察保温被的卷放位置，待保温被卷放到设定位置后再手动拨动开关把柄，切断电源停止卷帘机转动。这种控制方法虽然大幅降低了卷放保温被的劳动强度，但并没有节省人力资源，卷帘机卷放过程中必须始终有操作人员在岗守候，一般卷放一次保温被的

a.手动开关

b.损坏的限位器

c.挡杆做安全防护

图1 传统的日光温室卷帘机控制方法

时间在 10min 左右，每天卷放一个来回实际上就是 20 多 min 的劳动时间。除了浪费劳动时间外，在寒冷的冬季，操作者需要站立在室外作业，也直接影响劳动者的身心健康。

实现自动控制的第一步是选择和安装限位器，即在保温被卷放到设定位置后能自主触发限位器开关，自动切断电源，控制卷帘机自动停机。卷放保温被至少要求安装两套限位器，一套安装在温室屋脊位置，用于控制保温被的"卷停"；另一套安装在温室前基础部位，用于控制保温被的"放停"。安装限位器与手动开关配合控制卷帘机的启闭，至少可节省操作人员打开开关等待卷帘机到位后再人工关停卷帘机的时间，这种控制方式称为半自动控制。之所以称为半自动控制，是因为还需要人工拨动控制开关启动卷帘机运行。全自动控制则是安装室内外传感器，通过对传感器信号的编程控制自动启动卷帘机，从而彻底摆脱人工操控，并实现按照控制目标的精准控制。

不论是半自动控制还是全自动控制，限位器均是控制系统首要解决的问题。早期研究日光温室保温被控制系统采用传统的工业用限位器——摇臂式行程开关。这种开关的控制原理是当保温被卷放到行程开关位置时触碰开关上的摇臂（摇臂实际上是一根杠杆），当摇臂的一端（主动端）受力发生位移后，将同时带动另一端（被动端）向相反的方向发生偏转。摇臂的主动端露出开关盒，当保温被卷放过程中触碰到主动端后，将撬动隐藏在开关盒内被动端杠杆发生运动，由此接通控制电路切断卷帘机电路控制卷帘机停机或者直接切断卷帘机电路控制其停机。

但研究和实践均发现，由于触碰行程开关主动端的日光温室保温被是柔性的，当保温被触碰到行程开关主动端时不能即刻推动其发生位移，也就是说，行程开关的触发时间经常会滞后于保温被的卷停时间，由此而造成保温被不能精准卷停在行程开关设定位置，出现保温被过卷而压断行程开关主动端造成行程开关损坏并失效的现象（图 1b），甚至会出现保温被卷过温室屋脊发生过卷的"翻车"事故。

为了避免这种"翻车"事故的发生，即使对于手动控制的卷帘机控制系统，也经常在温室的屋脊位置安装一排挡杆（图 1c），当控制系统失灵后可阻挡保温被将其停靠在挡杆前。这种方法虽然增加了设置挡杆的成本，但也避免了由于卷帘机过卷造成保温被"翻车"给后期的维修，以及由于保温被无法卷放而使日光温室夜间无法保温给生产种植带来的巨大损失。

鉴于摇臂式行程开关存在控制失灵的风险，甘肃省农业科学院蔬菜研究所张掖试验基地的科研人员和张掖市众智众创科技有限公司联合研究开发了适合日光温室保温被感应和控制的多种限位开关。以下逐一进行介绍。

一、屋脊位保温被"卷停"限位开关

针对日光温室保温被卷起后被卷大而软的特点，研究者设计了一种长臂杆大行程的开关摇臂，并将这种摇臂做成近 45° 角的曲臂杠杆，在两臂转角连接点处设转动支点，用悬空支杆将其悬挂在温室屋脊保温被停卷的控制位置。曲臂杆的一侧为主动臂，是触碰保温被的臂杆；另一侧为被动臂，在其端部安装了一个触碰柄，用该触碰柄二次触发控制电路的行程开关（图 2a）。这种方法实际上是采用一种二次传递的方法间接地触发了控制电路的行程开关。由于控制电路的行程开关安装在支撑曲臂杠杆的水平悬杆上，其位置高于保温被被卷的直径，因此保温被在卷放过程中无法触及

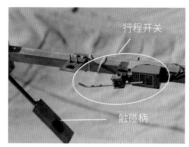
行程开关

触碰柄

a.控制开关触点

被动臂

主动臂

b.保温被展开位置杠杆

c.保温被卷停位置杠杆

图2 屋脊位"卷停"限位开关

电路控制行程开关；此外，二次传递的曲臂杠杆其被动臂上的触碰柄是刚性材料，触碰电路控制行程开关后不会发生自身变形而带来延时触发开关的问题，所以也就彻底消除了控制开关触碰失灵的问题。

为保证控制开关处于常开位置，曲臂杠杆的主动端臂杆长度比被动端臂杆的长度长，在自身重力作用下主动端臂杆处于正常下垂状态，由此带动安装在曲臂杠杆被动臂杆上的触碰柄脱离电路控制行程开关，这就是保温被展开后不触碰曲臂杠杆主动臂杆的状态（图2b）。当保温被卷起时，随着保温被被卷的上卷，将推动曲臂杠杆主动臂杆向后屋面方向转动，由此带动曲臂杠杆的被动臂杆向上转动，当被动臂杆上的触碰柄转动触碰到电路控制行程开关的触杆后，带动触杆转动接通控制电路切断动力电源使卷帘机停机（图2c）。当保温被重新展开后，曲臂杠杆在自身重力的作用下主动臂杆重新回位到自由下垂位置，再次将其被动臂上的触碰柄脱离电路控制行程开关的触杆，电路控制行程开关重新恢复到原位，等待下一次的触碰。

这种控制开关采用两套杠杆，或者说在传统工业行程开关的基础上增配了一套适合大直径柔软被卷触发的曲臂杠杆，用二次传递触碰的方法有效解决了柔性保温被卷触碰开关后不能即刻断开开电路的问题，这是该控制系统最关键的创新。

二、前基础位保温被"放停"限位开关

上述屋脊处控制保温被卷停的限位器同样也适用于控制保温被展开后的放停控制，只是限位器开关放置的位置由温室的屋脊处更换到了温室前基础外的地面（图3）。为了更可靠地控制保温被的放停，曲臂杠杆的主动侧臂杆还采用平行的双臂结构，以适应卷被轴弯曲可能造成的行程误差。

在参观的过程中看到这种限位开关实际上处于闲置废弃状态，要么可能是限位开关离保温被展开后的卷被轴距离太远，要么可能是限位开关不能将保温被放停在保温被完全覆盖温室前屋面的密封位置。

a.保温被卷开时压板位置　　　　　b.保温被覆盖时压板位置

图3　温室基础前沿保温被"放停"　　　　　图4　屋面限位开关的屋面压板
　　　　限位开关

三、屋面限位开关

为了解决好保温被展开后的放停限位，研究者创新发明了一种安装在屋面上的限位控制开关。这种控制开关采用一根固定在屋面拱架上可以上悬转动的条形压板来传递保温被展开与卷起的状态（图4），在该压板的活动端安装有一个用重力锤平衡力矩的二连杆机构（图5），该机构由一块特制的曲柄钢板和一根支杆组成（图6）。曲柄钢板在其肘部用一个转轴将其固定在温室骨架的内侧，曲柄的一端安装拉拽屋面压板的支杆，另一端安装电路控制开关的触碰板，支杆的另一端连接屋面压板的活动端。

a.触点断开状态　　　　　　　　b.触点闭合状态　　　　　　　　c.触点大样

图5　屋面"卷停"限位开关

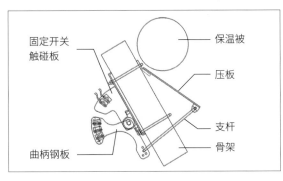
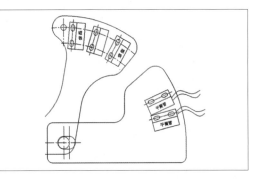

a.系统结构图　　　　　　　　　　　　　　　　　b.触点节点

图6　屋面限位开关结构图

当保温被展开时，在卷被轴和保温被卷的共同压力下，将屋面压板下压平贴到温室屋面，在此过程中通过连接在压板活动端的连杆撬动曲柄钢板，使曲柄钢板的活动开关触碰板向上旋转，并最终与固定安装在屋面拱杆上的固定开关触碰板接触，从而接通控制电路，控制卷帘机停机；当保温被卷起时，由于屋面压板失去压力，二连杆在重力锤的作用下将屋面压板顶起（图4a、图5a），曲柄钢板上的活动开关触碰板与屋面拱杆上安装的固定开关触碰板脱离，控制电路开关断开，等待下一次触发。限位开关运行和控制过程请扫描二维码观看视频。

活动开关触碰板和固定开关触碰板实际上是一对"子母板"，是本项技术限位开关中的电路控制开关。该电路控制开关实际上是一套干簧管传感器，其工作原理如图7a。将两片弹簧片相隔一定间距封装在一个装有惰性气体的封闭套管内，两端接出连接线与控制电路相连。该弹簧片封装套管固定安装在屋面拱杆上，为固定开关触碰板。在没有外力作用下，两根弹簧片处于分离状态，控制电路处于断开状态；当有外力作用将两片弹簧片的端部相接触后，则接通控制电路，实现对控制线路的断通。实现弹簧片接触并接通控制电路的外力来自于安装在曲柄钢板一端（活动开关触碰板）的永磁铁。当永磁铁贴近弹簧片时，利用磁力将两片弹簧片吸合，从而实现了接通干簧管内连接电线的作用。因此，这套传感系统是两件套（图7b），其中的磁铁片安装在曲柄钢板上，干簧管及控制线路则安装在温室骨架上。

为了增加控制系统的安全性，设计在具体的控制设备上安装了两套干簧管传感器和3片永磁铁片（图5c、图6b）。

屋面限位开关，由于安装在温室屋面上，当控制开关被卷放的保温被触发后，如果即刻切断电路，则保温被将无法继续卷放到温室的前沿基础，由此将无法全面密封温室前屋面。为了解决这个问题，在实际控制电路中采用行程开关触发控制开关后延迟切断卷帘机运行电路的策略。在卷帘机及其控制系统安装的过程中，根据温室前屋面骨架的形状、卷帘机的转速、行程开关安装的位置、保温被的厚度及展开后被卷的初始直径等参数调整切断电源的滞后时间，保证保温被完全覆盖温室前屋面后锁定控制系统。在卷帘机运行的过程中，如果发现有保温被卷放不到位，可随时调整控制系统切断电源的滞后时间。

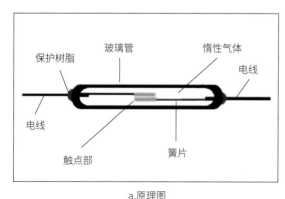

a.原理图

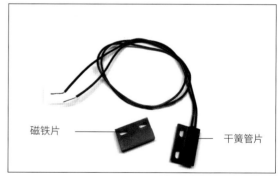

b. 实物图

图7 干簧管传感器的工作原理与实物

一种日光温室卷帘机自动控制系统

——记北京易农农业科技有限公司董瑞芳及其团队的创新

保温被是日光温室得以越冬生产的最关键要素之一。卷帘机替代人工卷被是日光温室发展中一项重大技术突破，不仅大大减轻了人工卷被的劳动强度，而且可以延长温室采光时间至少半小时，对提高温室生产作物的有效光合积累，进而提高作物产量和品质起到了非常积极的作用。

由于受卷被轴弯曲、限位器失效以及下雪和保温被底部结冰等因素的影响，长期以来，控制卷帘机启闭主要依靠人工控制，包括闸刀开关控制（图1a）、正反转开关控制（图1b）和用遥控器控制正反转开关（图1c）。尽管从人工控制电闸到远程遥控从技术上前进了一大步，但始终没有摆脱人工控制的局限。

2020年10月29日笔者在河北省张家口市赤城县调研时偶遇北京易农农业科技有限公司董事长董瑞芳先生，并有幸参观了他及其团队在赤诚耕耘的一个扶贫科技园区，其中的一套可完全自动化控制日光温室保温被启闭的控制设备及配套技术，使我眼前一亮。在征得董瑞芳先生同意后，笔者整理了相关技术内容，在此分享给大家，供业界同仁们学习和借鉴。

一、限位装置

限位器是自动控制系统中控制卷帘机停止转动的一种电路控制开关元件。人工操控卷帘机启闭的控制系统中基本不设限位器，卷帘机的启闭主要靠操控者肉眼观察，所以，在卷帘机启闭过程中操控者必须全程观察卷帘机的运行，每次保温被卷放至少要花费十多分钟时间。如能实现卷帘机的自动化控制，则每天操控卷帘机卷放可以为操作者节省半小时左右时间。

传统的自动控制机械限位器多采用挡杆式限位器（图2）。当保温被卷到设定位置后触动限位器的限位挡杆，限位挡杆在受到外力作用后发生偏转，触发控制开关断开卷帘机供电电路，从而停止卷帘机运行，实现对卷帘机的关停。按照自动控制设定的条件（如室内温度、室内外温差或时间等），当满足卷帘机自动开启条件后，卷帘机自动反向转动，保温被（卷被轴）脱离限位挡杆，限位器开关自动复位，等待下次触发。

机械式挡杆限位器技术成熟，产品应用广泛，造价低廉，但使用在温室保温被控制系统中，由于其长期置身于室外环境，随着限位器中元器件的老化或机械密封不严等原因容易造成限位器漏水、漏气或进尘，长时间运行后可能会造成内部电路短路，或者造成内部电路锈蚀，由此可能造成控制

a.闸刀开关控制

b.正反转开关控制

c.遥控器控制

图1 人工操控卷帘机启闭的控制设备

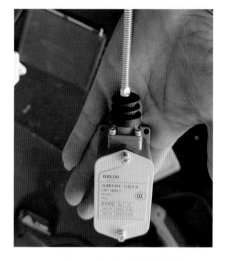

图2 传统的挡杆限位装置

系统失灵或误操作。此外，由于保温被卷长而柔软，在卷被轴整个长度方向经常会发生扭曲变形，使被卷的位置不能准确统一地到达设定位置；如果限位器位置设置不当，也可能会带来局部甚至整体保温被过卷的风险，因此，即使在探索研究的日光温室卷帘机自动控制系统中，这种机械式挡杆限位器也很少被采用。

为了解决保温被自动控制系统中卷帘机精准限位的问题，北京易农农业科技有限公司发明了一种杠杆限位器（图3）。其形状为一根双肢长度不等且互呈钝角的L形折弯杆（以下称为限位杆）。限位杆的长肢段中部用一根螺杆轴将整个限位杆固定在贴近南侧基础的温室骨架上（图3b），并使长肢段的一半伸出室外，另一半保留在室内，限位杆的短肢段则完全暴露在室外（图3a）。限位杆以螺杆为轴，可在双肢外力差的作用下自由旋转。通常在限位杆室内侧安装有吊挂配重，保温被卷起时，限位杆依靠室内侧配重的压力使长肢段保持水平或基本水平（在温室骨架安装螺杆的上方安装有一个挡杆，如图3c，用于控制限位杆的水平位置），而短肢段则处于翘起状态；当保温被在向下卷放的过程中，首先碰到限位杆长肢段的室外部分并依靠保温被和卷帘机卷轴的压力随着卷帘机的运行将限位杆室外端压低，同时带动室内段抬起。

在限位杆的室内段臂杆上安装有一个电路开关（图3c）。该电路开关是通过一个水银珠来控制电路的通断（图4）。水银珠和两个电极的端部被封闭在一个柱形玻璃外壳内，两个电极的引线则从玻璃外壳中引出接到控制电路中。当玻璃外壳的尾翼向上扬起时，水银珠依靠自身重力下滑，将玻璃壳内的两个电极接通（图4a），触发控制电路向CPU发出信号，控制系统根据CPU控制逻辑启动卷帘机运行；当玻璃外壳的尾翼向下垂时，水银珠又在自身重力作用下向下滚动而将两个电极断开（图4b），从而切断控制电路，在CPU接收到电极断路信号后，根据逻辑控制发出信号使卷帘机停机。由于水银珠和电路电极密封在玻璃壳体内，与外界环境没有任何接触，所以基本不存在老化或密封不严的问题，由此也就保证了控制开关的耐久性、稳定性和精准性。

a.整体

b.在骨架上的固定

c.电路开关

图3 杠杆限位器

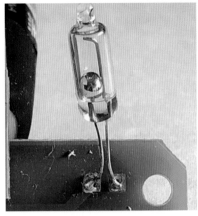

a.电极接通状态

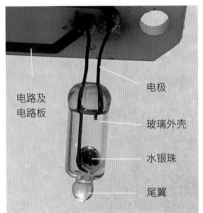

b.电极断开状态

图4 电路开关

工程设计中将该电路开关安装在限位杆的臂杆上,并置于限位杆的室内侧以减小外界环境对其保护外壳材料的影响。改变臂杆的倾斜角度,可实现开关中水银珠与电极的通断。实际运行中,当保温被卷下时,被卷辊压限位杆室外臂杆,使限位杆发生倾斜,由此带动安装在限位杆上电路开关中的水银珠向玻璃外壳的尾翼滚动,从而断开电极,电路断路,卷帘机停机;保温被卷起后,限位杆在室内臂杆上吊挂配重的作用下恢复水平位置,电路开关中的水银珠在重力作用下反向滚动,重新将两电极接通,控制系统复位,等待下一次触发,由此实现卷帘机自动控制的精准限位。由于被卷从接触限位杆臂杆到臂杆倾斜使开关中水银珠脱开电极有一定的滞后时间,所以限位杆安装的位置不能过低,否则保温被触地后辊压限位杆的倾斜角度不够,将无法触发电路逻辑开关使卷帘机停机。

上述限位杆是安装在温室前沿用于控制保温被闭合时卷帘机的停机控制。当保温被打开上卷到屋脊位置时,这种限位杆由于没有合适的安装位置而无法继续使用。为了解决这一难题,设计者将开关电路盒安装在屋脊位置的保温被上。当保温被卷到屋脊位置后,再继续上卷时将带动开关电路盒一起转动使其发生倾斜,由此造成开关电路中水银珠的滚动,从而使其断开控制电极,电路断电,卷帘机停机。当保温被再次展开时,开关电路盒随保温被恢复原位,开关电路中的水银珠重新接通控制电极,控制系统复位,等待下次复位。

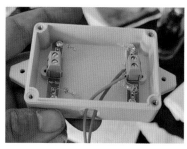
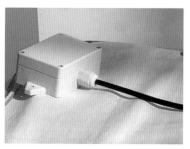

| a.通断开关及其安装 | b.通断开关在开关盒内的布置 | c.封装后的开关盒 |

图5 开关电路控制盒及其内部结构

由此可见，开关电路控制盒是这项技术的关键核心。为了保证控制盒中控制电路的安全性，设计者在每个盒中安装了两套控制开关，每套控制开关上又安装了两组控制电极（图5a、b），相互之间形成保护，形成了四重保险。

二、控制系统

上述开关电路控制盒及其配套的限位杆都是用于机械地控制卷帘机的断电停机。对于自动控制系统中触发卷帘机启动的通电条件，则要根据种植作物的要求以及外界环境条件确定。

董瑞芳先生及其团队在卷帘机的自动控制中专门开发了一套CPU控制设备（图6），用微处理器编程，根据温室建设地区的地理纬度，自动计算每日日出、日落时间，综合考虑日光温室室内外温度和气象条件，实现卷帘机的自动控制，在正常天气条件下可完全摆脱人工操作。

该控制系统还配套了物联网技术，当遇到下雪天或极寒天气条件时，该控制软件还可以根据天气预报向用户手机发出提示，请求人工控制卷帘机的开启，以保证保温被内不会卷入冰雪或出现保温被底部冻结后不会造成卷帘机强行启动而烧毁电机等事故的发生。

董瑞芳先生及其团队对这一创新技术的研究和改进还在继续，愿日光温室卷帘机自动控制技术早日走向成熟，为我国日光温室的发展增添更多更好的现代化、智能化装备！

图6 自动控制电控箱

一种以屋面拱杆为支撑轨道的
日光温室内卷被/卷膜保温系统

——记内蒙古农业大学崔世茂教授与内蒙古中天科技有限公司的合作创新

传统日光温室大都采用外保温方式，相应配套卷放保温被的卷帘机有摆臂式、二连杆式等。近年来，在一些高寒地区，为了进一步提高日光温室的保温性能，相关机构研究开发了多层保温系统，包括双膜双被保温系统、双膜单被保温系统等。其共同的特点是增设内拱杆（架）、配置内保温被。在保留外层透光塑料薄膜和保温被的基础上增设内拱杆配置保温被和保温膜可形成双膜双被保温系统，在内拱杆上仅配置保温被与外膜、外保温被结合即形成单膜双被保温系统。在一些多雨雪的地区，为了避免保温被被雨水浸湿而保温性能降低，也有的生产者完全取消外保温被，或者说将外保温被内置，与外表面围护透光塑料膜组合可形成双膜单被保温系统或单膜单被内保温系统。这些措施对提高日光温室的保温性能都起到非常积极的作用，由此也得到了较大面积的推广应用。

将保温被内置后，由于保温被不再受室外风雪雨霜的侵袭和紫外线的直接照射，可显著提高保温被的保温性能和使用寿命，同时也避免了保温被由于雨水淋湿而可能产生的对温室结构的额外荷载。由此，内置保温被对保温被自身的防雨性能和耐老化性能的要求也相应有所降低。因此，设计经济可靠的内保温系统一直是日光温室保温的重要研究方向之一。

将保温被内置后，由于室内空间受限，传统的外保温用中置二连杆卷帘机、滚筒卷帘机、行车式卷帘机等都将无法使用。只有侧摆臂式卷帘机通过在温室山墙内侧建造二道内山墙支撑卷帘机可用来驱动卷被轴操控保温被卷放（图1）。但这种卷帘机卷被系统，一是需要建设二道承重内山墙（主

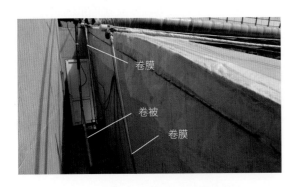

卷膜

卷被

卷膜

图1 侧摆臂式内保温卷帘机

| a. 整体 | b. 局部 |

图2 中置摆臂式内保温卷帘机

要为砖墙），施工周期长，建设成本高；二是卷帘机摆臂杆固定在外山墙和内山墙之间的地面上占用地面空间，且为便于作业和维修，外山墙和内山墙之间必须留出足够的操作距离，这又不利于高效开发利用温室室内种植空间；三是侧摆臂卷帘机由于输出动力限制和卷被轴变形的影响，每台卷帘机驱动保温被的长度大都限制在60m以内，对于长度超过60m的温室，必须在温室的两端山墙分别配套卷帘机，这不仅增加了温室卷被的建设成本，运行管理中操控2台卷帘机花费的时间也相应增加了1倍。为此，也有人开发过一种中置摆臂式内保温卷帘系统（图2）。这种系统由于摆臂杆端部固定在温室中部地面，给室内机械耕作和作物种植带来不便。

为了解决摆臂式卷帘机和卷膜器摆杆落地的问题，内蒙古农业大学崔世茂教授团队和内蒙古中天科技有限公司合作创新开发了一种利用屋面拱杆做支撑的轨道式卷膜、卷被系统。在此分享给广大读者，供大家进一步研究、改进和推广。

一、侧置单侧卷被卷膜系统

利用屋面内拱杆作支撑轨道的侧置单侧卷帘机和卷膜器是将保温被和活动塑料薄膜铺放在温室内拱杆之上（一般保温被铺放在塑料薄膜的上部），在卷帘机和卷膜器的机头上安装一个直角导杆，一端与卷帘机或卷膜器减速电机固定连接，与卷轴垂直，另一端为活动的自由端，与卷轴平行（图3），运行中将导杆的自由端掠在内拱杆的下表面，随着卷被（膜）电机的转动，导杆的自由端以温室内拱杆为支撑导轨沿着内拱杆的下表面平移，即实现对卷帘机(卷膜器)的活动支撑(扫描二维码可观看视频)。这种轨道支撑活动导杆卷帘机（卷膜器）的工作原理实际上也是一种变形的二力杆形式，与中置行车外保温卷帘机构造原理基本相同；所不同的只是行车卷帘机是将二连杆吊挂在桁架的上表面运动，而内置卷帘机则是将二连杆的支撑点放置在温室内拱杆的下表面，而且为了避免运行过程中由于卷帘机（卷膜器）卷轴的水平位移而造成支撑点在温室内拱杆上脱位的风险，内置

a.卷帘机   b. 卷膜器

图 3　侧置内卷帘机和卷膜器

a.室外侧   b. 室内侧

图 4　配套侧置内卷被（膜）的凹槽式保温山墙顶

卷帘机（卷膜器）与温室内拱杆的支撑由行车卷帘机的点式吊挂滚轮改变成为杆式承托，由此，只要保证自由端支杆足够的长度，就可完全保证卷帘机（卷膜器）在温室内拱杆上的安全支撑。

为了解决卷帘机（卷膜器）支撑导轨由于自由端支杆伸入室内而导致山墙无法密封的问题，崔教授团队设计了一种凹槽式保温山墙顶（图 4a）。凹槽凸进室内，三面用柔性保温被保温（图 4b）。卷帘机（卷膜器）的直角自由端支杆正好插入该凹槽，只要保证凹槽的深度大于自由端支杆的长度并附加一定的安全间距，即可保证卷帘机（卷膜器）的安全运行。

将活动保温膜铺设在保温被下部，将保温被铺设在保温膜的上部，两者共同安装在温室内拱杆上（图 5a）与外层透光围护塑料薄膜以及外保温被组合即形成内置保温被和活动保温膜的双膜双被保温系统（图 5b）。同样的内保温配置，如果取消外保温被，即形成双膜单被保温系统。

内保温膜和内保温被白天卷起便于温室采光，夜间展开进行温室保温。在光照良好的寒冷地区，白天也可将被内保温膜展开，形成与外围护采光膜结合的双层透光膜保温系统，可大大减少白天温室前屋面的热损失。由于内保温膜不受外界风雪荷载的影响，为获得较高的透光性能，内保温膜可选择与外层围护透光塑料薄膜不同的材料，一是减小薄膜的厚度；二是取消薄膜抗紫外线的要求；三是提高薄膜的透光率；四是可适当降低对薄膜的流滴性要求。

a.侧置内卷帘机与卷膜器　　　　　　　　　　　　b.内保温被和内保温膜白天卷起的状态

图5　双膜双被内保温及配套内置侧卷帘机和卷膜器

二、中置双侧卷被卷膜系统

中置卷膜器运行

　　为了避免卷轴过长而变形，不论是卷帘机还是卷膜器，其减速电机单侧卷轴的长度多控制在60m以内。对侧置单侧卷帘机（卷膜器），由于卷轴长度的限制，直接影响到温室建设的长度。如果将温室长度控制在60m以内，则温室的生产作业效率以及温室建设的土地利用率都将相应降低，同时也会使温室单位面积的建设成本相应提高。

　　为了提高温室生产的机械作业效率和温室建设的经济效益，目前日光温室的建设长度大都在80~100m，根据建设地区的地形条件温室的建设长度甚至会超过100m。由此，侧置单侧卷被（膜）的卷帘机（卷膜器）将难以适应这种生产实际需要。为了突破这一技术瓶颈，崔世茂教授团队按照侧置单侧卷被（膜）的卷帘机（卷膜器）机械原理，开发了一种减速电机中置的双侧卷被（膜）内卷帘机（卷膜器），如图6和图7（扫描二维码可观看视频）。

　　中置双侧卷膜器由于卷轴两侧卷放塑料薄膜的负荷较轻，所以卷膜器导杆仍然采用与侧置单侧卷膜器相同的L形导杆。为了避免卷膜器在运行过程中与拱架纵向系杆碰撞，设计中将纵向系杆安装在桁架下弦杆的上表面，在靠近桁架上弦杆的侧下方单独设置一道单管内拱杆，专门用于卷膜器的支撑轨道。同时为了避免卷膜器卷轴沿温室长度方向平移，卷膜器导杆与内拱杆的连接不再是直杆与拱杆的直接摩擦连接，而是在导杆的末端增设一个开口抱箍（图6c），环抱内拱杆后随卷膜器的移动以内拱杆为支撑轨道在其上运动，实现对卷膜器运动轨迹的定位。这种导轨连接模式实际上也完全适用于侧置单侧卷膜的内卷膜系统。

　　中置双侧卷被用卷帘机（图7a），由于被卷的负荷较大，侧置单侧卷帘机（卷膜器）以及中置双侧卷膜器用L形导杆强度不能满足要求。为此，设计中采用一种加强导杆（图7b），与内拱杆接触的导杆不再是支撑在一根桁架上，而是支撑在临近的两根桁架上。为了加强连接电机减速机导杆与内拱杆支撑导杆的连接，两导杆之间增设了一根与内拱杆支撑导杆平行的附加支杆，将电机减速

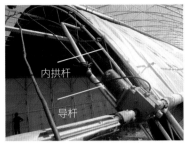

a.整体

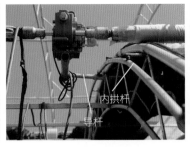

b.轨道拱杆大样

c.导杆与轨道拱杆连接大样

图6 中置双侧卷膜用卷膜器

a.整体

b.局部

图7 中置双侧卷被用卷帘机

机连接支杆首先连接到该附加支杆上，再将该附加支杆两端设置连接杆与内拱杆支撑导杆相连。这种做法可在内拱杆支撑导杆上外套一个圆管，卷帘机运行时内拱杆支撑导杆与温室屋面桁架下弦杆之间的滑动运动变为滚动运动，由此可大大减小两者之间的表面摩擦，大大减小卷帘机运行的摩擦阻力，而且会显著减小由于金属构件直接接触摩擦而造成的表面磨损，从而显著提高支撑导杆和拱架的使用寿命。

事实上，如果在内拱杆支撑导杆外套滚动圆管的基础上再增套一根橡胶管或尼龙管，则可完全消除支撑杆与屋面拱杆金属构件之间的直接接触和摩擦，从根本上消除金属构件表面磨损，延长构件的使用寿命。

采用滚动杆替代滑动杆的设计思想实际上也完全适用于侧置单侧卷帘机（卷膜器）导杆的设计。此外，中置双侧卷帘机的电机连接杆与轨道导向支撑杆之间的连接也有更多的解决方案，建议在今后的研究改进中不断完善设计，使这种卷帘（膜）机构更加完善，为中国日光温室的发展增添更多、更高效的配套设备。

在加强支撑导杆强度的同时，为了进一步提高卷帘机的卷被能力，在保温被选择上摒弃了传统的质量较重的针刺毡保温被，选用保温性能更好且质轻的腈纶棉或发泡材料，这样卷帘机单侧的卷被长度可从传统的60m增长到90m，由此，中置双侧卷帘机的卷被长度整体可提高到150~180m。

这是侧置单侧卷帘机卷被能力的 2~3 倍，1 台中置卷帘机可替代 2~3 台侧置卷帘机。这不仅显著降低了卷帘机的建设和运行成本，而且由于双侧卷被，卷轴两侧受力均匀，卷帘机在运行过程中走偏的问题也可得到有效改善。此外，采用内置中卷后保温被可以卷到内拱杆的最高点，一方面方便限位器的安装，另一方面也基本消除了保温被过卷的问题。

日光温室主动加温技术与设备

日光温室是以被动或主动储放热的形式接受、储存和释放太阳能维持室内温度，保证作物生产，从而实现高效节能的一种温室形式。在我国传统能源供给不足、蔬菜需求量大且周年生产不均衡的条件下，这种温室确实为保障我国城乡居民的"菜篮子"立下了汗马功劳。

日光温室是主要依靠太阳能并通过温室围护结构的高效保温来维持室内温室作物要求的生长温度。正常天气条件下，经过优化设计的日光温室依靠白天高效接受和储存太阳能、夜间严密保温和缓慢释放太阳能，在北方大部分地区可以完全不用额外加温就能安全生产，这也是日光温室高效节能最直接的表现。但高效节能的日光温室并非完全不能加温或不需要加温，在下列条件下加温甚至是必需的：①在一些高寒高纬度地区建设日光温室，温室每天获得的太阳能不足，而且温室的保温也不可能无限制地加强，温室安全生产必须加温。②随着全球气候的变化，很多地区雾霾、沙尘、暴雪、严寒、连阴天等极端天气越来越多，短时间的冻害就可能造成作物永久性的伤害甚至造成绝收，为避免灾害天气，温室应配套临时加温设备。③传统日光温室生产作物长期处于逆境生理环境中，产品难以获得优质、高产，要获得优质高产产品，必要的加温也是经济的。为此，在高效节能的前提下，日光温室配套加温设施，或临时供暖，或短时期供暖，用最小的经济投入保证可靠的作物生产环境，从而实现作物稳产和优质，是生产的需要，也是温室产品市场竞争的需要，更是保障温室种植者种植效益的直接需要。

本文就笔者在走访调研中所见到的日光温室各类主动加温技术和设备做一综合梳理，可供日光温室的设计或管理者借鉴和应用。文中的主动加温技术专指使用外部能源，包括太阳能、传统化石能源、生物质能源、电能等进行温室加温的技术，不包括利用温室墙体和地面被动或主动储放能的加温或补能技术。

一、太阳能加温技术与设备

虽然太阳能也可以通过光电转换将光能转换为电能后，再通过光热（补光灯）或电热（电热丝、电热风炉、电热水锅炉）等方式将其转化为热能用于温室加温，但这种转换方式能量转换效率低、需要配套设备多、投资高，在生产实践中不经济而基本不用。实际生产中温室太阳能加温的方式主要以光热直接转化为主，即将太阳能直接转化为热水或热风用于温室空气或地面土壤加温。

太阳能光热转换加温系统主要由太阳能收集、能量储存和能量释放3部分设备组成。收集太阳能的设备从外形和收集太阳能的方式上分可分为平板集热器和弧面集热器；根据收集能量储存和输送工质不同，太阳能集热器还分为热水集热器和空气集热器。平板集热器一般均以热水为工质，而弧面集热器工质可以是热水或空气。

1.平板热水集热器

平板集热器是将若干内部充满液体工质的集热管平行安装在一个平面上形成一组集热管（图1和图2），太阳光照射集热管，将集热管内的工质温度提高，从而将热量储存在工质中。水具有热惯性大、价格低廉、来源广泛等特点，所以平板集热管一般均使用水作热媒工质，由此，平板集热器也被称为太阳能热水集热器。

由于日光温室为独立的建筑和生产单元，所以平板集热器在日光温室上的配套大都是每栋日光温室安装独立的集散热系统，根据温室内种植作物的要求和管理经营模式分别独立运营和管理(图1)。但也有集中管理和运营的温室园区采用集热器集中布置的方式，利用园区的边角地带，集中布置集热器，将集热器产生的热水集中收集后再分散输送到每个独立的生产温室（图2）。

每栋温室上独立安装的平板集热器大都沿温室的长度方向布置，一般安装在温室的后屋面（图1b）、后墙（图3）或后墙外（图1a），但也有将集热器安装在温室内的情况（图1c）。将集热器安装在温室外，可直接接受太阳光，集热器接受的能量多，而且集热器不占用温室内生产空间，但集

a.后墙外平置　　　　　　　　b.后屋面斜置　　　　　　　　c.室内斜置

图1　日光温室独立安装的平板热水集热器及其布置形式

图2　集中布置在地面空地上的平板热水集热器　　　图3　悬臂支撑在温室后墙上的平板集热器

热管在室外容易积灰，需要经常清理集热管表面灰尘，而且室外的风、雪、雨以及极端的高低温环境对集热器抗老化、耐候性的要求较高，在温度较低的地区夜间还可能发生集热管内工质出现冻结的风险。将集热器安装在温室内可有效解决上述放置在室外的问题，但由于受塑料薄膜透光率的影响，集热管接受的能量会显著减少，尽管温室前部空间小、地温低、边际效应明显，种植作物的株高和作业空间受到一定限制使日光温室前部种植作物单位面积的收益较小，但将集热器布置在温室内占用温室生产空间的问题仍然非常突出，而且集热器还会遮挡后部作物的采光，因此，实际生产中集热器大都安装在温室外。

北半球冬季太阳照射的高度角较低，为了最大限度接受太阳辐射，平板集热器应倾斜安装，使太阳光在集热管表面的入射角尽量减小。一般应根据温室建设地区的地理纬度，以冬季最大限度接受太阳辐射为目标设计集热器安装的倾斜角度。这一点区别于民用建筑周年使用热水器的设计理念。由于在温室后墙和后屋面倾斜安装集热器后集热器上沿一般总是会高于温室的屋脊而且位置也较温室屋脊后移，所以，倾斜安装的集热器总会加大前后相邻两栋温室之间的间距，这不利于提高温室建设的土地利用率。为了尽量提高温室建设的土地利用率，有的温室建设者将平板集热器平置（图1a），以期获得集热器集热效率与土地利用率二者的平衡和协调。实际建设中应根据温室建设的条件和要求，统筹考虑，设计符合实际生产经济有效的集热器布置方式。

2.弧面集热器

平板集热器上每个集热管都是接受平行的直射太阳光。由于太阳辐射单位面积的能量密度较低，所以集热管内热媒工质的温度也不会太高，就是说这种集热方式收集的能量是一种低品位的能量，这为后续的能量利用带来一定限制。

为了提高收集太阳能的能量品位，有的设计者采用弧面集热器，将平行太阳光反射聚焦在一个点或一条线上，亦即将大面积上的低密度太阳辐射能集聚成小面积上的高密度能量，一是可以显著提高热媒工质的温度，即提高收集能量的品位；二是可大大减少集热管的数量，由此也可以显著节省集热管的成本。

根据集热管内热媒工质的不同，弧面集热器分为热水集热器（图4和图5）和空气集热器两类（图6）。水的热容量大，热水集热器中水流的速度应相对缓慢，而空气的热容量小，在集热器中收集热量时气流速度应适当增大。

为提高弧面集热器收集能量的品位，一般集热器采用抛物面单管集热管，即将采光弧面上接受到的所有能量都反射聚焦到一根集热管上（图4），这种集热方式在热媒工质不循环的条件下可以将热水温度提高到100℃以上，由此可得到较高品位的能量，高品位能量储存需要的罐体容积也相应减小。对日光温室而言，白天收集的热量主要用于夜间加温，如果热媒工质的温度太高，对集热罐的保温要求也就相应提高，因此在设计中应平衡集热罐罐体容积与集热罐保温之间的经济性。

图4所示的单管弧面集热器，为了最大限度获得太阳辐射，反光弧面板和集热管都裸露在室外空气中，在严寒的冬季，集热管外露会大大增加集热管内热媒工质在循环过程中对外的传热量，从而降低集热器的整体集热效率。为此，有的设计者采用高透光的塑料薄膜或玻璃将集热管封闭在弧面板内（图5和图6），不仅避免了集热管直接外露引起的积尘等降低光热传递的问题，而且将集热

a.集热器背面　　　　　　　　b.集热器集热面　　　　　　　　c.墙体内散热管

图4　支撑在温室后屋面上的敞口弧面单管热水集热器

a.集热器背面　　　　　　　　　　　　　　b.集热器集热面

图5　独立支撑在温室后墙外侧的弧面封闭多管热水集热器

管封闭在密封空间内还可以有效利用集热管释放的热量形成集热管密封空间内的高温，使集热管内热媒工质与集热管外空气的温差大大减小，由此显著降低集热管自身的散热量，提高集热器的整体集热效率。

为了扩大集热器弧面面积并能更高效地收集集热器弧面范围内的太阳辐射，有的设计者摒弃了单管集热管的设计理念，采用了多根集热管（图5为4根管，图6为2根管），相应地采光弧面也设计为多曲线弧面，也可显著提高集热器的整体集热效率。

弧面集热器一般安装在温室的后屋面（图4），当温室后墙或后屋面结构支撑强度不足时，也可用独立的支撑立柱将其安装在温室后墙外后屋面高度位置（图5），但也有的设计将集热器安装在温室南侧的地面上（图6）。将集热器安装在温室后屋面的做法，集热器采光不受任何影响，集热器集热量大、集热效率高，但安装集热器会影响后栋温室的前屋面采光，或者需要加大相邻温室之间的间距，也增大了温室结构的荷载。此外，将集热器安装在温室屋面需要专门的支架，增大了集热器安装的成本。将集热器安装在温室南侧的地面上，可完全消除集热器对温室结构的荷载，而且节省安装支架的费用，但这种做法会遮挡温室内前部作物的采光。如果相邻温室之间的间距不足，还会直接影响集热器的采光时间和采光量，进而影响集热器的集热量和集热效率。

a.集热器集热面 　　　　　　　　b.集热器背面 　　　　　　　　c.动力风机

图6　支撑在温室南侧地面上的弧面封闭双管空气集热器

3.太阳能集热热量的释放形式

太阳能集热器收集的热量主要以热水和热空气为载体被传输和储存。热水作为工质时，储热的方式主要以热水罐为储热体，将热水罐与集热管连接为一个循环管路，通过水泵的动力驱动，白天将储热罐内的低温水送入集热管不断加温，最终使储热罐内的水温整体提高，从而获得高温热水用于温室夜间加温。热水罐可以置于室外（图1a），也可以置于温室室内（图7a）。不论是置于室内还是室外，热水罐均应做好自身保温，尤其是置于室外的热水罐更应加强罐体保温。

收集储存到热水罐内的热量可以通过安装在温室内的散热器（图7b）或埋置在地面土壤中的毛细管（图7c）释放到温室空气或地面土壤中，从而实现提高温室内夜间空气温度和地面土壤温度的目标。

除了热水罐储热外，集热器收集的热量也可以通过管道将其输送到温室后墙墙体内（图4c），通过提高墙体温度的方法将热量储存在墙体内。到夜间，温室像传统的被动式储放热日光温室一样通过墙体的自然放热将白天储存的热量释放到温室中，进而弥补温室围护结构的散热，保持室内作物生长要求的温度。显然，这是一种被动式散热方式，墙体白天储存的热量和夜间释放的热量都无法准确控制，而且墙体储热的同时也在不断向外传热和放热，应该说这种储热和放热的效率较热水罐储放热的效率低，而且储放热量的多寡及时空分布都无法人为控制。

空气由于热容量小，自身储热量有限，所以不能像水一样能够通过容器储存来储存热量。常用

a.储热热水罐 　　　　　　　　b.光管散热器加热室内空气 　　　　　　　　c.毛细管加热地面土壤

图7　太阳能热水集热器收集热量加热温室的方式

的做法是将空气集热器加热的空气通过风道导入墙体或温室地面土壤中，以墙体或地面土壤为载体储热。前已叙及，不论是墙体储热还是地面土壤储热，一是无法主动控制储放热容量及储放热时间；二是墙体和地面土壤都不能绝热储存热量，致使储放热的效率大大降低。但这种储放热不占用温室室内外建设和生产空间，尤其在墙体和地面土壤被动储放热量不足时作为其补充热量的一种方式应该是经济有效的。

二、电热加温技术与设备

电是一种高品位的能源，而且来源便捷、用电设备多样、清洁无污染，如果能争取到农用电价或峰谷电价政策，还可进一步降低温室的加温成本。

用电热转换进行温室加温的方式，包括直接加温和间接加温等多种形式。直接加温的方式包括电热线加温（包括用地热线提高土壤或基质温度以及用空气电热线提高空气温度）、电热丝电炉加温、电热灯加温（包括补光灯，在补光的同时加热空气）、电油丁加温等；间接加温的方式包括电热水锅炉加温、电热风机加温以及热泵加温等。

直接加温的方式主要用于局部加温或临时应急加温，加热热源为点状分散分布，散热方式基本为自然对流或辐射，因此，温室内温度分布很不均匀。为了在温室中获得均匀的温度分布场，保证作物的均匀生长，设计中大量使用的电加热系统主要为间接加温系统，即首先将电能转化为热能，再用散热器将热能均匀释放到温室中。

1.电热风机加温系统

将电能转换为热能加热空气，再通过风机和均匀送风管道将热空气均匀输送到温室的温室加热方式称为电热风机加温系统。

笔者在调研参观中看到过两种电热转换与送风的方式：一种是将电热线盘绕在均匀送风管道上，电热线通电自身发热后将送风管内外的空气加热，用风机将室内冷凉空气吸入送风管，使之与管内热空气混合并不断加热，最终在风机的压力下从送风管出口射流到室内与温室内空气混合，从而提高温室内整体的空气温度并扰动空气混流，实现温度的均匀分布（图8）。这种系统风机安装在送风管的中部，风机的进风口安装吸风管，出风口安装在送风管上。送风管的长度一般不超过10m，整

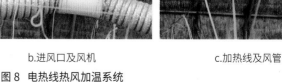

| a.系统总成 | b.进风口及风机 | c.加热线及风管 |

图8　电热线热风加温系统

套送风系统吊挂在温室后屋面上，在温室长度方向每隔 20~30m 设置一套加温系统，可实现温室的临时加温和均匀送风。

另一种电热风机的形式是用电热丝作发热热源，将两组电热丝安装在一个箱体内，箱体的一侧安装送风风机，风机的对面侧箱体上安装均匀送风管道（图9）。两组电热丝可为不同功率，分别安装电路控制开关，或单组启动，或双组启动，至少可形成三档加热功率，可根据室内外温度变化自动或手动控制电热风机的启闭。

a.系统总成

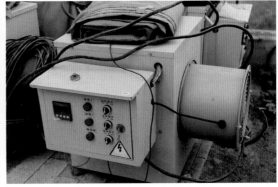
b.电热风机

图9 电热丝热风风机

2.电热水炉及配套散热设备

电热水锅炉是用电热丝或其他电热元件将电能转化为热能并加热水供温室采暖的一种热源。用电热水锅炉产生的热水在日光温室内散热的方式有两种：一种是将热水输送到散热器内，依靠散热器与室内空气的对流换热和辐射散热将散热器内热水的热量释放到温室内；另一种是热水输送到热水盘管中，再用风机吹吸热水盘管的外表面，将热水盘管中的热量强制释放到温室中。前者称为热水供暖，后者称为热风供暖。热水供暖需要配套散热器，而热风供暖的散热器就是热水盘管和风机的组合体，称为热风机。

日光温室由于单体面积小，而且保温性能好，单位面积热负荷不大（多为 $50W/m^2$ 左右，一般不大于 $100W/m^2$），所以，配套选用电热水锅炉的容量一般也较小（图10）。电热水锅炉由于自身容量小，可以随用随启动，锅炉自身大多不带储热罐，运行中直接循环供热管内的水体，并将热量通过散热器自然对流换热（图10b）或通过热风机强制对流换热（图10c）释放到温室中。市场上电热水锅炉的规格和型号较多，选配时可在保证锅炉的热容量及用电安全的条件下，以价格优先购买和安装。

用于日光温室内的散热器形式也是多种多样，而且不同种植模式下散热器布置形式也不尽相同。图11为铸铁圆翼散热器，其中散热器可以布置在温室的后墙（图11a）、温室前基础部位（图11b）或温室山墙上（图11c）；可以是单排布置，也可以是双排布置，主要根据温室供暖的热负荷确定。

a.电热水锅炉	b.配套热水散热器	c.配套热风机

图10 电热水炉及其配套设备

a.双排布置在后墙	b.单排布置在温室前基础	c.单排布置在温室山墙

图11 铸铁圆翼散热器

为保证温室内温度分布的均匀性，一般散热器布置均沿温室长度方向通长布置，如果温室的热负荷较小，散热器在后墙上不一定要求连续布置，但在温室前部由于前屋面的热阻较小，如果设置散热器一般建议连续布置。需要说明的是为保证散热器的散热效率，最下层散热器距离地面的高度不宜太小，一般应保持在50cm以上（在前屋面基部布置不能满足该要求时，至少也要距离地面20cm以上）；多层散热器布置时，除了要保持各层之间的适宜间距外，还应按照设计规范对每层散热器的散热量进行折减。

铸铁散热器的防锈性能较差，长期处于高温高湿环境的温室中很容易锈蚀，所以，对这种散热器，应做好表面防锈的处理和防护。一种做法是采用热浸镀锌钢制圆翼散热器，虽然造价较铸铁圆翼散热器高，但使用寿命长，散热效率高，材料用量省，从长远看还是经济的。

图12是采用圆钢管或塑料管作为散热器，分别布置在温室前部（图12a）、温室内苗床下（图12b）和围绕种植作物布置（图12c）的案例。采用热浸镀锌钢管或塑料管完全克服了铸铁圆翼散热器锈蚀的问题，而且布置更加灵活，尤其采用塑料软管后基本也不用考虑管材的热胀冷缩问题，用于作物的局部加温也更方便。散热管材料来源丰富，安装方便，更换容易，设备占用空间小，室内温度分布均匀，在满足热负荷要求的条件下，建议尽可能采用光管散热器。

除了铸铁圆翼散热器和光管散热器外，日光温室中也有应用民用建筑中常用板式散热器的案例（图13）。板式散热器根据材料不同有多种形式，如铸铁散热器、陶瓷散热器等。陶瓷散热器散热效率高、不锈蚀，相比铸铁散热器更适合在温室中应用。板式散热器由于散热量大，在温室中一般间隔分散布置，可以布置在温室的后墙，也可以布置在温室的前部，但布置在温室前部往往会占用温

a.布置在温室前基础

b.布置在苗床下

c.布置在栽培作物四周

图12 光管散热器及其布置形式

a.铸铁散热器

b.陶瓷散热器（布置在后墙）

c.陶瓷散热器（布置在前基础侧）

图13 板式散热器及其布置形式

室种植空间，而且对前部作物采光也会形成一定的遮挡。为此，在使用板式散热器时，建议采用板式散热器和光管散热器联合布置的形式，板式散热器布置在温室后墙，光管散热器布置在温室前基。

　　上述散热器都是依靠自然对流将管道内热水携带的热量释放到温室内。这种散热方式换热强度低，在室外剧烈降温时室内温度下降较快，设计要求散热器表面积大、相应散热器数量多，价格也高。为提高散热器的换热强度，常用的做法是采用强制换热，即用风机强制空气在散热片或散热管周围对流，这样就形成了热风散热器（图14）。

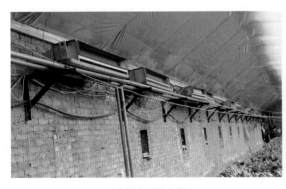
a.布置在后墙上部

b.布置在后墙下部

图14 热风散热器及其布置形式

热风散热器一般布置在温室后墙，可以布置在后墙上部，也可以布置在后墙下部，但布置在后墙上部，散热器的出风口高，热风可以直接射流到温室中部，甚至中前部。这种散热模式能够在作物冠层内形成一定的风速，而且由于送风的温度较高，还可有效降低作物叶片和果实表面结露的风险，对防止作物病害以及提高作物白天的光合作用都有积极的作用。

采用热风散热器需要在每个散热器上配套风机，而且风机运行的成本较高。为此，在选择设计散热器时应统筹经济和性能两个方面，以获得较高性价比的设计方案。

3.热泵

热泵是一种高效的电热转化设备，一般热转化效率（COP）为3~5。这种技术是提取空气或水等热媒中由于温差变化所包含的热能用于温室加温，它可以将低品位甚至通常条件下无法使用的能源提升为高品位能源，因此不仅能效高，而且能量使用也更多样化。

日光温室中使用的热泵主要为空气源热泵。热泵供暖系统由热泵机组、水循环动力系统和散热器三部分组成（图15），其中散热器可采用上述热水采暖系统用散热器中的任何一种形式。图15的案例中散热器采用塑料毛细软管，均匀布置在温室后墙面。这种做法白天毛细软管还可以直接接受太阳辐射将管内循环水加热，兼具有一定的节能效果。

a.热泵机组　　　　　　　　b.水循环动力系统　　　　　　　c.散热器

图15　热泵机组及其配套设备

三、燃料加温炉及其配套设备

上述太阳能和电能的加温系统都是用清洁能源。这类加温系统运行管理方便，几乎没有环境污染，但相对建设和运行费用也高，对缺少政府补贴或投资水平较低的农户而言，配套使用这类加温设备似乎有些"奢侈"。作为日光温室的临时和应急加温设备，广大的温室生产者都根据自身条件选择配套了多种形式的燃料加温炉，可因地制宜选择和使用经济可靠的燃料，包括煤、柴油、液化天然气以及生物质燃料等，相应配套的燃烧炉及热量在温室中的输配形式也有不同。以下分别进行梳理和总结。

1.直燃式燃煤炉

直燃式燃煤炉就是将燃煤炉直接放置在温室内，依靠炉体自身的散热来提高温室内的空气温度（图16）。选用的加温炉可以是工业生产的锅炉（图16a），也可以是自制的土建加温炉（图16b）。这种加温炉一般设置在温室中部后走道上，对于较长的温室可以设置多台，均匀布置在温室后走道上，燃烧后的尾气直接从温室后屋面或后墙排出室外。这种加温炉最大的缺点是炉体周围温度高，温室其他部位温度低，也就是说温室内温度分布很不均匀，而且燃烧的尾气通过烟囱直接排出室外，烟道内的热量没有得到充分利用。为此，改进的做法是采用更长的烟囱（图17），将烟囱作为散热器，一是可以最大限度将烟囱中的余热全部释放到温室中，达到节能的目的；二是可以将加温炉产生的热量均匀释放到温室内，减小温室内温度梯度，提高温室内温度的均匀度。应该说用烟囱做散热器的加温方式是一种经济且科学的方法，在条件允许的情况下应尽可能采用这种形式。

工业化的燃煤炉在市场上也有多种形式和规格，选择用于日光温室加温时，体积不宜过大，否则占用走道，不便于温室的生产作业。此外，加温炉炉体自身的辐射散热量大，对邻近加温炉周围的作物炽烤严重，影响这些作物的正常生长。

对种植低矮作物的温室，加温炉也可以放置在温室跨中（图17c）。这种布置方式基本不影响温室走道的运输作业，而且通过烟囱和炉体的散热室内温度分布也更均匀。不足之处主要表现在：一

a.工业炉　　　　　　　　　　　　　　b.土建炉

图16　通过炉体散热的直燃式燃煤锅炉

a.烟道沿后墙布置（大炉）　　　b.烟道沿后墙布置（小炉）　　　c.燃煤炉置于温室中部

图17　通过烟囱散热的直燃式燃煤炉及其布置方式

是加温炉设置在温室中部要占用一定面积的温室生产空间；二是烟囱在温室内布置需要吊挂在温室屋面拱架上，在增加温室拱架荷载的同时还会在温室内形成遮光阴影，影响作物采光（冬季由于太阳高度角低，将加温炉布置在温室中部靠后并将烟囱架高，烟囱对作物采光的影响可以显著减小或甚至完全消除）。

2.燃煤热风炉

直燃式加温炉最大的缺点是室内温度分布不均匀，尤其在加温炉附近作物接受热辐射强烈，对其正常生长会造成很大影响。为了解决温室中温度分布不均匀的问题，常用的做法是采用热风炉，就是在上述直燃式加温炉的基础上增设一套风机送风系统，安装均匀送风管道，将加温炉内的热量均匀输送到温室的长度方向（图18）。均匀送风管可以是帆布或透明塑料薄膜材料制作，送风管上开设送风口。为了保证沿送风管长度方向的均匀送风，一种做法是等距离开孔，但孔径大小不同，距离加温炉近处送风管内温度高、风速大，孔口应小；距离加温炉越远，管道内温度和风速越低，相应孔口应逐渐加大。这种做法应根据送风机的送风量和压力，按照流体力学均匀送风原理设计孔口间距和大小，保证在送风管的全程出风量和出风温度基本一致。由于设计计算复杂，而且加工制作也费事费工，所以生产实践中更多的是采用相同孔径、不同孔口间距的开孔方法，同样也能达到均匀送风的目的。

实际上，如同直燃式加温炉一样，热风炉的排烟烟囱也是一种均匀散热器，与均匀送风管道联合设置，不仅能最大限度有效利用热风炉产生的热量，而且这些热量在温室内的布施更加均匀，应该说是一种经济有效的加温设备。但这种加温设施运行需要风机做送风动力，而且送风管道布置在温室前部或中部会遮光而产生阴影，影响作物采光。

a.热风炉总成

b.热风炉炉体及连接设备

图18　燃煤热风炉及其配套设备

3.燃油热风炉

燃煤炉由于煤燃烧不完全以及燃煤成分复杂，燃烧尾气中含有较多的 SO_x 和 NO_x，燃烧不充分会带来较大的空气污染，因此很多地区限制使用燃煤炉。此外，使用燃煤炉，温室生产者需要半夜多次给燃煤炉加煤，严重影响生产者的正常休息。为此，在经济条件许可的情况下，一些生产园区采用了燃油热风炉。

燃油热风炉加温系统由储油油箱、燃烧炉、送风风机、排烟烟囱以及均匀送风管等组成（图19）。一般燃油热风炉放置在温室生产区之外的门斗内或辅助生产区内，排烟烟囱直接就近通向室外，而均匀送风管则穿过辅助生产区后与前述燃煤热风炉的送风管一样布置在温室内沿温室长度的方向上。由于柴油燃烧充分，尾气中污染物少，对大气的环境污染也可降低到最低限度。

燃油热风炉可根据需要随时启动，能够根据室内设置温度实现自动控制，无需操作人员管理，因此大大减轻了生产者的劳动强度。但这种加温炉的运行成本较高，仅适用于短期或临时应急加温。

a.热风炉组成　　　　　　　　　　　　　　　　b.热风炉排烟烟囱

图 19　燃油热风炉及配套设备

4.生物质燃料热风炉

不论是煤还是柴油，都是一种不可再生能源。为保证农业产业的健康和可持续发展，近年来研究和生产部门都在聚心集力开发和生产生物质能源，主要是利用农作物的秸秆以及果园、杂木林的树枝、食用菌生产后的菌棒等为原料，通过粉碎、配方调理、挤压成型等工序制作成体积小、能量密度高的燃料块、燃料棒或燃料颗粒，如同燃料煤一样，用作燃烧炉的燃料。使用生物质燃料不仅解决了温室采暖的问题，而且处理了农作物的废弃物，一举两得，是一种生态环保的举措，更是延长农业产业链提高农业生产附加值的有效手段。

由于生物质燃料的热值相比煤更低，所以，相同热量需求的条件下，所用的生物质燃料更多。市场上也开发了专门用于燃烧生物质燃料的炉具（图20、图21），在温室中使用时除了选择用的炉具不同外，其他排烟烟囱和均匀送风管道和燃煤加温炉基本相似或相同。图20的案例中，均匀送风管和排烟烟道上都分别安装了送风风机（图20b、c），而在燃烧炉的进气口则安装了进气风筒（图20a），燃烧空气从室内吸入，通过排烟道排出室外。

| a.燃烧炉及进气口 | b.散热管 | c.排烟道 |

图 20　生物质燃料燃烧炉及配套负压送风设备

图 21 燃烧炉的工作原理基本和图 20 燃烧炉相同，所不同的是该均匀送风管道采用正压送风系统，而且为了增加燃烧生物质燃料燃料箱的容积，在燃烧炉原料箱的基础上又增设了一个料斗，不仅方便填料，而且增大了料箱容积，基本可以满足一夜的燃料供应，生产管理者不必起夜再给燃烧炉添料了，大大减轻了管理的劳动强度，是一种比较受欢迎的技术改进措施。

生物质燃料根据燃料形状和燃料特性不同，相应燃烧炉具也有所不同，在设计选型时应按照炉具的使用要求正确选配。

| a.整体系统 | b.正常料箱加温炉 | c.附加料斗加温炉 |

图 21　生物质颗粒料加温炉及配套正压送风设备

5.燃气加温系统

燃气加温系统就是用液化煤气、沼气、天然气等气体燃料经汽化后燃烧产生热量，向温室供热的系统。

图 22 是用民用煤气罐供应燃料采用直燃方式将煤气在燃烧器中点燃后吹出，加热后的热空气通过均匀送风管道沿温室长度方向输送到温室内。该系统由于从燃烧器内燃烧煤气加温空气的温度很高，直接接入均匀送风管道可能会点燃送风管道及高温会加速送风管道老化，为此在系统设计中将送风管道离开燃烧器一定距离，在送风管的进气口安装送风风机，使从燃烧器喷出的高温空气与室

a.煤气罐 b.燃烧器及引风管 c.送风风机及风管

图 22 煤气直燃热风加温系统

内冷凉空气混合，通过送风机进气侧的负压将其吸入送风管道，从而降低送风管道内空气温度。

图 23 是采用管道液化天然气为燃料，经汽化后直接送入锅炉房锅炉，锅炉燃烧燃气产生热水，热水通过管道送到温室，再通过热风机将热水中热量转换为热风，通过风机分送到温室。由于热风机为分散布置的，与均匀送风管道相比，温室内温度分布可能不均匀，但由于风机是正压送风并扰动室内空气运动，室内温度场相对也比较均匀。

换热风机在日光温室中的布置位置可以沿温室后墙分散布置（图24a、b），也可以分散布置在温室跨度方向的中部或中后部。风机可以安装在换热盘管的任意一侧，冷凉空气或正压通过换热盘

a.天然气换气站及锅炉房 b. 室内供热与散热系统

图 23 以天然气为燃料的热水转换热风加热系统

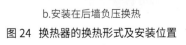

a.安装在后墙正压换热 b.安装在后墙负压换热 c.安装在温室中部

图 24 换热器的换热形式及安装位置

管吸热后送入温室（图24a），也可以负压通过换热盘管吸热后送入温室（图14b）。从减小风机进气口阻力的角度分析，将换热风机安装在温室中部阻力最小，安装在温室后墙由于进风口空间小会在一定程度上增大风机阻力，其中正压换热的风机阻力比负压换热的阻力更大，在条件允许的情况下尽量采用负压换热模式。

四、短期应急加温技术与设备

上述采用太阳能、电能或是燃煤、燃油以及燃烧生物质的供暖方式大都是在需要较长时间供暖或供暖负荷较大的情况下才设计使用。对于设计采光和保温性能良好的日光温室，正常天气条件下不需要采暖即可安全越冬生产，这类温室基本不配置加温设备，事实上这也是我国绝大多数日光温室的现状。

近年来，随着气候的变化，极端天气条件不断发生，暴雪、严寒、雾霾、沙尘以及长时间连阴天等不利于作物生产的恶劣天气条件时常威胁着我国大部分的冬季生产日光温室。为此，寻找解决日光温室短期或临时应急的加温方式迫在眉睫，这也是保障我国大面积日光温室冬季安全生产的重要举措。

生物质燃料块是一种常用的临时加温燃料。这种燃料块加工制作就像传统的蜂窝煤结构（图25），点燃后可以缓慢自燃。燃烧这种燃料块不需要配套加温炉具，只要在温室走道上用两块砖块或混凝土块将燃料块支起即可。一般在温室内走道上每隔10~20m布置一个燃点，每个燃点放置2块燃烧块，晚上9~10点钟点燃，可持续燃烧到第二天凌晨。如果室外温度再低，可在凌晨时分补加1块燃烧块，基本可满足温室夜间的散热需求。

另一种燃料块是直径在10cm左右的蜡烛，蜡烛高度在20cm以上。由于蜡烛是靠捻子点燃的，火苗较小，所以蜡烛可以布置在作物垄间，此外，蜡烛的发热量较小，在温室采用蜡烛应急补温时所需要的蜡烛数量也较多，可根据室外温度和温室的保温性能来选用。

上述不论是生物质燃料块还是蜡烛，其组成成分中都含有较多的石蜡。石蜡是助燃材料，但燃烧后的烟气中仍含有较高的石蜡成分，因此，在采用上述燃料进行温室应急采暖后，应及时开窗通风，以排出温室空气中的有害气体，保证操作人员的健康。目前，这种烟气成分对作物危害的研究还是空白，有待进一步的深入研究和实践。

图25　生物燃料块

中篇
塑料大棚与连栋
温室工程技术

一种连栋
日光温室结构

一、引言

传统的日光温室都是单跨结构，由前屋面、后屋面、后墙和山墙形成围护结构，坐北朝南、东西走向，具有采光量大、保温性能好、高效储热和节能等特点，因此在我国北方地区得到了大面积推广，尤其在越冬蔬菜生产中更是离不开这种形式的温室，成为北方地区周年设施生产的主要温室形式，目前已经从"三北"（东北、西北、华北）地区推广到了江苏北部、湖北、河南、安徽等华中地区，以及云南、四川、西藏等高原地区。

但传统的单跨结构日光温室占地面积大，土地利用率不高的问题（不足40%）一直在制约着这种形式温室在土地资源紧缺地区的推广，尤其是寿光"五代"下挖式机打土墙结构日光温室在国家实行严格的耕地保护政策后，其推广应用更是受到越来越多的政策限制。

为了提高日光温室建设的土地利用率，苏东屏等首先提出了阴阳型日光温室，即在传统日光温室的北侧搭建一个采光面朝北的日光温室，两者共用一堵后墙，采光面向南的温室称为阳面温室，采光面向北的温室称为阴面温室，两者各自形成独立的空间（图1）。两栋温室紧密相连，从用地的角度讲，实际上相当于加大了传统日光温室的跨度，而且阴面温室的屋面自南向北向下倾斜，因此，阴面温室基本不遮挡相邻后栋阴阳型温室阳面的采光，也就是说在不增加传统日光温室南北之间采光间距的条件下在同一用地范围内增加建设了一栋阴面温室，从而有效提高了温室建设的土地利用率。但这种温室由于阴面温室采光少，不能像阳面温室一样种植喜温果菜，尤其到冬季由于室内温

a.外景　　　　　　　　　　　b.阳面温室内景　　　　　　　　　　c.阴面温室内景

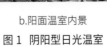

图1　阴阳型日光温室

度偏低，大多都只能种植低温弱光的食用菌和需要冬季春化蓄冷的果树等对温光要求不高的作物，大量阴阳型温室的阴面温室夏季也只能种植叶菜类作物（图1c），冬季多闲置不用，只起到对阳面温室北侧墙体防风和加强保温的作用。因此，这种改进并没有实现阴阳两侧温室相同的生产环境，对土地利用率提高的真实作用有限，是一种不完善的技术改进。

为了在提高温室建设土地利用率的前提下使室内温光环境达到相同或接近，以便种植同种类的喜温果菜，西北农林科技大学邹志荣教授的团队设计了一种双连跨的日光温室（图2）。这种温室采用两个屋面均向阳的做法，两个屋面之间用天沟和室内立柱相连，实际上形成了双连跨的连栋温室，只是后一跨温室（北侧跨）屋面比前一跨温室（南侧跨）的屋面要高。从外形上看，这种温室北跨采光面的前基是坐落在南跨温室的后屋面上，形成双连跨不等高屋面温室。温室两跨的屋面都向阳，均能接受直射阳光，而且南跨温室比北跨温室低矮，所以南跨温室不会形成对北跨温室太多的挡光，室内两跨温室又是相通的，因此，双连跨温室内的温光环境基本相同。宋明军等在甘肃建造这种形式的温室，并对其性能进行了测试，结果表明其保温性能低于传统日光温室，但高于连栋温室，采光方面在温室中部天沟下存在弱光带，对该区域作物的采光有一定影响。

a.外景　　　　　　　　　　　　　　　　　　　　　b. 内景

图2　双连跨日光温室

陈伟旭和郄丽娟分别在黑龙江省和河北省设计建设了双连跨和三连跨的日光温室，研究发现三连跨温室内存在较为明显的热环境差异，冬季温室平均温度南跨最低，中跨最高；夏季室内平均最高气温由南向北依次递减。由于室内温度差异较大，这种温室在生产中并没有得到广泛推广和应用。

山西农业大学温祥珍教授团队在双连跨日光温室的基础上设计了一种多连跨的非对称屋面连栋温室（图3）。与双连跨温室的采光原理相同，温室屋面采用阶梯上升的做法，温室室内立柱的高度从南向北逐跨增高，进而形成了阶梯屋面温室，温室的跨数可达到3~6跨，从而使温室建设的土地利用率得到更大提高。为了便于温室保温被的卷放和维修，该温室还将传统日光温室的外保温被改为内保温幕的保温方式（图3c）。

双连跨日光温室和多连跨非对称屋面连栋温室，与传统的单跨日光温室相比，其室内空间大、

a.平地上温室外景

b.坡地上温室外景

c.温室内景

图3 非对称屋面连栋温室

温室建设的土地利用率高；与阴阳型日光温室相比，其室内温光环境基本一致，而且与阳面温室内温光环境基本相同。但这两种温室均存在后跨温室屋面比前跨高，而且连跨数越多，温室的总体高度越高的问题，一是由于最北跨温室的屋脊很高，加大了相邻温室之间的采光距离；二是后跨温室的空间比前跨更高，温室建设的材料用量增加，而且增大的空间也没有带来更多的种植空间，反而增大了温室的散热面积，尤其多连跨温室随着连跨数的增多，温室的高度将显著升高，温室的结构承载力要求和温室造价都将会大幅度攀升。如果不是在山区依山而建（图3b），多连跨温室的推广似乎也有一定困难。

2021年6月，笔者在甘肃省张掖市高台县考察时发现了一种等屋面高度的多连跨日光温室结构形式（图4和图5），有效解决了上述不等屋面连跨温室的缺点，而且温室跨数可以根据地形无限扩增形成大面积连栋温室（实际上温祥珍教授团队前期也设计过这种形式的温室），从而使温室建设的土地利用率与连栋温室基本持平，且有效保留了日光温室采光和保温的优点，与传统的连栋温室相比温室的采光和保温性能得到了显著的提升，尤其是大幅度降低了温室冬季的加温能耗，为连栋温室冬季运行降低成本、提高效益创造了条件。

在此，笔者将这种温室的结构形式和设备配置做一详细介绍，供业界同仁们研究和借鉴。实际上，从温室科学的分类上讲，这种温室应该划归为"锯齿形外保温连栋温室"，但由于其源于日光温室结构，笔者在本文中仍将其称之为"连栋日光温室"。

a.后墙

b.山墙

c.南屋面

图4 多连跨日光温室外立面

二、连栋日光温室的建筑形式与保温性能

从温室的外墙面和屋面形式看，温室北侧墙体采用直立保温墙面，温室南侧采光面从地面起拱一直到屋脊，在屋脊处接坡向向北的后屋面，如果不考虑温室中部结构，温室最北跨的后屋面和后墙以及温室最南跨的采光面和后屋面与传统的单跨日光温室几乎完全一样（图4a、c，图5a、c）。温室中部结构从屋面看每跨屋面也基本和传统日光温室屋面相同，由向南倾斜的采光前屋面和向北倾斜的保温后屋面组成（图4b、图5b），所不同的是：①采光前屋面结构的弧度受屋面矢高的限制没有传统日光温室采光屋面大（图5b、c）；②采光前屋面的基部不是坐落在地面基础上，而是坐落在温室室内立柱支撑的天沟上（图5b）；③后屋面的基部不是坐落在温室后墙上，而是和后一跨温室的采光前屋面基部共同坐落在室内立柱支撑的天沟上，且分别固定在天沟的两侧（图5b）。

从温室的保温看，不论是温室的采光前屋面还是温室的保温后屋面均采用柔性保温被覆盖，采光前屋面上保温被白天卷起温室采光，夜间展开温室保温，而保温后屋面的保温被则是固定不动，形成温室的永久保温结构。从温室的墙体保温看，不论是温室后墙（图4a、图5a）还是温室的山墙（图4b、图5b），均采用刚性挤塑保温板。按照这样的建筑材料配置分析，这种温室除了没有传统单跨结构日光温室的储放热功能外，其他性能应该接近目前主流研究和推广的非土建墙体单跨结构组装式日光温室，唯一的差异就是连跨日光温室中间跨屋面由于坡度小，与同跨度的单跨日光温室相比，温室的采光量或许要小，由此可能造成整个温室的温度不会比传统单跨结构日光温室高，这也就直接影响了这种温室的越冬性能。但如果将这种温室用于春提早和秋延后作物种植时，其性能应该远超单栋塑料大棚，甚至也应优于大跨度外保温塑料大棚。

a.北跨　　　　　　　　　　b.中跨　　　　　　　　　　c.南跨

图5　多连跨日光温室内景

三、连栋日光温室的结构形式及结构用材

从温室的承力结构看，南跨结构除了后屋面支撑在天沟上之外，其他结构构件和传统的单跨日光温室完全一样，前屋面骨架采用单管拱架，设3道纵向系杆（图6c），后屋面骨架用材与前屋面骨架相同，均为单管椭圆管。为加强温室结构的承载能力，在温室屋脊下部增设了一道倾斜支撑弦

杆，将前屋面骨架和后屋面骨架连为一体（图6a）。该斜支撑弦杆也起到了减小前屋面和后屋面拱杆平面内计算长度的作用，除了提高屋脊部位局部的承载能力外，对改善单管拱架的整体承载能力也有一定的作用。

与南跨结构不同，温室的中跨和北跨屋面结构采用主副梁结构，主梁采用焊接桁架，副梁采用单管结构（图6b、图7）。用副梁间隔替代主梁可有效减少屋面结构用材，从而降低温室结构的建设成本。

作为连栋日光温室，与传统的单跨结构日光温室相比，其最大的特点就在于立柱和天沟，这也是连栋温室的基本特征。将若干结构相同的标准跨温室屋面通过天沟和立柱连接在一起从而形成大面积的连跨温室，其核心的结构承力构件即内部立柱和天沟（图6b）。

与传统的连栋温室天沟不同，连栋日光温室的天沟除了支撑两侧屋面拱架、承载其荷载并将其内力传递到立柱的承力功能以及屋面排水两项基本功能外，还要能容纳并承载屋面保温被展开后下落到天沟的保温被和卷被轴；同时，为了保证连栋日光温室整体的保温性能，天沟也必须做成保温天沟，其保温性能不应低于温室屋面保温。为此，常用的做法是或者直接将天沟做成保温天沟，或者将屋面保温被铺设在天沟内。因此，连栋日光温室天沟应有足够的宽度，一是便于存放展开后的屋面保温被；二是便于操作人员维护作业。

a.南跨后屋面结构

b.内部立柱及屋面结构

c.南侧前屋面结构

图6 多连跨日光温室主体结构

a.后墙立柱

b.中部立柱

图7 多连跨日光温室立柱支撑天沟的方式

除了上述功能上的差异外，由于日光温室南北两侧屋面不对称，作用在天沟两侧的荷载也有差异（图6b、图7b），因此，天沟实际上还会承载侧向弯矩。为了尽量减小天沟的侧向扭曲变形，设计者在天沟设计时摒弃了传统连栋温室的钢板折板天沟，采用天沟双侧纵梁作支撑的结构承力体系，即用两根纵梁分别固定和承载天沟两侧温室屋面拱架，一侧为温室前屋面拱架（图8），另一侧为温室后屋面拱架（图7b）。由此，温室的立柱在中部也对应设计为双柱结构（图9a），每根立柱支撑一根天沟纵梁，两根立柱柱顶和中部设水平连杆，柱顶连杆可直接用做支撑天沟板的横梁，而中部连杆可减小立柱的平面内计算长度，增强立柱的承载能力。两根立柱与两根连杆实际上形成了一个平面的格构柱，柱底采用长条形基础，将两根立柱再次连接在一起（图9b），形成两端固结的平面格构立柱。而温室后墙立柱则采用单柱加"牛腿"的做法（图7a），单立柱支撑天沟一侧纵梁，从立柱上部倾斜伸出一根斜撑用于支撑天沟的另一侧纵梁。这种做法可节约立柱用材，节省温室地面空间，但单立柱承受的弯矩较大，相应立柱的截面尺寸也应增大。

立柱在平面上沿温室开间方向采用4m的间距布置（图7）。温室中间跨和北跨屋面拱架间距为1m，主副梁间隔布置，立柱支撑在主梁上；南跨屋面单管结构每个开间（4m）内布置7道拱杆（图6a、c）。

该结构是一种特殊的结构型式，构件的截面选择及其布置形式是否科学合理或者经济适用，应根据当地的风雪荷载通过结构强度分析确定。本文的构件及其布置形式只是该温室的实际用材，仅供大家借鉴和参考。

a.双立柱结构　　　　　　　b.双立柱与基础的连接

图8　多连跨日光温室前屋面拱架与天沟的连接　　图9　多连跨日光温室中部立柱结构及与基础的连接

四、连栋日光温室环境控制设备

和传统的单跨结构日光温室一样，连栋日光温室的环境控制设备也主要由卷膜通风设备和卷被卷帘机组成。

1. 温室通风系统

连栋日光温室的卷膜通风系统，只设置在南跨的温室屋面，而且采用手动卷膜通风的方式（图4c），其他屋面均未设置通风系统（或许是考虑到屋面高度较高，手动作业不方便）。为了增强温室的通风能力，在温室的山墙和后墙上开设了可拆装的推拉窗（图4a、b，图7a、b），东西山墙每跨各设一樘窗，设置在跨中，北墙每个开间设一樘窗（只设4樘窗和1樘门），窗户大小约为1.5m×1.5m。推拉窗全部采用手动关闭，可根据室内外温度实时人工控制，到夏季长期高温季节可拆下窗扇，实现全窗口通风（为了防止害虫进入温室，应在所有通风口处设置与温室内种植作物害虫相匹配的防虫网）。

由于通风系统全部为人工手动控制，一是环境控制的精度不够，不能根据室内外温度变化及时进行通风降温；二是人工启闭窗户的作业时间长、劳动强度较大，尤其屋面不设通风窗对调节温室内温度和湿度的能力明显不足，为此，建议对大面积连栋日光温室应设计屋面通风窗并安装自动控制系统。

2. 温室卷帘保温系统

与传统的单跨结构日光温室一样，连栋日光温室也采用屋面卷被保温系统。由于连栋温室无法安装中卷卷帘机，因此，温室的卷被系统全部采用山墙一侧卷的摆臂式卷帘机（图10）。

受摆臂式卷帘机工作长度的限制，单侧卷被温室在开间方向的长度不宜超过60m，更大长度的温室应采用两面山墙双侧卷被的方式，可将温室在开间方向的长度增大到100~120m。如果采用屋面卷膜通风，开间方向长度超过100m的温室也应设双侧卷膜器。

屋面保温被的性能直接影响温室的保温性能，一般要求屋面保温被的热阻应与墙面保温板的热阻基本相当。此外，屋面保温被还应具备防水、抗拉和抗紫外线的功能，保温被幅与幅之间的接缝应密封严密，以保证温室屋面的整体保温性能，在大风地区还应考虑保温被防风的问题。

a.整体

b.卷帘机与摆杆和卷被轴连接

c.摆杆在地面上的固定

图10 温室卷帘机

半封闭温室
在中国的工程实践

我国改革开放以来，现代化的大型连栋玻璃温室至少经历了 3 次发展高潮。改革开放初期的 20 世纪 80 年代前后，从保加利亚、罗马尼亚以及日本等国引进建设的大面积连栋玻璃温室，由于冬季加温能耗大、夏季降温困难、运行成本高等原因，几乎以全面失败而告终；进入 21 世纪的 2000 年前后，从荷兰、西班牙等国引进的大面积连栋玻璃温室以科技示范为立足点，虽然在生产中由于效益差而没有得到大面积推广，但确实带动了我国温室制造业的发展，使我国温室主体结构以及遮阳保温幕、风机湿帘等温室配套设备跻身世界市场，这一阶段由于对作物的基础研究不足，温室的环境控制技术还主要依靠荷兰、以色列等国进行配套；在"十三五"以来的第三次大面积玻璃温室的发展中，主要从荷兰引进技术，而且通过金融资本和上市企业的介入，大规模温室建设已经步入了市场化运行的范畴。尤其是在国家耕地政策限制越来越严格、人们对消费品品质要求越来越高的新发展时期，连栋玻璃温室建设的规模越来越大，管理的智能化、精细化和现代化水平越来越高，并且伴随产量的提升和销售模式的改变，蔬菜种植的效益也开始初现。未来大规模连栋玻璃温室在我国还会有更大的发展空间。每一次大规模连栋温室的发展都能给业界带来新的机会和思考，同时也带动了行业的科技进步和装备革新。

半封闭温室是在荷兰国内全封闭温室研究失败后，由 Certhon 温室制造公司将其 SuprimAir 环境调控技术结合荷兰文洛型温室结构提出的一种新型温室环境控制系统。我国从 2015 年前后从荷兰学习引进该温室，并进行种植试验和国产化工程设计与性能测定。截至 2020 年底，我国全套引进以及国产化设计的半封闭温室建设面积已逾百公顷。本文就这种新型温室的工作原理及其在工程实践中的各种创新进行总结分析，可供工程设计参考和进一步研究应用。

一、半封闭温室的工作原理与特点

传统的荷兰标准文洛型玻璃温室墙面不开窗，屋顶不配遮阳网，仅设屋面交错开窗。我国引进该类型温室后，除了冬季的加温能耗巨高外，夏季降温困难更是其难以推广的一个主要技术障碍。虽然在国产化的进程中有的采用屋顶遮阳网和屋脊双侧的连续通风窗，使温室开窗面积与地面面积之比由交错开窗的不足 30% 提高到 60% 以上，但仅靠遮阳和屋面开窗的自然通风远达不到温室周年运行通风降温的需要。所以，我国建设的连栋玻璃温室大都配套湿帘风机降温系统，尤其在北方干热气候条件下，配合屋顶遮阳，可彻底解决温室夏季运行降温的问题。但配套湿帘风机降温系统的温室，从湿帘侧到风机侧室内温差较大。风机与湿帘之间的距离一般要求控制在 50m 以内，这就大大限制了连栋温室连片建设的规模，造成了土地资源的浪费、建设成本的增加以及冬季加温能耗的攀升。

为了提高温室建设的土地利用率，目前我国连栋玻璃温室建设的最小规模均在 $3hm^2$ 以上，最大的连片建设规模已达到 $20hm^2$，基本建设单元为 $5{\sim}7hm^2$。建设这种规模的温室，依靠传统的屋面开窗自然通风系统很难满足其夏季降温的需要，风机湿帘负压通风降温系统由于风机和湿帘之间的距离过长，难以有效运行，且喷雾降温系统由于室内湿度高，引发病害的风险高，生产管理者难以精准调控，由此催生了一种正压通风降温系统的应用。

所谓正压通风降温系统，就是用送风风机将经过湿帘或其他冷源降温的湿冷或干冷空气吹送到温室内，在送风风机的压力作用下，温室室内的空气压力始终高于室外，在室内外空气压差的作用下将室内高温空气排到室外，从而达到通风换气和降温的作用。

传统的负压通风系统使用的风机为低压大流量轴流风机，这种风机流量大，但压力小，只能用于负压排风而不能用于正压送风。用于正压送风的风机必须是流量适宜且压力高的离心风机，配套送风风管可将进风口的新风送到 100m 以外的地方，由此满足了温室大规模连片建设的需求。

正压送风系统不仅适用于温室夏季的降温，而且也适用于温室冬季的加温以及除湿和 CO_2 的配送。将加温、降温、除湿以及 CO_2 配送等多种功能的设备集合在一起，即形成一个设置在正压送风风机之前的空气混合调节室，简称气候室。夏季降温期间，打开气候室的湿帘降温系统和温室屋面通风窗，正压送风风机从湿帘的出风侧将经过湿帘降温的湿冷空气加压后，通过设置在种植床架下部的均匀送风管道，从作物的根区吹送到作物冠层，气流在自下而上的运动中将温室上部空间的热空气通过屋面通风窗挤压出室外，其工作原理见图1a。冬季加温期间，关闭湿帘降温系统和屋面通风窗，开启加温系统和 CO_2 配送系统，正压送风风机将混合有 CO_2 的干热空气源源不断输送到种植床架下部的均匀送风管道，热风通过作物根区再经过作物冠层和温室上部空间降温后，回送到气候室重新加热，实现室内空气封闭循环运动且高效节能，其工作原理如图1b。

夏季降温期间，正压送风系统从室外引进新鲜空气，经过气候室降温送入温室并最终从温室屋面通风窗排出，形成室内外空气交换的开放系统；冬季温室加温期间，温室屋面通风窗和湿帘进风口完全关闭，气候室和温室室内形成空气内循环，温室内空气处于封闭循环系统。这种夏季开放、冬季封闭的温室空气循环系统即称为半封闭系统。在气候适宜的季节也可以同时关闭加温和降温系统，只按封闭内循环状态运行配送 CO_2，可显著提高温室内 CO_2 浓度，从而有效提高温室内种植作物的产量和品质。

半封闭系统除夏季降温外，温室运行的大部分时间屋面窗户处于关闭状态，由此可最大限度减少室外空气进入温室室内，从而降低温室由于空气交换产生的能量和 CO_2 损失；此外，温室内的空气由于采用自下向上的送风系统，可以通过果菜作物内部叶面，加速空气流动，提升作物叶面的蒸腾作用与光合作用能力；空气由下向上流动，也能显著减少由于太阳辐射作用而造成的温室沿高度方向的温度梯度，从而保证生产作物整体的生长环境相对一致且稳定；系统运行温室内始终处于正压状态，从而也有效避免了负压通风降温系统引入病虫害的风险。与传统的文洛型温室相比，半封闭温室结构几乎完全相同，但屋面开窗的面积可以更小，气候室的存在使温室北部的保温得到进一步加强，温室的整体保温性能更好。此外由于配套了温室降温系统，温室可以实现越夏安全生产，

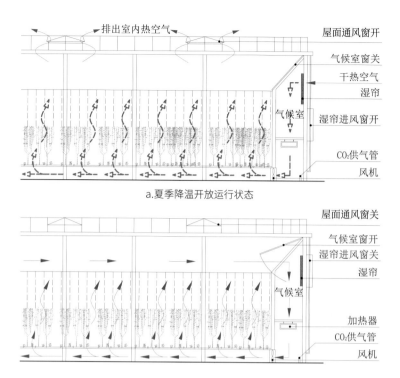

a.夏季降温开放运行状态

b.冬季加温封闭内循环状态

图1 半封闭温室工作原理

延长夏季生产周期1~2个月。半封闭温室与传统的文洛型温室相比，建设成本增加值仅在5%以内，却可显著提高温室的利用率，从而降低温室的折旧成本，以及提高温室作物的生产量。

二、半封闭温室的结构与设备组成

与传统的文洛型温室相比，半封闭温室就是在其一侧墙面（一般在北侧）增设了沿该墙面通长的气候室。该气候室与温室间形成相对隔离的空间，在气候室的外墙侧安装湿帘，内墙（与温室的隔断墙）侧安装送风风机，顶部设置与温室相连通的可启闭的通风口。

调节气候室内空气环境的加温、降温、除湿以及 CO_2 配送的设备和方式，不同的工程有不同的做法，由此也形成了不同的气候室形式与结构。

1. 气候室的形式与结构

气候室的功能是在相对封闭的空间内形成温室降温、加温等环境调节所要求的均匀、稳定的混合气体，并将其输送到温室内。气候室既是混合空气的调节室，也是产生混合空气的设备房。由此，不同的设备配置方案决定了气候室的形式与结构。

（1）以湿帘为降温设备的气候室　湿帘在温室降温系统中的布置形式有两种：一种是安装在温室的外侧墙面上（图2a），另一种是安装在独立的湿帘箱的箱体上（图2b）。对于冬季比较寒冷的地区，为了增强温室的保温，在温室外墙外侧还可增设缓冲走廊（图2c），湿帘仍设置在温室的外墙上，但需要在走廊外墙上设置进风口，以保证湿帘运行中能直接引入室外新鲜空气。为了保证湿帘在非运行期间进风口的密封性，湿帘的外侧应安装可开闭的通风窗，湿帘运行期间开启，湿帘停运期间关闭。为了减小走廊面积以节约用地，一般湿帘窗多采用上下启闭的提拉窗，而走廊墙面的进风口则采用更廉价的卷膜通风窗。

a.外墙湿帘　　　　　　　　　　　b.湿帘箱　　　　　　　　　　　c.走廊湿帘

图2　湿帘的安装方式

采用墙面安装湿帘时，一般湿帘安装在温室的北侧墙面，以减小气候室对室内作物采光的影响。为了将湿帘降温后的湿冷空气引入气候室，一般在湿帘与温室作物生长区之间设置隔断墙，隔断墙要与湿帘有一定距离，高度应高于种植作物的冠层50cm以上。隔断墙顶部与湿帘上部温室墙体结构之间设置气流内循环的可启闭通风口，由此形成湿帘墙、隔断墙和通气口屋面组成的多开口且又能相对封闭的气候室。内循环通风口屋面可以是水平设置的平顶屋面，也可以是通风口倾斜的折线形屋面（图3），还可以是完全开口的敞口屋面（图4）。

对于敞口屋面气候室，为了能有效控制湿帘进风和室内回风的风口启闭，设计者巧妙地用湿帘通风口盖板兼作气候室屋顶通风口的窗扇，也就是将传统的湿帘外侧窗改为湿帘内侧窗。当盖板扣盖湿帘进风口时，自然就将气候室屋面打开；而当打开湿帘进风口时，盖板正好可以用来封闭气候室的屋面。相比需要在湿帘进风口和气候室屋面分别设置窗扇的固定屋面气候室，这种设计只用了一套开窗系统兼顾完成了两项任务，是一种比较经济和优化的设计方案（图4）。

用湿帘箱降温的气候室，和墙面安装湿帘的气候室一样，都结合了加温和CO_2配送的功能，但整栋温室的气候室是由若干独立的气候箱组成，一般每跨温室配置一组气候箱。气候箱可以全部置于温室外，也可以在温室内建设一个更大空间的气候室，将气候箱和其他环境调控设备全部布置其中（图2b、图5）；在温室的外墙开设通风窗作为气候室／气候箱新风的引入口，在气候室与温室相连的隔墙上开设通风窗用作气候室／气候箱空气内循环的进风口。

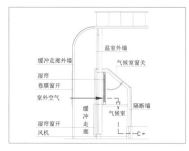
a.夏季降温开放运行状态

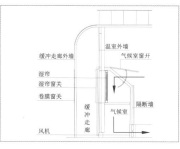
b.冬季加温封闭内循环状态

c.内循环通风口关闭（实景图）

图3 内循环通风口倾斜的折线屋面气候室

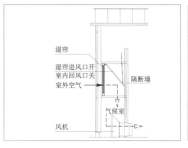
a.夏季降温开放运行状态

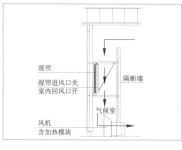
b.冬季加温封闭内循环状态

c.内循环通风口敞开（实景图）

图4 敞口屋面气候室

相比湿帘安装在温室墙面上的气候室，气候箱式气候室占地面积大，设备投资较高，单台设备故障会影响一跨温室内作物的供气，运行风险也较高。

（2）以热泵和制冷机调节空气温度的气候室　当温室的热源和冷源不是采用锅炉和湿帘，而是采用地源热泵或制冷机时，由于取消了墙面湿帘，大大简化了气候室的结构，使原来的大空间气候室演变成以管道为单元的气流混合与输送管（图6）。

这种结构将室外新风、室内回风以及加温、降温、CO_2配送等功能全部集中配套在一根送气管道上，用一块导流板或其他的风口控制阀来控制新风和回风进入主管，主管上连接空气过滤器、冷热交换器及CO_2配送管等，在风管与温室内作物栽培架下的均匀送风管道连接处安装送风风机。其中，冷热交换器可以是分体式串联或并联连接，也可以是一体化集成设备。当需要降温时停止供热，而需要加温时则停止供冷。无论是降温、加温期间还是CO_2配送期间，温室的屋面窗户和新风口都应处于关闭状态，以节约能源。只有当室外气温适宜，温室不需要强制加温和降温时，方可关闭室内回流口，打开室外新风口和屋面通风窗，依靠室外的自然环境进行温室的自然通风、降温并补充CO_2。这种结构完全取消了湿帘降温系统的气候室建筑结构，大大节省了温室建筑空间，增加了温室有效种植面积，提高了温室建设的土地利用率。但由于温室运行的加温、降温都需要开启热泵或制冷机，电能消耗量较大，也直接影响了温室的生产效益。

具体设计中应根据建设地区的气候条件和温室生产作物对环境的要求综合分析，统筹核算，以经济效益为中心，合理选择气候室的结构形式。

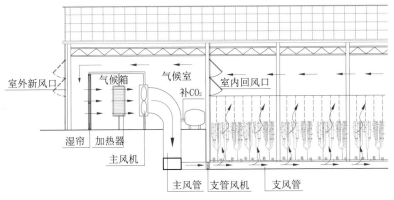

图 5 湿帘箱降温的气候室结构

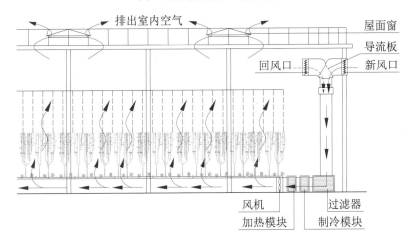

图 6 地源热泵和制冷机调节空气温度的气候室结构

2. 气候室设备配置

调节气候室空气环境的设备主要包括加温设备、降温设备和 CO_2 配送设备，更加精细的环境控制还包括除湿设备。将气候室调节混合后的空调气体输送到温室内作物生长区域，还需要配套送风风机和均匀送风管道。其中降温设备主要有湿帘和制冷机组及配套的冷交换器。

（1）加温设备 　加温设备是提高送风温度的热源。加温设备的热量可以是来自锅炉或其他换热设备的热水或蒸汽，也可以是直接用电对空气进行加温后的热风。

提高送风管内空气温度的方法有两种：一种是对气候室内空气进行整体加温，风机从气候室内抽取热空气送入作物区的均匀送风管道；另一种是在送风风机进气口前对吸入风机的空气进行局部加温。

气候室内空气整体加温的方法主要是在气候室内均匀布置光管散热器和圆翼散热器（图 7a），或布置其中一种，向其供应热水或蒸汽即可。对于送风风机前空气局部加温的方式，可同样采用热水或蒸汽，用供回水主管（图 7b）将热水或蒸汽输送到每个送风风机，在风机口增设换热盘管（图 7c），

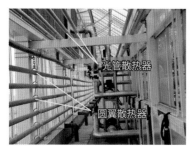
a.光管散热器和圆翼散热器

b.供回水主管

c.风机换热盘管

图 7　加热设备布置形式

a.设置在送风风机进气口

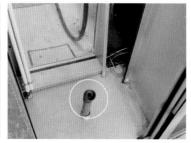
b.设置在相邻送风风机之间

c.并入送风风机出流中

图 8　CO_2 供气的方式

在气流进入风机的过程中与换热盘管进行热量交换，从而提高空气温度。同理，在风机进气口前加设电加热丝替代换热盘管，即可实现用电直接加热空气的目的。

比较两种加温的方式可以看出，风机送风口空气局部加温的换热效率高于气候室空间整体加温。从节能的角度出发，设计中应尽量采用风机进气口局部加温的方式。

(2) CO_2 供气管　CO_2 的供气碳源可以是天然气燃烧锅炉后经检验合格的烟道尾气，也可以是液态 CO_2 经汽化和调压后的纯 CO_2 气。气态 CO_2 经管道输送到气候室后，导入温室内送风管道的方式可以是置于送风风机的进气口，也可以置于送风风机的送风口。

对于湿帘安装在墙面上降温的气候室，CO_2 输送管往往是直接将 CO_2 供给到气候室内送风风机的进气口，可以在每台送风风机口设置 1 个 CO_2 送风管（图 8a），也可以在相邻 2 台送风风机之间设置 1 个 CO_2 送风管（图 8b），依靠送风风机进气口的负压，将 CO_2 吸入作物栽培架下的均匀送风管道。

对于湿帘箱降温的气候室，由于气候室内空间较大，可将 CO_2 缓冲罐一并布置于气候室中。从 CO_2 缓冲罐引出的 CO_2 气体可以直接注入送风风机的送风侧管道内，在送风管内与空调气体混合，再分送到作物栽培架下的均匀送风管道中。对于以热泵为冷热源的管道式气候室系统，可将 CO_2 输送管直接连接在送风主管上，随着空调混合气流一并送入均匀送风管道（图 8c）。

(3) 送风风机　送风风机是温室正压通风系统的动力源。其作用是将室外新风或温室内回风抽吸到气候室内，经过加温和降温设备调节后与配送的 CO_2 混合，统一输送到作物栽培区的均匀送风管道中。按功能要求，送风风机一般安装在均匀送风管道的起始进气端（图9a、b），其类型主要有仅送风的单机，以及将风机和冷热交换器集合为一体的复合机。

对于湿帘箱气候室的送风风机，一般是将送风风机安装在气候箱内，将气候箱内经过湿帘降温或加温管加温的调节气体抽出气候箱，在送风风机的出风口安装引风管，引风管再进行二次分流将混合调节的气体分送到作物种植区的均匀送风管道中（图9c）。

(4) 送风管　送风管是将气候室内经过调节混合后的空气均匀输送到作物生产区的气流输送管道。传统的送风管为帆布材料圆筒管道，在其表面的双侧开设出风小孔，使主送风管内的气流通过小孔射流溢出送风管。该射流气流具有一定初速度，在离开送风管进入温室后可冲击和扰动室内气流运动。

一般作物区的均匀送风管设置在作物栽培架的下方（图10a），气流自下而上运动扰动作物区内空气，可加速作物叶面蒸腾和CO_2吸收，也可促使温室内温度分布更均匀。若作物的种植方式不是吊架式栽培，而是地面土壤或基质栽培或移动苗床栽培（主要用于育苗、水培叶菜和盆花栽培等），均匀送风管道在地面没有安装空间时，也可将送风管布置在空中（图10b）。为了减少对作物的遮光，一般采用透光塑料膜制作送风管。

对于吊架高度小于送风管主管直径的种植模式，送风管不能直接设置在吊架下部时，也可以将主送风管埋设在地下，并用支管将主管气流引出地面，采用支管射流的方式将主管气流均匀释放到温室作物栽培区（图10c）。

a.热交换送风风机

b.通风送风风机

c.大功率送风风机

图9　送风风机的设置形式

a.作物栽培架下送风管

b.空中送风管

c.埋入地下的送风管

图10　送风管的设置形式

圆拱顶连栋塑料薄膜
温室屋面拱架结构形式

圆拱顶屋面是单栋塑料大棚和连栋塑料薄膜温室最常用的一种屋面形式。为了增大屋面坡度，尤其是屋脊部位的坡度（标准的圆拱顶屋面屋脊部位坡度为0°），以减少或避免屋脊部位室内结露水滴的滞留量（由于坡度小，即使使用流滴膜，这一区域的结露水滴也难以自流）、增强屋面排除雨水和积雪的能力，也有圆拱顶屋面塑料大棚和塑料薄膜温室采用对称或非对称半屋面结构在屋脊处形成对接或局部延伸加大屋脊处屋面坡度的做法，作为一种变形结构。此类温室屋面也可一并被归类到本文的圆拱顶屋面中。

支撑屋面透光覆盖材料并将屋面荷载传递到天沟或立柱上的结构构件总称为温室屋面拱架结构，简称拱架。由于温室跨度和屋面承载能力的不同，圆拱屋面温室的拱架结构有多种形式，归纳起来大体可分为5种类型：①仅有屋面拱杆没有其他任何腹杆的单拱杆拱架（无腹杆但带弦杆的结构也被划归在这类结构中）；②腹杆为竖向彼此平行（或虽不完全平行但在拱架内不交汇）的吊杆拱架；③竖向吊杆和倾斜腹杆间隔布置的吊杆加强拱架；④腹杆全部倾斜布置的腹杆拱架；⑤在以上4种拱架基础上的局部变形或衍生拱架*。本文汇集了笔者在走访考察中所看到过的各种类型拱架形式以及在温室结构中的布置方式和节点连接构造，可供温室设计人员结构选型和温室结构研究人员进行温室结构标准化研究时参考。

一、单拱杆拱架

单拱杆拱架，根据拱杆的截面尺寸和布置间距不同，可分为小截面密布和大截面疏布两种形式；根据拱杆两端的固定连接位置不同，可分为天沟侧板连接、天沟下柱顶横梁连接和天沟托架连接3种形式（图1）。

小截面密布的拱杆可直接采用相应跨度塑料大棚的拱杆，拱杆直径Φ22~32mm、间距0.75~1.0m，两端可直接固定在承重天沟的侧板上（图1a），但也有的温室天沟采用非承重构件（天沟只承担屋面排水和固定屋面塑料薄膜的功能），这种情况下需要在天沟下沿天沟方向设置一道连接温室立柱柱顶的纵向水平承重连系梁，屋面拱杆也将自然地连接到该承重连系梁上（图1b），该承

---

*由于没有规范的命名方法，本文根据作者自己的理解对各种结构形式进行了划分、命名和定义，以方便本文的表述，不妥之处请广大读者提出建议，共同商讨，以便能在行业中达成共识，方便大家共同交流。

a.拱杆连接到温室天沟侧板

b.拱杆连接到柱顶横梁

c.拱杆连接到柱顶天沟托架

图1 单拱杆拱架

重连系梁可以是圆管、方管、槽钢等不同规格的型材，可根据结构的承载要求确定。小截面密布的拱杆布置位置，一种是立柱位置处的拱杆与立柱对应，其他拱杆均匀布置于温室开间内；另一种是全部拱杆均匀布置，与立柱没有对应关系。这种结构温室屋面荷载完全通过天沟或柱顶纵向承重连系梁传递到温室立柱。

大截面疏布的拱杆，由于拱杆端部传递荷载大，直接固定在承力天沟的侧板上可能会造成天沟的局部变形甚至过载，所以屋面拱杆直接固定在天沟托架上并通过天沟托架将拱杆端部的内力传递到温室立柱（图1c）。这种屋面拱杆的布置位置有两种方式：一种是拱杆与立柱一一对应，拱杆间距即温室开间的距离；另一种是拱杆间距为开间距离的1/2或1/3，在立柱位置拱杆通过天沟托架与立柱相连，不在立柱位置的拱杆也用与立柱处同样的天沟托架将拱杆通过天沟托架连接到天沟上。这种连接方式虽然也是将拱杆直接连接在天沟上，但与直接连接在天沟侧板的小截面密布拱杆的情况相比，其向天沟传力的承力面大，一般不会造成天沟侧板局部变形或过载。

为了减小拱杆两端对承力天沟侧壁和温室立柱柱顶的推力，增强温室结构的整体承载能力，单拱杆拱架可在拱杆上设置水平拉杆或在柱顶设置水平弦杆（图2）。前者是在屋面拱杆上距离屋脊1/3左右拱杆矢高位置（图2a）或靠近拱杆端部设置水平拉杆，可直接减小拱杆自身的内力以及两端对天沟侧板或柱顶的推力；后者在温室天沟下靠近柱顶位置设置沿温室跨度方向的水平拉杆（图2b），可直

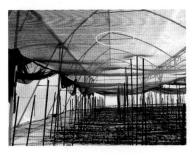
a.在拱杆上设水平弦杆

b.在柱顶设水平弦杆

图2 带水平拉杆（弦杆）的单拱杆拱架

图3 独立设置立柱和水平弦杆的
单拱杆拱架结构

接平衡屋面拱杆对温室立柱柱顶的推力，其作用的效果以及对温室结构承载能力的提升都比在温室屋面拱杆上设置水平拉杆的作用效果更强，而且该水平弦杆还可用于室内种植作物和设备的吊挂以及室内遮阳／保温幕拉幕系统的固定，更拓展了其功能和用途。严格讲，这种水平拉杆因为不是直接连接在屋面拱杆上，所以不应被划归为屋面拱架的构件，但为方便表述，本文也将这种水平构件统一划归到温室屋面拱架的构件中。在屋面拱架上同时设置拱杆水平拉杆和柱顶水平弦杆也是工程设计中的一种选择，不仅能够减小屋面拱杆自身的内力，提高拱架的整体承载能力，而且还能为作物和设备吊挂以及遮阳／拉幕系统提供有效的支撑结构。

单拱杆拱架结构构件少、安装速度快、屋面构件遮光少、室内空间开阔，但没有柱顶水平弦杆的单拱杆拱架不方便室内作物吊挂，室内遮阳／保温幕安装也没有依靠的结构，栽培高秧作物和安装室内遮阳／保温幕的温室还需要另外配置支撑结构（图3），因此，这种温室结构更适合于种植非吊挂的盆栽作物以及非吊蔓的低矮作物。当然，作物的吊挂若采用直接支撑在地面的支架支撑，则这种形式的结构将不受种植作物的限制。

上述单拱杆拱架都是基于标准的单立柱温室而言的，实践中还有一种互插双立柱结构温室形式（图4a）。从形式上看，这种温室好似两栋独立的塑料大棚通过相邻侧墙立柱的交叉固定并附加天沟后形成的连栋温室；从承力结构看，这种连栋温室的拱架也正是将塑料大棚的单管结构完全移植而来，自然形成了本文中的单拱杆拱架结构（图4b）。这种结构拱杆与立柱为一体结构，因此，拱杆与立柱自然也将是一一对应关系，天沟可以是非承重构件。为了增强温室的整体承载能力，有的设计还在其中的一些温室屋面拱杆上增设了水平拉杆和吊杆（图4c），形成了主副拱架布置形式，增设的拱杆水平拉杆自然也可成为温室作物吊挂或安装遮阳／保温幕系统的支撑构件。

a.互插立柱　　　　　　　　b.标准的单管拱架　　　　　　c.局部加强的主副单管拱架

图4 互插立柱单管拱架结构

二、吊杆拱架

吊杆拱架的特征是在屋面拱杆和拱架弦杆（柱顶拉杆）之间设置竖直的拱架腹杆（称为吊杆），以增加屋面拱杆的支撑点，缩短构件净跨间距，减小其平面内的计算长细比，提高屋面拱架的承载能力。

根据每跨拱架设置的吊杆数，可将吊杆拱架分为单吊杆拱架、双吊杆拱架和三吊杆拱架（圆拱屋面连栋塑料薄膜温室中几乎没有采用三根以上吊杆的拱架）；根据吊杆与弦杆的垂直度不同或者吊杆之间的平行度不同，又区分为平行吊杆和非平行吊杆两种拱架形式（图5、图6）。

单吊杆一般设置在拱架的跨中，上端连接到屋面拱杆的脊部，下端连接到拱架弦杆的跨中，形成垂直弦杆的中心吊杆。

双吊杆拱架，吊杆与屋面拱杆的连接端一般设置在屋面拱杆半跨的中部或尽量与屋面拱杆上纵向系杆所在位置以及屋面窗口的上沿（天沟侧卷膜通风开窗系统）或下沿（屋脊齿条开窗系统）支撑杆相结合；与拱架弦杆的连接部位平行吊杆拱架和非平行吊杆拱架则有所不同，前者位于距离天沟1/4弦杆长度的位置，后者则在超过距离天沟1/4弦杆长度的位置（尽量使弦杆3等分），两根吊杆形成向上开口的"八"字形结构（图6a）。

三吊杆拱架，实际上是单吊杆拱架和双吊杆拱架的结合，中吊杆设置位置同单吊杆，而中吊杆两侧的两根侧吊杆设置位置基本与双吊杆拱架吊杆的设置方法相同，也有平行吊杆（三根吊杆全部平行，如图5c）和非平行吊杆（中心吊杆两侧吊杆相互呈倒"八"字形结构，图6b）之分。

a.单吊杆 b.双吊杆 c.三吊杆

图5 平行吊杆拱架

a.双吊杆 b.三吊杆

图6 非平行吊杆拱架

三、吊杆加强拱架

吊杆加强型拱架，就是在单吊杆、双吊杆或三吊杆拱架的基础上，增加倾斜布置的腹杆而形成的屋面拱架。对应单吊杆、双吊杆和三吊杆拱架，其加强型拱架分别称为单吊杆加强拱架、双吊杆加强拱架和三吊杆加强拱架。

单吊杆加强拱架，根据倾斜腹杆的数量和布置形式，可进一步分为 V 形腹杆加强拱架、倒 W 形腹杆加强拱架和以中心吊杆为对称的双"之"字形加强拱架（图 7）。单吊杆加强拱架的吊杆与单吊杆拱架相同，也是布置在拱架的中部，而倾斜腹杆则对称布置于吊杆的两侧，其中 V 形腹杆和倒 W 形腹杆布置是将屋面拱杆分为 4 等分（与屋面拱杆纵向连系梁或屋面开窗支撑梁相结合时可以不完全等分，下同），而倒 W 形腹杆和双"之"字形腹杆布置则是将拱架弦杆分为 4 等分，双"之"字形腹杆布置对屋面拱杆则分为了 6 等分。

双吊杆加强拱架，在具体生产中应用较少，变形也不多。笔者曾见到过一种在双吊杆之间增设 W 形腹杆的双吊杆加强拱架（图 8）。这种结构将屋面拱杆分为了 4 等分，将拱架弦杆分为 5 等分，使弦杆的内力分布更均匀。

三吊杆加强拱架，倾斜腹杆的布置形式主要有正 V 形和倒 V 形两种（图 9a、b），其共同的特点是两倾斜腹杆的两端与相邻竖直吊杆的一端（上端或下端）交汇连接。这种结构传力清晰，屋面拱杆内部产生的弯矩最小，基本不会出现次应力，是生产应用中普遍采用的一种结构形式。

a.V形腹杆加强拱架

b.倒W形腹杆加强拱架

c.双"之"字形腹杆加强拱架

图 7 单吊杆加强拱架

图 8 双吊杆加强拱架

但如果温室屋面上纵向系杆和屋面开窗的窗框支撑梁数量较多（屋面双侧开窗），为了能将纵向系杆或窗框支撑梁的荷载直接传递到屋面拱架中，避免在屋面拱杆上形成局部集中荷载，有的设计采用一种变形的V形腹杆布置方式，即减小V形的开口，将倾斜腹杆和竖直吊杆在屋面拱杆上分别连接到屋面系杆或窗框支撑梁与屋面拱杆的交汇点上，倾斜腹杆和竖直吊杆不再交汇连接在一点（图9c）。这种连接方法减小了屋面拱杆的净跨，也避免了屋面拱杆上的集中荷载，对提高屋面拱杆的承载能力具有积极的作用。

a.正V形腹杆加强拱架

b.倒V形腹杆加强拱架

c.变异正V形腹杆加强拱架

图9 三吊杆加强拱架

四、腹杆拱架

腹杆拱架，就是拱架内所有的腹杆与拱架弦杆都形成一定的角度，也就是说所有腹杆都倾斜布置且首尾相连。

按照腹杆布置的数量和形式，腹杆拱架可分为V形腹杆拱架、W形腹杆拱架、对称双"之"字形腹杆拱架和对称倒双"之"字形腹杆拱架（图10）。腹杆与弦杆之间的倾斜角度一般为45°，但根据拱架跨度和矢高不同，倾斜角可在30°~60°之间变化。

从屋脊节点看，腹杆拱架有两种形式：一种是腹杆在屋脊处有交汇点；另一种是腹杆在屋脊处没有交汇点。腹杆与屋脊交汇，还可进一步与屋脊梁相连，更有利于温室屋脊窗的设置。拱架跨度大，屋面拱杆上布置的纵向系杆或窗框支撑梁多时，多采用双"之"字形腹杆结构。

a.V形腹杆

b.W形腹杆

c.双"之"字形腹杆

d.倒双"之"字形腹杆

图10 腹杆拱架

五、两种特殊变异结构

以上述四种典型的拱架结构为基础，实践中还发展出一些衍生的变异结构。

1. 弦杆移位结构

一种变异结构是将传统安装在温室柱顶的拱架弦杆上移（高度在拱架矢高的一半左右位置），直接连接到屋面拱杆上（图11）。这种结构对消除屋面拱杆对温室柱顶的推力具有非常积极的效果，也能明显提高温室的室内净空高度，但会给室内遮阳／保温幕的安装带来一定的困难。也有的设计将拱架弦杆下移，安装在距离温室柱顶下部一定距离的立柱上（图2b），这种设计主要出现在单拱杆拱架结构中，立柱与弦杆实际上形成了门式钢架承力结构，为屋面拱杆形成了不动基础支座。

图11 弦杆上移结构

2. 立柱斜撑结构

另一种变异结构是在立柱与拱架弦杆间增设短斜撑，称为立柱斜撑。根据立柱斜撑在拱架弦杆上的连接部位不同以及拱架弦杆在拱架或立柱上的安装位置差异，立柱斜撑也有不同的连接方式（图12）。对于弦杆连接在柱顶的标准型拱架，立柱斜撑应尽量与拱架最外侧腹杆（包括吊杆或倾斜腹杆）

a.与拱架弦杆和腹杆交汇连接　　　　b.与下移弦杆单独连接　　　　c.与上移弦杆端部连接

图12 立柱斜撑与拱架弦杆的几种连接形式

连接在同一位置（图 12a），避免二者错位连接，以便拱架内力能直接传递到温室立柱。对弦杆上移的拱架，立柱斜撑应连接到弦杆的端部，尽量减小弦杆对屋面拱杆的局部内力（图 12c）；对弦杆下移的拱架，立柱斜撑的作用主要是连接立柱与弦杆使其形成力学计算模型中的固结连接，所以不论与立柱的连接节点还是与弦杆的连接节点都应该做成固结连接构造（图 12b）。

六、平面拱架的空间布置与连接

1. 平面拱架的空间布置

平面拱架在温室屋面上有两种布置方式：一种是屋面拱架全部采用同一规格型号，等间距均匀布置；另一种是屋面拱架采用两种不同规格的拱架，在立柱对应位置安装承载能力较强的拱架（称为主拱），在相邻立柱（主拱）间布置承载能力较弱的拱架（称为副拱），整体上形成主副拱结构体系（图 13a）。主拱之间可以布置 1 道副拱，也可以布置 2 道或 3 道副拱，主要根据温室开间尺寸和副拱的承载能力确定。平面结构力学计算模型中一般不考虑副拱的承力，而只验算主拱的承载强度，副拱主要起支撑塑料薄膜的作用，其结构强度可按单拱结构进行局部强度验算。空间结构力学计算模型中应将副拱作为重要的承重构件参与结构整体承载。实践中也有屋面拱架结构完全相同，但立柱斜撑间隔布置的情况（图 13c），严格意义上讲也是一种主副拱结构。

a.不同拱架结构间隔布置的主副拱结构　　b.圆拱桁架代替单管的主副拱结构　　c.立柱斜撑间隔布置的主副拱结构

图 13　平面拱架主副拱架的空间布置形式

2. 平面拱架的空间连接

平面拱架只有相互连接在一起形成空间体系，才能承载来自温室内部和外部各个方向和各种形式的外力。从平面拱架的空间连接形式看，不同位置的拱架有不同的连接要求。所有的温室屋面拱架都必须用屋面拱杆纵向系杆连接；温室边跨拱架（一般要延伸到边跨若干拱架）除了屋面拱杆纵向系杆连接外，尚应增加屋面拱杆斜撑连接，包括屋面拱杆斜撑和拱架间空间斜撑；在大风地区的温室，内部拱架还需附加平面拱架间的空间斜撑连接。

屋面拱杆纵向系杆连接的方法是在温室屋面拱杆上设置沿温室开间方向通长的纵向系杆，将全部屋面拱架串联在一起，系杆之间相互平行不交叉。为取材方便和便于连接，纵向系杆多为圆管。为不影响屋面塑料薄膜的铺设和压紧、不阻挡温室屋面顺畅排水，一般屋面纵向系杆总是布置在屋面拱杆的下部，而且最好能在塑料薄膜压深较深的位置将纵向系杆离开屋面拱杆一定距离通过连杆与屋面拱杆相连接。纵向系杆的布置位置应根据温室的跨度确定，间距一般不大于2m，并尽量与拱架腹杆在屋面拱杆上的连接点以及屋面开窗窗口的上沿或下沿窗框位置相结合。需要指出的是结构设计中不能用屋面拱杆上的固膜卡槽代替屋面拱杆纵向系杆，因为卡槽的连接和自身强度远较以圆管为代表的纵向系杆的强度低。

边跨拱架屋面拱杆斜撑一般设置2道，从边跨拱架屋脊部位（或离开屋脊一定距离）开始向温室屋面两侧紧邻边跨的3~5个开间拱架的屋面拱杆倾斜延伸，形成温室屋面上的"八"字形布局，保证排架结构的屋面拱架不发生侧向倾覆。

对于风荷载比较大的地区，为加强屋面拱架之间的连接和传力，除了设置上述屋面拱杆纵向系杆和边跨屋面拱杆斜撑连接外，还应在相邻平面拱架间设置从一榀拱架屋面拱杆到另一榀拱架弦杆之间的空间斜撑（图14）。根据空间斜撑在每跨拱架内布置的排数，可分为单排斜撑、双排斜撑和三排斜撑，一般单排斜撑位于拱架的跨中（图14a），双排斜撑位于距离天沟1/4拱架跨度的布置（图14b），三排斜撑则是单排斜撑和双排斜撑的结合。根据空间斜撑在温室开间方向与屋面拱杆的连接方式不同，空间斜撑又分为连接到屋面拱杆和不连接屋面拱杆（连接到支撑屋面拱杆的纵向系杆上，图14c）两种情况，其中连接到屋面拱杆的斜撑又分为相邻斜撑相互交汇（图14a）和相邻斜撑在屋面拱杆不交汇（图14b）两种情况。

温室边跨拱架与温室内部紧邻边跨拱架若干拱架（多为紧邻的第1跨，也有延伸到第3~5跨的案例）之间空间斜撑的设置，笔者曾在《温室工程实用创新技术集锦2》中做过专题总结，这里不多赘述。

a.相邻斜撑在屋面拱杆交汇相接　　b.相邻斜撑不交汇连接屋面拱杆　　c.斜撑不与屋面拱杆连接

图14 空间斜撑的布置形式

七、杆件连接节点

拱架上各杆件的连接节点包括屋面拱杆与腹杆的连接、弦杆与腹杆的连接、屋面拱杆与天沟侧板的连接、屋面拱杆与纵向系杆的连接，以及天沟托架与天沟、屋面拱杆、立柱、弦杆之间的连接。

1. 屋面拱杆与腹杆的连接

屋面拱杆与腹杆（包括吊杆和倾斜腹杆）的连接方式大体可以分为抱箍连接、抱盒连接和套管连接3类（图15）。每个连接点可以只连接一根腹杆，也可以连接多根腹杆。

抱箍连接是将一条钢带板制成一个底部为圆环的"长嘴"开口卡，底部圆环的内径与拱杆外径相匹配，底部圆环套在拱杆上，形成对拱杆的连接，伸出的"长嘴"夹住腹杆端头后用螺栓固定，即形成拱杆与腹杆的牢固连接。这种连接方式的最大特点是一个连接件可以连接多根腹杆（图15a2），结构简单、用材省、通用性强；但这种连接需要将腹杆的端头压平，在腹杆加工程序上需要增加一道工序，相应也增加了腹杆的制造成本。为此，后续改进的无论是抱盒连接还是套管连接，都在努力减少或完全省去对腹杆端头压平的工序。

抱盒连接是将抱盒套到拱杆上，将腹杆端头直接插入抱盒的凹槽中。用螺栓将抱盒和腹杆连接固定即实现对拱杆与腹杆的牢固连接。无论连接单根腹杆还是多根腹杆，都完全消除了对腹杆端头加工的要求（图15b），而且在套盒背部附加"耳环"（图15b2），还可将屋面拱杆的纵向连接系杆（屋脊梁）也一同连接在一个节点，更节省了屋面拱杆连接构件。在一个节点连接多根腹杆，只要改变套管的长度和在套管上开设螺栓孔的数量即可适应不同数量的腹杆连接。

套管连接，如果连接多根腹杆时全部用套管连接，则连接件的加工工序多，制造成本高，而且

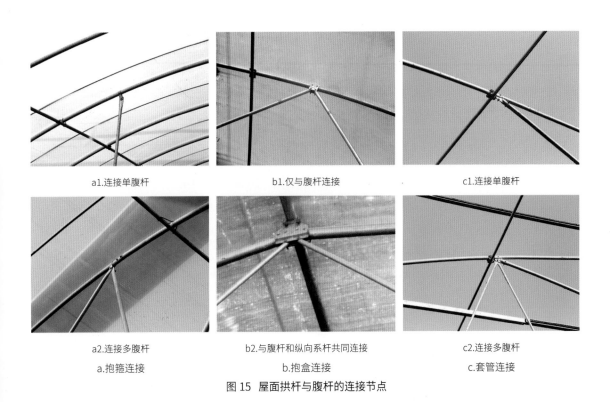

| a1.连接单腹杆 | b1.仅与腹杆连接 | c1.连接单腹杆 |

| a2.连接多腹杆 | b2.与腹杆和纵向系杆共同连接 | c2.连接多腹杆 |
| a.抱箍连接 | b.抱盒连接 | c.套管连接 |

图15 屋面拱杆与腹杆的连接节点

连接件的体积也大，为此，对连接多根腹杆的套管连接件只保留一根腹杆用套管连接，其他腹杆仍然采用端部压平后与套管"耳朵"对接再用螺栓固定的办法连接（图15c2）。

2. 弦杆与腹杆的连接

弦杆与腹杆的连接形式基本和屋面拱杆与腹杆的连接形式相同，实践中主要采用抱箍和抱盒的连接方式（图16），不仅适用于单根腹杆的连接，而且也适用于多根腹杆的连接。

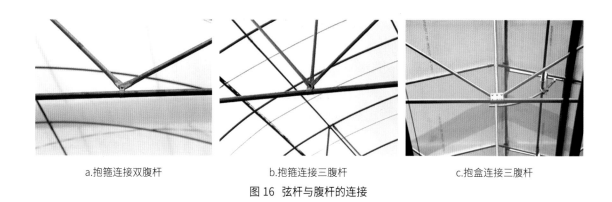

a.抱箍连接双腹杆　　　　　　　b.抱箍连接三腹杆　　　　　　　c.抱盒连接三腹杆

图16 弦杆与腹杆的连接

3. 屋面拱杆与天沟侧板的连接

屋面拱杆与天沟侧板直接连接大体有3种方法：一是用Ω抱箍；二是用U形螺栓；三是用套管。其中Ω抱箍是最常用，也最经济的一种连接方式。

Ω抱箍实际是上述连接拱杆与腹杆的"长嘴"开口卡抱箍的一种变形，只要将其"长嘴"的两个边向外折90°即可，加工方便，用材节省。抱箍的圆环部位紧抱屋面拱杆，两边侧翼紧贴天沟侧板并通过螺栓连接。为保证屋面拱杆在抱箍中不出现滑动，一种做法是在抱箍的圆环背部附加一个自攻自钻螺钉，将抱箍与屋面拱杆牢固固定；另一种做法是在天沟的侧板加工一个折弯，屋面拱杆的端头正好对位到天沟侧板的折弯边，形成对屋面拱杆的支点或端头封堵（图17a）。

U形螺栓固定天沟侧板与拱杆端头的方法是用U形螺栓紧抱拱杆后穿过天沟侧板，在天沟槽(天沟板的外侧)内配套垫片和螺母，拧紧螺母即实现二者的牢固固定。为了增强连接的牢固和可靠性，每个连接节点采用2套U形螺栓固定（图17b）。

套管连接是一种专用的连接件（图17c）。屋面拱杆插入圆管插座内，用自攻螺钉固定。圆管插座的两侧伸出两翼与天沟侧板紧贴，并用螺栓将其与天沟侧板相连。这种连接方法，连接牢固、连接件专用。

4. 弦杆与立柱的连接

弦杆与立柱单独的连接方式大都采用抱箍的连接方法（图17）。根据立柱的截面形状，抱箍可以是圆环抱箍（图 17a），也可以是折板抱箍（图 17b）。根据连接点弦杆端头是否压平，也分为压平连接（主要配套圆环抱箍）和不压平连接（主要配套折板抱箍）两种方式。折板抱箍连接，节省加工成本，可以保持弦杆的截面特性不变，但抱箍的加工成本较圆环抱箍高，而且通用性差。

| a.抱箍连接 | b.U形螺栓连接 | c.插管座连接 |

图 17　拱杆与天沟侧壁以及弦杆与立柱的连接节点

5. 屋面拱杆与纵向系杆的连接

拱杆与纵向系杆的连接方式从两者的空间位置分有紧贴交叉连接和分离交叉连接两种方式。前者大都采用塑料大棚拱杆与纵向系杆连接的标准连接件，包括弹簧卡丝连接件（图 18a）和抱箍与U 形螺栓结合的组合连接件（图 18b）；后者则设计了一种立体连接卡，将两个方向相互垂直的卡扣通过连杆连接在一起，两个不同方向的卡扣分别抱卡屋面拱杆和纵向系杆，将两者固定在一起（图 18c），并通过更换不同连杆长度连接扣的卡件或用螺杆作连杆，通过调节螺杆上丝扣的距离来调节两卡扣之间的间距，从而实现拱杆和纵向系杆不同位置两者之间距离的控制。

上述屋面拱架各构件之间的连接都是两种类型构件之间的连接（拱杆与腹杆、弦杆与腹杆、拱杆与天沟、弦杆与立柱），但在具体实践中为增强连接节点的强度和连接的可靠性，经常采用天沟托架连接件，将天沟、屋面拱杆、弦杆和立柱集中连接在一个节点。

  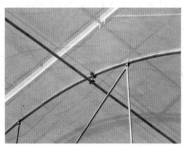

| a.用弹簧卡丝连接 | b.用抱箍和U形螺栓连接 | c.用专用螺杆分离十字卡连接 |

图 18　拱杆与纵向系杆的连接

锯齿形连栋塑料薄膜温室屋面结构与开窗形式

塑料薄膜温室是连栋温室中应用面积最大的一种温室形式。连栋塑料薄膜温室，从屋面形状看，可分为圆拱形塑料薄膜温室、锯齿形塑料薄膜温室和尖顶形塑料薄膜温室三种。其中尖顶形塑料薄膜温室，如同硬质板玻璃温室和PC板温室一样，屋面为倾斜的平面（锯齿屋面温室中也有类似的倾斜平面锯齿结构，但覆盖材料多为硬质板材），覆盖屋面的塑料薄膜主要依靠四周和内部的卡槽／卡簧固定。这种固膜方式由于塑料薄膜的热胀能力较强，夏季屋面塑料薄膜受热后很容易伸长而变松弛，在大风作用下塑料薄膜会发生振动并拍打屋面构件，造成塑料薄膜破损或降低其使用寿命。此外，松弛的塑料薄膜也容易在室外降雨时在屋面上形成水兜，不仅增大温室结构的承重荷载，严重的甚至会引起温室结构倒塌，而且水兜处的塑料薄膜由于发生塑性变形也将失去其作为温室采光和围护的功能。

因此，从方便固紧塑料薄膜和延长塑料薄膜使用寿命的角度出发，目前国内外大多数塑料薄膜温室采用拱屋面结构（包括圆拱屋面和锯齿屋面），用压膜线结合卡槽／卡簧固定屋面塑料薄膜。采用压膜线可根据塑料薄膜的松弛程度随时调整其张紧度，保证塑料薄膜始终处于张紧状态。从温室自然通风的能力看，相同屋脊高度条件下，锯齿形温室屋面通风口的位置比圆拱屋面温室更高，所以热压作用下自然通风的能力更强。由此，锯齿形温室在中国南方地区的自然通风温室中被大量应用。本文就目前国内锯齿形圆拱屋面温室的建筑结构形式和窗口开启方式及其配套开窗设备做一总结和梳理，供相关工程设计人员研究和参考。

一、锯齿形连栋塑料薄膜温室的屋面建筑形式

锯齿形圆拱屋面温室是因圆拱屋面温室上开设竖直的通风口而使温室屋面从外形上看好似锯齿而得名。锯齿口即温室屋面的通风口。从锯齿口所处的位置看，锯齿形温室的屋面有屋顶锯齿和天沟锯齿之分，前者锯齿口开设在温室跨内屋面上（图1），后者锯齿口则开设在温室天沟侧（图2）。为方便表述，本文将锯齿口开设在温室跨内屋面上的温室称为顶锯齿屋面温室；锯齿口开设在温室天沟侧的温室称为侧锯齿屋面温室。

顶锯齿屋面温室根据锯齿口在温室跨内的位置或者锯齿口两侧屋面拱杆的长度不同，又分为长顶锯齿屋面温室、短顶锯齿屋面温室和中顶锯齿屋面温室（以锯齿口上部拱杆长短划分），为简化称谓，笔者将其分别命名为长锯齿温室（图1a）、短锯齿温室（图1b）和中锯齿温室（图1c）。在通风口高度相同的条件下，由于中锯齿温室锯齿口两侧室内空气的流程相同，而长锯齿和短锯齿温室锯齿口两侧室内空气流程总有一侧长而另一侧短，因此中锯齿温室内的温度更均匀。长锯齿温室和

a.长锯齿温室　　　　　　　　　　b.短锯齿温室　　　　　　　　　　c.中锯齿温室

图1　屋顶锯齿温室的形式

a.单锯齿温室　　　　　　　　　　　　　　b. 双锯齿温室

图2　天沟侧锯齿温室的形式

短锯齿温室相比，因为长锯齿温室锯齿口下室内面积大，相应通过锯齿口顺流排除的热空气多，通风的效果应比短锯齿温室的更好。

　　侧锯齿屋面温室根据每跨锯齿屋面（或锯齿口）的数量可分为全屋面锯齿温室（也称为单屋面锯齿温室，图2a）、双屋面锯齿温室（图2b）和三屋面锯齿温室，分别简化命名为单锯齿温室、双锯齿温室和三锯齿温室。其中，双锯齿温室和三锯齿温室从结构上多借鉴文洛型温室的桁架梁结构，每跨桁架梁上可支撑2个或3个，甚至4个小屋顶。相比单锯齿温室，文洛结构的单跨多屋顶温室可在保持天沟高度不变的条件下使温室的屋脊高度大大降低，从而显著提高温室的整体抗风能力。此外，由于通风口数量增加（总通风口面积增大），通风口的分布也更均匀，温室内温光环境也随之更加均匀，这种温室尤其适合于温室育苗和花卉种植。

　　按照热压通风设计理论，决定温室热压通风量大小的因素包括：一是通风口的位置，位置越高，通风量越大；二是通风口的大小，通风口越大，通风量越大；三是通风口的孔口阻力。在相同屋脊高度的条件下，天沟侧锯齿的开口面积一般总是大于屋顶锯齿口面积，所以，天沟侧锯齿温室的通风量应大于屋顶锯齿温室的通风量。但与屋顶锯齿温室相比，天沟侧锯齿温室室内气流流程长，室内温度分布均匀性相对差，而且大锯齿口温室的抗风能力也相应降低，因此生产实践中大多采用屋顶锯齿形温室，只有在要求通风量大的热带地区才采用天沟侧锯齿温室。

　　锯齿屋面温室夏季运行大部分时间通风口处于常开状态。当室外降雨期间遇到朝向通风口方向的风时，雨水很容易飘进温室。为了解决这一问题，有的温室设计者在通风口的上沿增设了一道沿温室屋脊方向通长的用透光塑料薄膜覆盖的雨棚（图3）。该防雨棚可有效防止雨水飘入温室，但在大风天气条件下，从结构上挑出的雨棚易被大风折断，即使雨棚构件的强度足够，通过雨棚传递到温室屋面拱杆的内力也较大，因此，在大风地区应尽量不用这种雨棚，而应密封温室通风口，保证温室的结构安全。

图3 屋面窗口防雨棚的做法

二、锯齿形连栋塑料薄膜温室的屋面结构形式

1.屋顶锯齿形连栋塑料薄膜温室的屋面结构形式

从结构上看，形成屋顶锯齿通风口的方式大体有三种：双侧屋面拱杆交叉连接（图4a）、双侧屋面错位连接（图4b）和在传统圆拱屋面上独立设置通风窗（图4c）。

（1）圆拱屋面上独立窗温室结构　在传统圆拱屋面上独立设置通风口的锯齿温室，可直接利用圆拱屋面温室的屋面结构，在其中一侧屋面拱杆上连接通风口拱杆，另一侧屋面拱杆上连接通

a.双侧屋面交叉形成　　　　　　b.双侧屋面错位形成　　　　　　c.圆拱屋面上单独设置

图4 屋顶锯齿口在温室结构上的构建形式

风口立杆，通风口拱杆和立杆在屋脊处交汇（带雨棚的通风口，通风口拱杆尚需继续延伸挑出通风口立杆），即形成以通风口立杆长度为高度的温室屋顶锯齿通风口（图4c）。这种通风口形式可在已有圆拱屋面温室结构上直接改装而成，无需另行结构设计和构件加工，即使是已经使用的圆拱屋面温室，也可很方便地改造成为锯齿形屋面温室。温室结构构件加工设备的通用性强，相应温室结构的造价也低。

（2）**双侧屋面交叉连接的锯齿屋面温室结构**　这种温室结构是在温室屋面一侧拱杆（称为屋脊拱杆）的中上部连接另一侧屋面拱杆（非屋脊拱杆）的端部后继续延伸，并在其端部形成温室屋脊，在温室屋脊拱杆的屋脊端连接锯齿通风口立杆的上端，立杆的下端连接到非屋脊面拱杆上，形成屋面锯齿通风口并支撑屋脊拱杆。这种温室结构屋面双侧拱杆的长度多不同，弧度或相同或不同。弧度相同时，双侧拱杆交叉在温室跨中（图5a），屋脊拱杆长度长，非屋脊拱杆长度短，从外形上看，这种温室屋面基本和圆拱屋面上独立设置通风口的锯齿形式完全相同。弧度不同时，双侧拱杆偏离温室跨中位置交叉（图5b），屋脊拱杆或长于非屋脊拱杆，或短于非屋脊拱杆，也或二者等长。

屋面双侧拱杆弧度不同温室的锯齿口高度一般比屋面双侧拱杆弧度相同温室的锯齿口高度高，由此，其热压自然通风的能力也更强，但由于非屋脊拱杆的弧度小，在外力作用下拱杆承受的弯矩相对较大，因此相同规格的温室，屋面拱杆的截面尺寸必然增大，温室结构的用材增多，造价也将相应提高。

a.屋面双侧拱杆在温室跨中交叉　　　　　　　　　b.屋面双侧拱杆偏离温室跨中交叉

图5　双侧屋面交叉连接形成屋顶锯齿口温室的屋架结构

（3）**双侧屋面错位连接的锯齿屋面温室结构**　这种温室结构锯齿口的形成有两种方式：一种是在温室屋面拱架的弦杆上设置竖直支撑杆，屋面两侧拱杆的端头高低错位连接到该竖直支撑杆上（图6a）；另一种是在温室内设立柱，屋面两侧的拱杆端头高低错位连接到室内立柱上（图6b）。两侧屋面的错位高度即锯齿屋面的通风口高度。这种温室的通风口一般设置在温室的跨中，通风口两侧屋面拱杆的跨度相同，但长度和弧度均不同。

a.弦杆上设中心支杆支撑　　　　　　　　　b.立柱支撑

图6　双侧屋面错位连接形成屋顶锯齿口温室的结构形式　　　　图7　天沟侧锯齿屋面温室结构形式

2.天沟侧锯齿形连栋塑料薄膜温室的屋面结构形式

天沟侧锯齿屋面温室，每个屋面只有一根屋面拱杆，一端支撑在天沟上（或通过天沟托架支撑在立柱上），另一端则支撑在温室立柱（或从天沟边升起的短立柱）的顶端。立柱顶端既是温室的屋脊点，又是锯齿通风口的上沿，通风口的下沿为天沟上沿。相比圆拱屋面温室和屋顶锯齿温室，天沟侧锯齿温室屋面拱杆的跨度较大（尤其是单锯齿温室）。为了增强温室屋面结构的强度，一般在锯齿开口侧天沟下立柱上附加一道斜撑，支撑到屋面拱杆的中上部（图7）。当然在温室立柱的顶端增设弦杆，在弦杆上附加屋面拱杆的竖向吊杆或倾斜腹杆，也都是提高温室屋面结构整体强度的有效方法。

三、锯齿形连栋塑料薄膜温室的屋面开窗方式

1.锯齿形连栋塑料薄膜温室屋面开窗设备

锯齿形连栋塑料薄膜温室，覆盖锯齿通风口的材料一般也是塑料薄膜，所以启闭通风口大都采用卷膜的方法。由此，塑料大棚和圆拱屋面塑料薄膜温室用于卷膜开窗的所有设备均可适用于锯齿形连栋塑料薄膜温室通风口的启闭，如链轮式手动开窗机（图8a）、涡轮式手动开窗机（图8b）、摆臂式电动卷膜器（图8c）和滑杆式电动卷膜器（图8d）。

塑料大棚和圆拱屋面连栋塑料薄膜温室的屋面为弧形，相应屋面通风口也是弧形，而锯齿屋面温室的通风口是竖直的，为此，启闭锯齿屋面通风口对设备的自锁功能要求更强。事实上，在连栋塑料薄膜温室立墙上所用的卷膜开窗方式完全可以移植使用到锯齿屋面温室通风口的控制，只是由于后者窗口的位置较高，手动卷膜开窗需要长的导链或臂杆（图8a、b），也正是由于其窗口位置较高，生产实践中更多采用电动卷膜的方式（图8c、d），其中尤以摆臂式电动卷膜开窗应用更广。

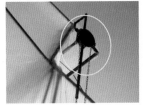
a.链轮手动开窗

b. 长臂涡轮手动开窗

c.摆臂电动开窗

d.滑杆电动开窗

图8 锯齿形连栋塑料薄膜温室屋面开窗设备主要类型

2.摆臂式电动开窗摆臂杆的设置位置

摆臂式电动卷膜开窗，单机控制卷膜轴的长度可达到60~80m，一般温室一侧设置卷膜器即可实现对整个屋面长度上通风口的控制。对于长度超过100m的温室，也可以在温室两侧山墙分别设置卷膜器，控制通风口的启闭。

摆臂杆，实际上是由两根管组成的套管（分别称为内插管和外套管），其一端固定在温室山墙侧的承力构件上（称为摆臂杆的固定端），另一端则固定在卷膜器上，随卷膜器的运动而运动（称为摆臂杆的活动端）。由于卷膜器在启闭过程中摆臂杆的固定端和活动端之间的距离在时刻变化，所以摆臂杆通过内插管从外套管中抽出或缩进来调节其长度，以适应卷膜器运动对摆臂杆长度变化的要求。内插管在外套管内的插入长度不应小于通风口的高度，也就是说，内插管、外套管以及摆臂杆的最小长度都不应小于通风口的高度。为节省投资，内插管和外套管可选用等长钢管，长度略大于通风口高度即可。

摆臂杆的固定端在温室山墙侧的固定位置没有规范的设置方法，生产实践中可设置在温室外遮阳的横梁（图9a）、温室山墙屋面拱架、温室山墙屋面拱架的腹杆（图9b）或弦杆／桁架梁上（图9c），其中以设置在温室山墙屋架腹杆（主要在吊杆）或温室山墙抗风立柱上的居多。一般选择在满足摆臂杆最小长度的最近构件上，且固定点处于通风口的背侧。

在温室山墙屋面拱架的腹杆上固定摆臂杆固定端时，一般固定在温室山墙跨中的吊杆上（因为

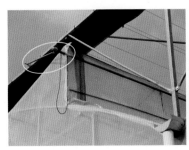
a.外遮阳网横梁上

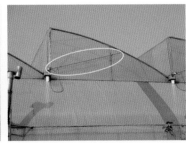
b.屋面拱架腹杆（吊杆）上

c.屋面拱架桁架（弦杆）上

图9 摆臂电动开窗系统摆臂杆在屋面结构上的固定位置

跨中吊杆距离屋面通风口距离最近）。根据通风口的大小或摆臂杆的长度，摆臂杆固定端在山墙跨中吊杆上的位置可以选择在上部（图 10a）、中部或下部（图 10b）。具体工程设计中可根据实际情况选择合适的固定方法。

a.上部　　　　　　　　　　　　　　　　　　　b. 下部

图 10　摆臂电动开窗系统摆臂杆在山墙跨中吊杆上的固定位置

连栋塑料薄膜温室
天沟托架的实践与创新

天沟托架是连接连栋温室天沟、屋面拱杆、立柱以及屋面弦杆的承力构件，是连栋玻璃温室、PC板温室以及塑料薄膜温室重要的结构组成部件。不同温室形式，由于天沟、屋面拱杆、立柱和屋面弦杆所用材料种类和规格不同以及这些构件承力和传力的途径不同，形成了天沟托架的多样性，甚至有的温室没有专门的天沟托架，采用天沟、立柱、屋面拱杆或弦杆等构件直接连接的方式。

连栋温室屋面拱杆、弦杆、立柱等承力构件多采用圆管或方管。一般塑料薄膜温室多采用圆管，而玻璃温室和PC板温室多采用方管，但也有大量的塑料薄膜温室立柱采用方管，少量屋面拱杆采用外卷边C形钢。从连接两跨温室的天沟来看，有承力天沟和非承力天沟之分，其中承力天沟连接屋面拱杆并将屋面荷载传递到立柱，而非承力天沟则除了承受自身重量和排水期间屋面的汇水和积雪荷载外，不承担屋面拱杆传递的任何风雪荷载。为减少温室室内立柱，有的温室屋面拱杆和立柱非一一对应，由此出现连接屋面拱杆处天沟下有的地方有立柱，有的地方无立柱的情况。非承力天沟温室，一般在天沟下沿天沟方向要设计一道柱顶纵梁，一是连接温室开间方向的立柱；二是承接温室屋面拱杆。在实践中也经常看到有的温室屋面拱杆直接连接天沟、天沟下横梁（非承力天沟）、屋面弦杆或立柱，从而简化甚至取消了天沟托架的情况。

文章就笔者调研看到的连栋塑料薄膜温室天沟、屋面拱杆、立柱、弦杆等各种构件在天沟处局部交汇节点的连接方法进行梳理和总结，以便为今后连栋温室天沟托架的设计和开发提供依据与参考。

一、非承力天沟温室拱杆与立柱的连接

非承力天沟温室，由于天沟不承重，所以也就不需要专门的天沟托架，温室结构沿天沟方向的承力构件为设置在天沟下连接温室开间方向的柱顶纵梁。塑料薄膜温室的柱顶纵梁一般为圆管、方管或槽钢（C形钢）。这种结构立柱直接支撑柱顶纵梁，而屋面拱杆和弦杆有的连接在柱顶纵梁，有的则连接到立柱。

对圆管柱顶纵梁，屋面拱杆与之连接方式有直接焊接（图1）和通过抱箍连接两种方式（图2），其中通过抱箍连接的方式不破坏构件表面镀锌层，结构安装速度快、构件防腐能力强、使用寿命长，应该是今后发展的方向。圆管立柱与圆管柱顶纵梁之间的连接也有直接焊接（图1b）和通过抱箍连接两种方式（图2b），一般圆管柱顶纵梁只和圆管立柱配套使用，基本不会和方管立柱配套。屋面弦杆可以直接焊接到柱顶纵梁（图1b），也可以用抱箍连接到圆管立柱（图2c）。需要指出的是，构件采用抱箍两两相连时，多构件交汇节点处构件的中心线难以交汇到一点，交汇点处柱顶纵梁或立

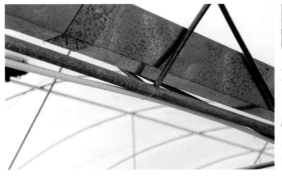

a.柱顶纵梁与屋面拱杆的连接　　　　　　　　b.柱顶纵梁与屋面拱杆、弦杆和立柱的连接

图1　非承力天沟温室圆管柱顶纵梁与屋面拱杆、立柱、屋面弦杆采用焊接的方式

柱可能会承受局部弯矩引起的次应力，设计中应给予高度重视。

如果柱顶纵梁为矩形钢管，则与之配套的立柱可以是圆管或矩形管（图3b、c），屋面拱杆与之的连接可以采用直接焊接（图3a），也可以采用柱顶焊接角钢等过渡构件间接焊接（图3b）。柱顶纵梁与立柱的连接，根据立柱的截面形式不同而有区别。圆管立柱多采用焊接，而方管立柱可采用焊接或用角铁连接件通过螺栓连接（图3c）。弦杆与柱顶纵梁之间的连接，因屋面拱杆占据了柱顶纵梁的两个侧面，在无立柱的节点可采用底面连接的直板连接件通过螺栓连接（图3a），在有立柱的地方可焊接到立柱（图3c）。

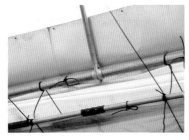

a.梁与拱杆的连接　　　　　　b.梁、柱、拱杆连接　　　　　　c.梁、柱、拱杆、弦杆连接

图2　非承力天沟温室圆管柱顶纵梁与屋面拱杆、立柱、屋面弦杆采用抱箍连接的方式

a.与拱杆和弦杆的连接　　　　　b.与拱杆、立柱的连接　　　　　c.与拱杆、立柱、弦杆的连接

图3　非承力天沟温室方管柱顶纵梁与屋面拱杆、立柱、屋面弦杆连接的方式

如果柱顶纵梁为镀锌钢带辊压而成的卷边C形钢，一是为避免连接节点焊接破坏表面镀锌；二是由于卷边C形钢壁厚度不适合焊接作业，所以上述圆管和方管柱顶纵梁与屋面拱杆、立柱和弦杆之间的焊接基本被淘汰，取而代之的是用镀锌钢板折压而成的专用连接板来连接（图4）。其中圆管拱杆和弦杆可直接插入连接板后用螺栓连接（图4a、b），而C形钢拱杆则用连接承台支托C形钢卷边并用螺栓连接（图4c）。立柱与柱顶纵梁的连接则是将立柱直接插入C形钢内腔，并在内腔内安装折板角钢固定立柱后与C形钢外壁的连接板形成连接，从而实现立柱与柱顶纵梁的无焊接组装连接（图4b、c）。

从现代温室轻简化、组装式发展的趋势看，焊接因施工安装不规范、现场焊接作业量大、焊接劳动强度高、焊接破坏镀锌构件表面防腐保护层而影响结构的使用寿命和承载能力，终将走向消亡，无焊接的组装连接应该是未来发展的方向。

从结构的承重体系来讲，天沟承重一是可以取消柱顶纵梁；二是便于安装室外遮阳网立柱，所以，从未来发展趋势看，采用天沟承力的温室将会是今后发展的主流。

a.与圆管拱杆、弦杆的连接　　　b.与圆管拱杆、弦杆和方管立柱的连接　　　c.与C形钢拱杆和方管立柱的连接

图4　非承力天沟温室C形钢柱顶纵梁与屋面拱杆、立柱、屋面弦杆连接的方式

二、承力天沟温室天沟、拱杆、弦杆与立柱的连接

承力天沟温室结构是用天沟替代非承力天沟温室结构天沟下柱顶纵梁，省去了柱顶纵梁也简化了温室结构。但由于天沟成为承力结构构件，因此对其壁厚、强度和刚度都提出了更高的要求，一般钢板天沟的壁厚都要求在2mm以上。承力天沟温室结构中，天沟、立柱、拱杆和弦杆各构件之间的连接有各构件之间两两相连的单点连接法和两个（组）以上构件通过连接件集中连接的组合连接法之分。

1.构件两两相连的连接方法

两两相连的构件包括天沟与拱杆、天沟与立柱、拱杆与立柱、拱杆与弦杆以及立柱与弦杆。构件两两相连，连接件简单，但多构件交汇时各构件的中心线不易交汇到一点，尤其是开口天沟局部受力后更容易变形，必要时应对天沟连接点处进行局部加强。

(1)**天沟与拱杆的两两相连** 天沟与拱杆之间两两相连的方法，一是采用 Ω 抱箍(图 5a、b)；二是采用 U 形螺栓（图 5c）。其中 Ω 抱箍的形式有两种：一种是将长条形钢板的两端裁切成圆弧后中部起拱的导角抱箍，称为标准 Ω 抱箍（图 5a）；另一种是直接将长条形钢板中部起拱后制成的非导角抱箍，称为直板 Ω 抱箍（图 5b）。前者增加了一道加工工序，但构件无尖角，施工安装时不会划伤施工人员。Ω 抱箍根据屋面拱杆的截面大小，分为 2 孔抱箍和 4 孔抱箍，分别用 2 根螺栓和 4 根螺栓与天沟相连。拱杆传力较小（拱杆截面较小或温室跨度较小）时可用 2 孔抱箍，传力较大时应用 4 孔抱箍。同样的道理，采用 U 形螺栓连接屋面拱杆与天沟时，也根据拱杆截面大小采用 1 根或 2 根 U 形螺栓来连接拱杆和天沟。

a.标准Ω抱箍直接连接　　　　　b.直板Ω抱箍直接连接　　　　　c.U形螺栓通过垫板连接

图 5　天沟与拱杆两两相连的连接方式

(2) **天沟与立柱的两两相连** 立柱与天沟两两相连的做法有三种形式：一是直接焊接（图 6a），这种连接方式不需要连接板，但现场焊接的质量不容易保证，而且对构件表面的防腐不利，应该是一种未来会被淘汰的连接方式；二是在立柱的顶端焊接一块面积大于立柱截面的平板（为满足镀锌过程中的流锌工艺要求，应在立柱截面范围内平板上开工艺孔），形成立柱顶端两侧或四周的"外耳"，并在外耳上开孔插穿螺栓与天沟底部连接（图 6b），这种连接方式连接板用材少、加工方便，但其只适合于连接平底天沟；三是在柱顶焊接一块与天沟底板和侧板相同形状和大小的托板（图 6c），安装时将天沟托嵌在该托板中，并用螺栓与天沟的侧壁连接，这种连接方式不仅适用于任何截面形状的天沟，而且在天沟与立柱的连接处还对天沟进行了局部加强，虽然增加了连接板的材料用量和加工的程序，而且运输和储存时立柱占用的空间较大，但节点连接强度高，结构使用更可靠。需要说明的是，不论在柱顶焊接外耳还是托板，都需要焊接后进行二次镀锌，加工的工序都相对复杂。

(3) **拱杆与立柱或弦杆的两两相连** 在天沟承力的温室结构中，拱杆与立柱直接连接的案例较少，需要连接时一般是在柱顶焊接 2 根截面与拱杆截面相匹配的钢管（圆管拱杆宜用圆管，方管或 C 形钢拱杆宜用方管），在柱顶形成 V 形接头。圆管接头与圆管拱杆连接时，可将圆管拱杆直接插入 V 形接头（图 7），用自攻自钻螺钉固定；C 形钢拱杆与方管接头连接时，可将方管插入 C 形钢内腔后用自攻自钻螺钉固定；而当方管拱杆与方管接头连接时，宜在两个构件的端头焊接平板外

a.直接焊接　　　　　　　　b.柱顶焊外耳与天沟底部栓接　　　　　　c.柱顶焊托板与天沟侧壁栓接

图 6　天沟与立柱两两相连的方式

图 7　立柱与拱杆两两相连

耳，采用对接连接方式用螺栓通过外耳上的螺栓孔将两个构件栓接。外耳对接连接可采用四边连接，也可采用对边双边连接，视构件的截面大小和承载能力确定。

拱杆与弦杆直接连接的案例同样也很少，而且传力方式也不合理。图 6b 是采用焊接的一个案例，在大规模标准化温室生产中这种连接方式基本都应被淘汰。

（4）立柱与弦杆的两两相连　　立柱与弦杆的连接，根据立柱的截面形式不同而有差别。圆管立柱大都采用双 Ω 抱箍对扣环抱立柱后用其双侧侧翼分别与两侧弦杆连接。和圆管拱杆与天沟抱箍连接的方式一样，圆管立柱与圆管弦杆连接的 Ω 抱箍也分为标准 Ω 抱箍和直板 Ω 抱箍两种（图 8a、b）。圆管弦杆一般要求两端压平、打孔，安装时将立柱两侧两根弦杆的一侧端头对接在立柱的两侧，用两片 Ω 抱箍环抱立柱后两侧侧翼夹住弦杆压平的端头，用螺栓连接抱箍和弦杆后再在 Ω 抱箍的脊背用自攻自钻螺钉将其与立柱相连，即形成弦杆与立柱的牢固连接。

实践中也有将立柱两侧 Ω 抱箍双翼先并拢后再与弦杆贴接的方式，但由于这种连接构件之间的中心线会发生偏移，容易导致立柱的偏心，规范化的温室建设中不建议使用。

实践中还有弦杆两端保持原状而不压平的做法。为了实现对这种弦杆的连接，设计采用双向 Ω 抱箍（图 8c），就是对立柱和弦杆都采用环抱的方法连接。这种抱箍采用钢板一次冲压成型，构件加工方便、标准化水平高。采用这种抱箍连接立柱和弦杆完全不影响构件之间的传力，也同时节省了弦杆端部冲压的工序。

a.标准Ω抱箍连接

b.直板Ω抱箍连接

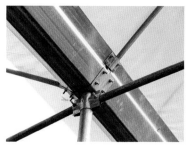
c.双向Ω抱箍连接

图 8　圆管立柱与圆管弦杆的两两直接相连

a.直板连接方管立柱和方管弦杆

b.角钢连接板连接方管立柱和方管弦杆

c.直板抱箍连接方管立柱和圆管弦杆

图 9　方管立柱与圆管 / 方管弦杆的两两相连

　　方管立柱与弦杆的连接因弦杆的截面形状和大小不同而有所不同。如果弦杆与立柱均为方管且在跨度方向两构件的表面齐平，则弦杆与立柱对接后用两片平直钢板紧贴构件两侧外表面，用螺栓穿过构件连接两侧直板即可（图 9a）。如果弦杆为方管，且截面较立柱小，则可将弦杆的端头对贴立柱后，在弦杆的上下表面分别安装角钢连接件与立柱采用螺栓连接（图 9b）。如果弦杆为圆管，一般则用抱箍连接。与圆管立柱连接圆管弦杆的抱箍在结构上基本相同，只是由于立柱为方管，所以抱箍环抱方管的抱体部分为开口方形，而非半圆形（图 5c、图 9c）。也有的设计在立柱上连接弦杆的位置焊接 1 块或 2 块钢板，形成"柱耳"，并在该柱耳上开螺栓孔，焊接完成后与立柱进行整体热浸镀锌。柱耳可以是水平焊接，也可以是竖直焊接，但一般多用水平方式焊接。安装时，无论弦杆是圆管还是方管，也不论圆管的端头是否压平，都可以利用该柱耳作支撑，用螺栓将弦杆栓接在柱耳上，即可实现弦杆与立柱的有效连接。需要说明的是，由于温室立柱安装过程中可能存在位置偏差，弦杆和柱耳的孔位也存在加工偏差，为了保证施工安装的顺利，一般在柱耳上的螺栓孔应加工成键槽孔，以便为安装留出活动余量。实际上，用柱耳连接弦杆的方法，从传力方式上讲与角钢连接件连接弦杆和立柱的方法是相同的，只是前者将连接件事先焊接在立柱上，使连接件成为立柱的组成部分；而后者则是在安装过程中将立柱、弦杆和连接件三者组合连接在一起。前者立柱与连接件连接牢靠，也节省螺栓、方便安装；而后者则简化了立柱加工工序，有利于提高构件的加工工效。

2.两个以上构件通过连接件组合连接的方法

两个以上构件的连接组件有两种类型：一种是将连接板全部焊接在柱头，通过柱头可连接天沟、拱杆和弦杆；另一种是完全独立的联合组件（称为联合托架），独立加工、独立安装，使用这种组件的温室构件连接端头可不进行任何加工，由此大大简化了构件的加工程序和加工费用。与柱头焊接连接板的构件相比，联合组件大大减小了运输和储藏的空间，而且构件的标准化水平高，加工成本低，温室建造的成本也将相应降低。

(1) 柱头焊接连接板的连接构造　　柱头焊接连接板的做法最早是用在连栋玻璃温室的结构上，后来的连栋塑料薄膜温室结构也继承了这种做法，这种方法主要用在方管立柱上，但圆管立柱偶尔也有使用。在方管柱头上连接天沟的方法有两种：一种是在柱顶焊接外耳；另一种是采用柱顶焊接天沟托板(图6c)。其中柱顶焊接外耳的方法有三种：一是在柱顶焊接一块平板形成柱顶外耳(图6b)；二是在柱顶两侧焊接两块平板，形成柱顶双侧外耳；三是将立柱柱顶沿温室跨度方向两侧的侧壁裁切出一个缺口，将缺口两侧的侧壁沿温室开间方向折弯，使其与立柱表面呈90°而形成与立柱一体的外耳（图5c），这种外耳不存在焊接质量缺陷，材料强度与原立柱相同。

除了在柱顶表面焊接外耳或托板支撑天沟外，柱头的侧边还可以焊接钢板用以连接弦杆（图10），或焊接钢管用以连接拱杆（图7）。总之，采用柱头焊接连接件的方法比较传统，也比较灵活，可根据需要连接的杆件位置和大小进行个性化设计。立柱与连接件焊接后需除去焊渣并进行热浸镀锌表面防腐处理。

(2) 联合托架　　就是安装在柱顶，承托天沟并能连接拱杆和弦杆中至少一种承力构件的连接构件。由此可见，联合托架应是在连接立柱和天沟的基础上再增加连接至少一种构件。由此，根据连接拱杆和弦杆的不同，联合托架分为拱杆托架、弦杆托架以及全功能托架。顾名思义，拱杆托架就是连接立柱、天沟和拱杆的联合托架；弦杆托架就是连接立柱、天沟和弦杆的联合托架；全功能托架就是连接立柱、天沟、拱杆和弦杆等全部节点交汇构件的联合托架。

根据联合托架的加工工艺不同，可将联合托架分为通过折板、裁切和焊接等工艺加工成的"折板成型托架"（图11）和通过模具一次冷压成型或在一次冷压的基础上局部折弯或裁剪成型的"冷

图10　柱顶焊板连接天沟和弦杆

压成型托架"（图12）。

　　需要指出的是联合托架具有连接立柱的功能，但在没有立柱的位置也可以不连接立柱（图11a、图12b）。近年来，国内有多个温室企业开发了具有自主知识产权的全功能冷压成型联合托架，可直接配套不同企业的温室结构。

a.拱杆托架

b.弦杆托架

c.全功能托架

图 11　折板成型联合托架

a.拱杆托架

b.全功能托架（中部）

c.全功能托架（边侧）

图 12　冷压成型联合托架

外保温塑料大棚的
结构形式

　　塑料大棚自从 20 世纪 60 年代在我国试验推广以来，已经遍布全国各个省（自治区、直辖市），成为设施农业生产中推广面积最大的设施形式，不仅应用在蔬菜种植，而且在花卉、苗木、果树、草莓、中药材、食用菌、水稻育秧等生产中都有大量应用，甚至在畜牧养殖和水产养殖中也经常被使用。

　　在 50 多年的发展历程中，塑料大棚经历了竹木结构、"琴弦"结构、钢筋／钢管焊接结构以及镀锌钢管装配结构等材料和结构的改进，目前生产中使用的塑料大棚基本为镀锌钢管装配式结构，而且随着机械化水平的不断提高，大棚的跨度和高度也在不断增大。

　　塑料大棚在北方地区使用由于保温性能差，主要用于春提早、秋延后生产，与露地种植相比，一般可提早或延后 1 个月左右的时间。随着我国人口的不断增加以及土地资源的日趋紧张，延长设施农业生产的季节，提高土地利用率、增加产品供应量已成为对设施农业生产的迫切要求，由此，廉价、轻简、对耕地破坏最小的外保温大棚应运而生。所谓外保温大棚就是在传统塑料大棚的基础上增设外保温被，白天保温被卷起，大棚采光通风，夜间保温被展开，覆盖大棚棚面对大棚进行保温（图 1）。与传统塑料大棚不同的是，这种大棚的跨度和高度进一步加大，室内温光环境变化更平稳，也更适应于机械化作业。从性能来看，这种形式的大棚一般可在冬季最低温度不低于 −10℃、日照百分率大于 50% 的地区实现蔬菜的安全越冬生产，在种植叶菜、草莓等耐低温作物时，甚至可

图 1　外保温塑料大棚

以进一步推广到冬季温度不低于 -15℃的地区，在种植要求春化作用的果树等品种时更可将其推广到室外温度低于 -20℃的地区，因此，保温塑料大棚具有广阔的推广应用前景，在条件合适的地区已经成为替代当地日光温室的一种设施形式。

在广阔推广前景的推动下，各地设施生产企业及科研单位相继开发了不同跨度、不同结构的保温大棚，为这一传统的设施形式增添了时代的活力。本文就笔者在走访调研中所看到的各种保温大棚的结构进行梳理，供相关科研、开发和技术推广人员学习和参考。

和日光温室一样，大棚结构相对简单，一是结构为单跨；二是构件的连接点少，相应连接件数量和规格也比较统一。对单跨结构而言，其承力结构主要由屋面／侧墙拱架和／或室内立柱构件组成。由此，本文主要介绍屋面拱架形式和室内立柱等主要构件，实际上也基本概括出了保温塑料大棚的结构轮廓。

一、屋面拱架结构

屋面拱架是支撑塑料薄膜和外保温被及其卷帘机的直接承力构件，也是承载和传递室外风雪荷载的构件，对于吊挂作物的大棚还是承载作物吊挂荷载的构件。外保温塑料大棚，为了便于卷放保温被，大多不设直立侧墙，所以，其屋面拱架将大棚屋面和侧墙结合成为一体。事实上，即使直立侧墙的大棚，屋面拱架和侧墙立柱也都是一体化构件。因此，从外形看，屋面拱架有圆弧落地拱架（简称落地拱架）和斜立（直立）侧墙圆弧屋面拱架（简称带肩拱架）两种形式。但由于外保温大棚跨度一般都较大（多在10m以上，最大跨度可达到20m以上），而且随着机械化耕作的要求越来越迫切，带肩拱架已经成为这种大棚结构的主流。对于种植果树的保温大棚，侧墙甚至都采用直立侧墙。

从屋面拱架的结构形式和用材看，主要有单管结构和桁架结构两种，其中单管结构又有椭圆管和外卷边C形钢之分（图2）；桁架结构有钢管／钢筋焊接桁架（图3）、钢管组装桁架和C形钢组装桁架（图4），焊接桁架还分平面桁架（图3a）和三角形空间桁架（图3b），为节省钢材还有在焊

a.椭圆管屋面拱架   b.外卷边C形钢屋面拱架

图2 单管式屋面拱架

接桁架结构上布设纵向钢丝的"琴弦"式结构（图 3c）。

　　单管骨架结构轻盈，遮光少，不论是椭圆管还是 C 形钢都可直接用镀锌钢板加工成形，不需要二次镀锌，制造加工工艺简单，结构防腐能力强。但由于是单管，结构的承载能力不强，结构设计中选用这种材料要么需要在室内增加立柱，要么就是减小大棚跨度，这都给棚内机械化作业带来不便。

　　焊接桁架结构承载能力强，可以在无柱条件下加大棚体跨度，便于棚内机械化作业，但结构焊接作业工程量大，不同的焊工焊接质量也有差异，焊接拱架如果不采取整体二次镀锌则防腐蚀的能力较差，在高温高湿的种植环境中锈蚀速度快，需要每年对拱架进行防腐保养，日常的维护工作量也很大，由于保温大棚拱架较高，除锈、防腐都要求高空作业，因此，从减少日常维护保养的角度看，镀锌的单管拱架和组装拱架更有发展前景。

　　组装式拱架具有与焊接桁架结构相同或相近的承载能力，而且构件防腐能力强，对规模较大的建设基地，构件成型设备可以直接安装在工地现场进行构件加工、组装，从而显著节约材料的运输成本，由此可大大降低工程的整体造价，是未来重点发展的一种结构形式。

| a.钢管/钢筋焊接平面桁架屋面拱架 | b.钢管/钢筋焊接空间桁架与平面桁架组合屋面结构 | c.横向焊接桁架与纵向悬索构成的双向承力屋面结构 |

图 3　焊接桁架式屋面拱架结构

| a.钢管组装平面桁架 | b.外卷边C形钢组装平面桁架 |

图 4　组装桁架屋面拱架结构

二、有立柱大棚结构

从大棚的承力结构看，除了屋面拱架外，为增强结构的承载能力，大部分大跨度塑料大棚都在室内设置了支撑屋面拱架的立柱。根据棚内设置立柱的数量，大棚结构可分为单立柱结构（图5）、双立柱结构（图6）和多立柱结构（图7）。

a.单立柱支撑
单管屋面拱架

b.单立柱支撑
焊接桁架屋面拱架

c.单立柱支撑
组装桁架屋面拱架

d.单立柱支撑
单管屋架

图5 中央走道单立柱大棚结构

a.整体结构

b.柱间斜撑

图6 走道双立柱大棚结构

a.走道单立柱

b.走道双立柱

图7 室内多立柱结构

单立柱结构的屋面拱架支撑立柱一般设置在大棚的跨中，柱顶支撑屋脊，立柱一侧地面设置室内作业走道。单柱结构可以应用在各种屋面拱架结构中，屋面拱架的结构承载能力越强，大棚的跨度即可随之增大。但大棚跨度与脊高应相匹配，如果大棚跨度不断加大而脊高不随之升高，则将会使大棚屋面坡度过小，不利于屋面排水，容易引起屋面积水。一般大棚的高跨比应控制在1：3左右。

双立柱结构的立柱一般布置在大棚屋脊的两侧，两根立柱在地面上正好形成室内作业走道（亦即两根立柱在大棚跨度方向的间距为室内走道的宽度，图6），而柱顶又正好支撑卷起后的保温被和卷帘机。从结构受力的角度看，两根立柱对保温被的支撑更稳定；从室内生产作业看，立柱的设置基本不影响室内机械作业，也不影响种植垄的布置，是一种比较合理的结构形式。需要强调的是因为立柱位于大棚的中部，立柱的高度较高，为增强立柱的承载能力或为减小立柱的截面尺寸，一般应用斜撑将同一屋面拱架下的两根立柱沿大棚跨度方向相连（图6b），在大棚长度方向应按照平面排架平面外稳定的要求在大棚的两端及中部设置柱间斜撑。

对于单管式屋面拱架，由于自身承载能力有限，为保障结构的承载能力，如要加大棚体的跨度，往往要在棚内沿跨度方向增设多道立柱（图7）。但室内多柱的设置也都遵从了室内单柱和双柱结构立柱设置的原则，首先在大棚跨中结合室内作业走道在屋面拱架的屋脊处或屋脊两侧设置立柱（中柱），之后再根据结构的承载能力在中柱两侧对称设置侧立柱，可以增设1对侧立柱（图7a），也可以增设2对侧立柱（图7b），根据大棚建设地区的风雪荷载大小通过结构强度分析确定。室内多柱大棚虽然保证了结构的强度，但室内多立柱非常不利于大棚内的机械作业和种植垄的布置，尤其是当棚内布置自走式喷灌车时，由于立柱的阻挡需要增加设备的数量，而当大棚设置内保温幕时，立柱的存在又为各幅保温幕幅与幅之间的密封带来了困难。此外，过多的保温幕连接密封条带也给室内带来更多的遮阳带，不利于棚内作物的采光。所以，在可能的条件下，大棚内应尽可能少设或不设立柱，在必须设立柱时也尽可能考虑仅设中部立柱（单柱或双柱）的方案。

减少棚内立柱的另一种做法是在立柱上设V形斜撑（图8），将屋面荷载通过斜支撑传递到立柱，同时也通过增设支撑点减小屋面拱架的计算长度。这种做法可减少立柱的数量，但相应需要增大立柱的截面尺寸。实践中，在立柱上设置V形斜撑的方式有两种：一种是沿大棚跨度方向设置（图8a），

a.沿大棚跨度方向设斜支撑　　　　　　　　　　　　　　b.沿大棚开间方向设斜支撑

图8　立柱设V形加强斜撑

主要是为了减少大棚沿跨度方向的立柱数量；另一种是沿大棚长度方向设置（图8b），主要是为了减少大棚沿长度方向的立柱数量。斜撑在立柱上的设置位置应高于作物冠层，不影响室内作业，如果安装室内保温幕，应与保温幕安装高度相结合。沿大棚跨度方向斜撑在屋面拱架上的安装位置应结合大棚屋面天窗的设置位置（一般可设置在屋面天窗的下沿），以及相同结构无斜撑时屋面拱架包络图内力最大的位置确定。斜撑与水平面的倾斜角度应控制在30°~60°，尽可能靠近45°。

大棚的立柱可以是圆管，也可以是方管（矩形管）。立柱与斜撑的连接以及立柱与屋面拱架的连接最好采用专用连接件连接，尽量避免采用焊接形式连接。

三、无立柱大棚结构

无立柱塑料大棚室内空间大，机械化作业方便，作物种植垄布置灵活，是种植者比较青睐的结构形式。但由于受结构承载能力和建设成本的限制，传统的单管拱架和桁架式拱架大棚的跨度一般都不超过15m（图9），只有采用悬索结构时，大棚的跨度才可能超过20m，甚至达到30m（图10）。

桁架式屋面拱架截面均匀，承载能力强，作为无立柱结构的承力构件可在屋面构件上不用附加其他杆件（图9a）；而对于单管屋面拱架，为提高拱架结构的承载能力就需要在屋面拱架上增设水平弦杆或在增设水平弦杆的基础上再增设弦杆与屋面拱杆之间的倾斜腹杆，其中倾斜腹杆的设置方式有V形腹杆（图9b）、M形腹杆（图9c）、"之"字形腹杆，在屋面拱杆的屋脊处还可以设置与水平弦杆垂直的中吊杆（图9b、c），甚至在中吊杆两侧还可以增设侧吊杆。这些腹杆的设置方法基本可参照连栋塑料温室屋面拱架上腹杆设置方法。

需要指出的是，和上述立柱上设置斜撑一样，屋面拱架上水平弦杆设置位置首先也应在作物冠层高度的上方，如果大棚安装有室内保温幕，最好与保温幕的安装高度相结合；其次要考虑屋面拱架在风雪荷载作用下的反弯点位置，尽量选择结构内力较大的位置。同时也必须注意，屋面拱架局部的加强应与拱架整体结构承力相协调，如果过分强调加强拱架的上部屋面部位而忽视了拱架侧墙部位，则可能由于侧墙部位的承载能力不足而使对结构上部的加强构件实际变为无效构件，进而造成结构用材量增大、造价提升、室内阴影面积增多而结构的强度却没有相应提高的"伪加强"结构。

悬索结构是既可增强结构承载能力又可减少屋面拱架构件截面尺寸的一种有效的方法。这种结构充分利用了金属构件抗拉性能强的特点，用拉索作为水平弦杆可大大减轻结构的自重，而且这种悬索杆不仅可用于沿大棚跨度方向的水平拉杆（图10a），而且还可以使用在屋面拱架的纵向连系梁上（图10b）。将屋面拱架的纵向连系梁做成拉索结构的支撑梁，如同上述平面桁架上铺设纵向钢索一样，可与屋面拱架形成双向承力体系，从而大大提升结构的承载能力，而且构件截面小，室内阴影面积少，尤其适用于大跨度的单跨大棚。

a.10m跨无弦杆
组装桁架结构

b.10m跨带弦杆外卷边C形拱杆结构
（V形腹杆）

c.14m跨带弦杆外卷边C形拱杆结构
（M形腹杆）

图 9　单管和桁架屋面拱架无立柱大棚结构

a.跨度方向悬索

b.开间方向悬索

图 10　悬索屋架无立柱大棚结构

大跨度"气楼"
塑料大棚

"气楼"在民用与工业建筑上是指沿建筑物屋脊安装且高于屋脊部位，用于换气、排音、采光、防雨的排窗。由于其位于建筑的最高位置，理论上讲，其热压通风的效率最高，所以在大跨度工业厂房中被广泛应用。

传统的温室、大棚屋面大都采用屋脊开窗或屋面开窗的形式通风，包括屋脊上悬窗（连续开窗或间隔交错开窗，多用于玻璃等硬质板材透光覆盖材料温室）、锯齿通风窗、屋脊平移通风窗（上下平移或左右平移）、屋面卷膜开窗以及全开屋面通风等。这些通风方式可以直接借用温室屋面骨架，不需要附加设置其他的结构杆件即可安装通风窗，因此建筑投资省、建设速度快，而且由于没有屋面"隆起"部件，温室的抗风要求也相应降低。

对一些自然通风的连栋温室，为增强温室的自然通风能力，也有采用"气楼"式通风窗进行屋面通风的案例（图1）。按照"气楼"的外形不同，有直立侧墙坡屋面气楼（图1a）、三角形气窗（图1b）和斜立侧墙圆拱屋面气窗（图1c）等形式。从通风的效果看，屋脊平移通风窗在窗扇顶起后也具有与屋面"气楼"相同的通风效果。

标准的塑料大棚，由于建筑体本身为单跨，跨度一般为8~10m，无论是落地拱棚还是带肩拱棚，依靠双侧侧墙的卷膜开窗一般都能取得良好的通风效果。在炎热地区建设塑料大棚或其他地区越夏生产的塑料大棚，在屋面上设置卷膜通风，结合侧墙通风一般也能满足通风降温的要求。对室外气温持续较高或室内种植作物对光照要求不高的大棚，可设置外遮阳网或对棚膜表面喷白，既可解决大棚遮阳的问题也可解决大棚降温的问题，所以标准的塑料大棚基本不采用"气楼"式的通风形式。

近年来，随着设施建设土地资源越来越紧张以及大棚内机械化作业水平的不断提高，大跨度塑

a.直立侧墙坡屋面气楼　　　　　　　　b.三角形气窗　　　　　　　　c.斜立侧墙圆拱顶气窗

图1　连栋温室屋脊"气楼"的形式

料大棚相继在全国各地兴起，大棚跨度从标准的10m以内发展到20m，甚至30m以上，大棚在跨度方向的外围尺寸基本和三连跨、五连跨的连栋温室相差无几，因此仅仅依靠侧墙通风的传统标准大棚自然通风方式将难以满足这类大跨度大棚的降温需要，一些连栋温室上采用的强化通风的"气楼"式通风窗自然而然地被使用在了这种塑料大棚上。

一、大跨度塑料大棚上"气楼"通风窗的形式

大跨度塑料大棚上的"气楼"通风窗，除了可用图1所示连栋温室采用的形式外，笔者在走访中还发现了另外三种形式，分别为矩形、梯形和圆拱屋面形（图2）。

a.矩形　　　　　　　　b.梯形　　　　　　　　c.圆拱屋面形

图2　大跨度塑料大棚上的"气楼"通风窗形式

从提高通风效率和增强温室结构抗风能力的角度分析，梯形结构通风窗似乎更合理，一是斜立侧墙对侧面来风具有导流作用，结构表面的风荷载体型系数小，同等风力作用在结构上的压力较小；二是从室内溢流的热风不受任何阻挡可直接排出室外，排风的流道短、孔口阻力小，排风效率高；三是采用卷膜通风时，两侧斜面可以支撑卷膜轴，相应对薄膜的拉拽和卷膜电机的动力输出要求低。但梯形通风窗如果在下雨期间不能及时关闭窗口，室外降雨将会直接垂落到温室室内（当下雨伴随刮风时，直立侧墙的通风窗也同样会有雨滴飘入温室的问题，但可以通过上风侧关闭下风侧打开的方式解决这个问题），尤其在高温季节下雨期间需要进行通风换气时，这种通风窗的防雨弱点更是被充分放大。

圆拱屋面通风窗与平屋顶的矩形或梯形通风窗相比，顶面不易积水，尤其对塑料薄膜围护的通风窗更不会在通风窗的顶面形成水兜，表面积灰引起透光率降低的程度也较小。从外观造型上看，圆拱屋面的"气楼"较矩形或梯形的更美观，但在相同通风口高度的情况下，圆拱屋面"气楼"的建筑高度最高，因此对结构的抗风要求更高，同时结构的用材量也最大，施工安装的工时也最长。

不同形式的"气楼"建筑各有特点，在具体设计中应根据温室建设地区的气候特点、温室种植作物对通风降温的要求以及工程造价等多种因素综合考虑，优化选择确定"气楼"的建筑形式。

二、"气楼"式大跨度塑料大棚结构

大跨度塑料大棚按其保温形式的不同，分为不保温大棚、外保温大棚和内保温大棚（图3）。不保温大棚就是简单地将标准塑料大棚跨度和高度加大，其保温性能和普通塑料大棚基本相同；而保温大棚则是在大棚屋面上增设能够卷放的柔性活动保温被，白天保温被卷起便于大棚采光，夜间保温被展开为大棚保温，由此可大大提高塑料大棚的保温性能，不仅延长了传统塑料大棚"春提早、秋延后"的种植时间，在一些冬季温度不是很低的地区甚至还可以实现越冬生产，使大棚和土地的使用效率双双得以提升，从而获得经济效益、社会效益和生态效益的全面提升。

保温大棚按照保温被的设置位置不同，可分为外保温大棚（图3b）和内保温大棚（图3c）。有关不设"气楼"的大跨度外保温大棚的结构和保温被的安装与控制，笔者在《温室工程实用创新技术集锦》中进行过总结。事实上，在外保温大棚上安装"气楼"，由于需要对"气楼"单独保温，配套的保温设施相对复杂，所以配套"气楼"的大跨度塑料大棚主要为不保温大棚和内保温大棚。

a.不保温大棚　　　　　　　　b.外保温大棚　　　　　　　c.双层结构内保温大棚

图3　大跨度塑料大棚的形式

1. "气楼"的承力结构

在大跨度塑料大棚上支撑"气楼"的承力结构有两种形式：一种是单柱结构，在大棚跨中设单立柱，柱顶安装与大棚屋脊同方向的柱顶梁，在柱顶梁上安装V形支杆，下部支撑在柱顶梁上，上部与大棚屋面拱杆相接并分别支撑"气楼"在屋面上的两侧底边（图4a）；另一种是双柱结构，在大棚跨中采用双柱，立柱从地面直接通到大棚屋面拱杆并支撑"气楼"在屋面上的两侧底边（图4b），两根立柱在大棚跨度方向的间距即"气楼"的跨度，其位置则处于"气楼"的侧墙正下方。为了增强结构的承载能力，在大棚立柱与屋面拱杆的上部位置还可增设加强支撑（图4c），具体的结构形式可根据大棚建设地区的风雪荷载以及大棚跨度和"气楼"的建筑形式及尺寸等设计参数确定。

a.室内单立柱结构

b.室内双立柱结构

c.立柱与拱杆间的加强支撑

图4 大跨度塑料大棚"气楼"通风窗支撑结构

2."气楼"式内保温大棚的结构与保温

采用保温被做内保温的大跨度保温塑料大棚,其结构形式一般都是采用双层骨架结构(图5)。内层结构和外层结构分别覆盖塑料薄膜,形成双膜保温结构。严寒季节可双膜覆盖提高白天的保温性能;气温适宜的季节或时段,可揭开室内保温膜,大棚单膜覆盖以增强大棚的采光。保温被安装在内层骨架,在山墙端安装摆臂式卷帘机,白天卷起,夜间展开,以保证大棚夜间的保温和白天的采光。将保温被安装在内层骨架,一可以避免保温被受外界风雨雪的侵扰,降低对保温被防水和抗老化的要求,延长保温被的使用寿命;二可以在两层骨架间形成空气间层,进一步提高大棚的保温性能。所以,在严寒地区或者需要大跨度保温大棚越冬生产时,常采用内保温的大棚结构。

对于不设"气楼"的内保温大棚,保温被可以全部覆盖内层拱架的屋面,在屋脊处固定,从两侧活动边向屋脊卷放,可形成屋面保温被的严密密封。

对于柱顶安装V形支杆的单立柱"气楼"内保温大棚,可将内层骨架安装到立柱柱顶梁上,内层骨架双侧屋面保温被用两台卷帘机分别卷放两张保温被,两张保温被的固定边可固定在V形支杆的两侧,两幅保温被之间可用固定保温条连接(由于固定条的幅宽较小,基本不影响大棚内作物的采光)或如同不设"气楼"的内保温大棚一样直接用一整幅保温被,在遇到V形支杆时保温被开口绕过支杆,也能形成比较严密的保温。对于大棚的通风,可像日光温室一样,在内层骨架保温被卷

a.内部侧墙方向

b.内部山墙方向

c.外景

图5 内保温大棚结构

起位置的下方设置沿大棚长度方向通长的通风口（可以是卷膜开窗、拉膜开窗，也可以是齿轮齿条开窗，甚至还可以不设开窗机构用保温被控制通风口的启闭），白天保温被卷起，当室内温度达到设定通风温度后，通风口打开，大棚通风；当室内温度在设定通风温度以下时，关闭通风口，室内外双层膜形成大棚良好的采光和保温。

对于安装"气楼"的双立柱内保温大棚，由于立柱要贯通内外两层屋面拱架，并且彼此还有一定距离，上述的单幅保温被双侧卷被的方案将无法实现"气楼"下部两柱之间的卷放。如果在这块区域采用固定式保温被保温，一是保温被的阴影面积太大；二是固定保温被同时也封闭了"气楼"的出风口，大棚的通风将受到直接阻挡，为此，设计者采用了中空PC板做"气楼"的底板（图6a），一是中空PC板具有一定的透光性能，不会在大棚内形成固定的阴影带；二是中空PC板同样也具有一定的保温性能，尽管其保温性能无法和保温被相媲美，但与塑料薄膜比较却有数量级的增加。为实现"气楼"的通风，在"气楼"的底板PC板上安装了齿轮齿条开窗机（图6b），需要通风时将"气楼"底板顶起，打开出气口通风；需要保温时放平底板，关闭通风口。当然，如上述单立柱结构大棚一样，在内层骨架的屋面上保温被卷起的位置开设通风口，也可以解决这个问题。不论采取哪种通风方式，由于气楼底板的保温性能远不及保温被的保温性能，因此，"气楼"底板实际上在大棚内形成了一个"冷桥"，非常不利于大棚的整体保温，或许在不影响"气楼"底板开窗通风的基础上在其上表面附加一层水平活动保温被与内保温被形成闭合保温系统，会使这个问题得到有效解决，实践中可以尝试应用。

a."气楼"内部结构　　　　　　　　　　b.温室与"气楼"间的通风

图6　双立柱内保温大棚"气楼"的结构

三、凹形"气楼"

前述介绍的"气楼"都是凸出屋脊的通风窗。2013年笔者在云南调研中还发现过凹形"气楼"，在此一并介绍。凹形"气楼"是相对凸形"气楼"而言的。凸形"气楼"是通气窗凸出大棚屋脊的通风窗，而凹形"气楼"则是通风窗在屋脊部位垂凹进室内，从外形看是在屋脊处形成一个凹槽（图7a），恰似完全对称型阴阳型日光温室的外形，只是前者凹槽的两侧为屋面通风口（图7b），而后者为保温屋面。严格讲，这种大棚的屋脊应该是凹形"气楼"的两侧"屋檐"。

由于大棚屋脊在风压作用下始终处于负压状态，所以，不论是风压还是热压，凹形"气楼"通风窗都是向外排气，基本不会发生室外冷空气倒灌的问题。另外，从建筑外形看，由于没有屋面的凸出结构，对大棚结构的抗风要求也不会进一步提升。从室内看（图7c），大棚"屋脊"下沉，其结构为立柱支撑"底板"，该"底板"既是屋面雨雪的排水槽，也是屋面通风窗操作的作业走道，同时也兼作用于薄膜更换或结构维修的作业平台。从室内种植作物的要求看，虽然大棚的"屋脊"下沉，降低了传统大棚的屋脊高度，但基本不影响室内作物的种植空间。

和凸形"气楼"的支撑方式相同，支撑凹形"气楼"底板的方式也有单柱和双柱之分（图8）。由于是直接支撑"楼板"，所以，民用建筑上的一些常规的立柱支撑方式都可以直接采用。

凹形"气楼"通风口的开启方式，可以是手动扒缝（图9a），也可以是手动或电动卷膜（图9b）。手动扒缝需要操作者经常上下屋顶操作，作业劳动强度高、环境控制也不精准。在条件许可的情况下，建议尽量采用卷膜开窗的方式。

a.外景　　　　　　　　　　　b.通风口　　　　　　　　　　　c.内景

图7　凹形"气楼"结构

a.单立柱　　　　　　　b.单双立柱交替布置　　　　　　c.双立柱

图8　凹形"气楼"大棚"气楼"底板室内立柱支撑方式

a.手动扒缝　　　　　　　　　　　　b.手动卷膜器卷膜

图9　凹形"气楼"大棚的通风口开启方式

大规模连栋温室
供热首部

大规模连栋玻璃温室周年生产，除了热带地区外，基本都离不开冬季的加温系统。由于受国家环境保护政策的限制，传统的燃煤供热方式在工业与民用建筑供热热源中基本被淘汰，取而代之的主要是地源热泵、电热锅炉和天然气锅炉等清洁能源。虽然这些替代能源都是清洁能源，但由于地源热泵和电热锅炉都使用电力作能源，运行成本较高，所以，国内大规模连栋玻璃温室生产基本都采用以天然气为燃料的燃气锅炉供热，而且采用天然气作燃料向温室供热还可回收燃料燃烧后的烟气进行温室 CO_2 施肥，一方面有效利用燃气的能量和物质，另一方面也可减少燃料燃烧后的尾气排放量，减轻环境污染，更是一种低碳的农业生产模式。

一套完整的供热系统一般由供热热源（锅炉）、热分配与控制设备、散热器以及输送管道、动力水泵和各类阀门等配套设备组成。本文将进入温室散热器之前的供热设备统称为供热首部，这样温室的供热系统将只有供热首部和散热器两大部分组成。散热器的用量及其在温室中的布置，笔者已经在《温室工程实用创新技术集锦 2》中做过论述，为此，本文将围绕以天然气为燃料的燃气锅炉供热系统，就供热首部的设备组成及配套要求进行分析和讨论，供同类温室工程的供热系统设计参考。

一、供热首部组成

从参与供热系统的流体种类来讲，有气体和液体，其中气体包括锅炉燃烧之前的天然气、与燃料混合进行燃烧的空气(为提高燃料的燃烧效率，有的设备还可能配套氧气)以及燃烧之后的烟气(主要是 CO_2 和水汽，燃烧不完全时可能有 CO 或 NO_x 等)；液体部分包括向锅炉补水的软化冷水以及经过锅炉加温后的循环热水。输送和控制这些流体并使之发生物理和化学变化的设备即组成温室的供热系统，其中天然气在锅炉中与空气（氧气）混合燃烧是整个系统的核心，是热能的产源，也是全系统唯一的化学反应过程。

围绕热源锅炉，按照气、液两种流体的相对独立输送与控制设备，可将温室供热首部分为气路系统和水路系统，以下将按照这两个不同相态的设备及其管路分别进行论述。

二、气路系统

气路系统是从天然气气源开始，经过调压后输送到锅炉点火器点燃，再与空气混合在锅炉炉膛内燃烧，将天然气转化为 CO_2 和水等组分的混合烟气（简称烟气）。传统的供热锅炉燃烧后的烟气是直接排入大气，而温室供热系统的烟气则主要用于白天向温室内补充 CO_2，所以，经过检验有害气体浓度不超标时，锅炉燃烧后的烟气将直接送入温室（在送入温室之前应进行降温和脱水并与空气混合成适当浓度），但如果检测发现烟气中有害气体浓度超标，应切断烟气向温室内供应的管路，将烟气排入大气，并自动控制将部分烟气分流到锅炉燃烧室的进气端，与空气混合再燃烧，实现烟气的回燃，以提高天然气的燃烧效率、降低排放烟气中有害气体浓度。经过一段时间的烟气回燃，当排放烟气中有害气体浓度符合要求后再重新打开通向温室的管路通道，同时关闭排入大气的烟气通道，将烟气导入温室进行 CO_2 施肥。当温室中不需要进行 CO_2 施肥期间，从锅炉排出的烟气可直接排入大气。一个完整的气路流程与系统设备组成见图1。

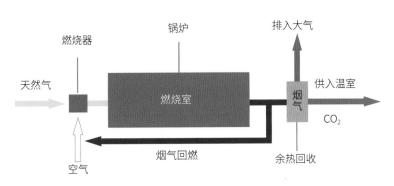

图 1 供热首部气路系统

1.天然气供气系统及设备组成

（1）气源及其调压设备　向锅炉供气的天然气来源一般有两种方式，一种是用液态天然气罐供气；另一种是采用管道天然气供气。从经济性和方便管理的角度考虑，有条件的地区应优先选用管道天然气供气，一是价格相对便宜，二是不需要经常性地组织运气、换气等作业，三是节省建设用地空间。但在没有天然气管道接口，或天然气管道远离温室建设地点而从天然气主管输送天然气到温室所在地的外线管路过长、投资较大，或地方政策不允许将天然气管道接入温室建设地点时，温室天然气供热就只能采用液态天然气罐供气。

采用液态天然气罐供气时，液态天然气首先必须经过汽化器将其从液态汽化为气态，再经过调压才能输送到供热锅炉（图2a），而管道天然气由于管中天然气本身就是气态，因此可省去汽化器直接通过调压箱调压后输送到温室供热锅炉（图2b）。液态天然气汽化设备配置与液态 CO_2 汽化设备配置的方法基本相同，不同的只是两种物质的物理性质（包括在液态罐内的温度和压力、汽化潜热、比热容等）在数据上的差异，国家标准《城镇燃气设计规范》（GB 50028—2006）也有详细的设计要求，这里不多赘述。

从液态罐经汽化器汽化或从管道天然气管接入的气态天然气，首先要进入调压设备调压，之后才能进入锅炉房设备。调压设备主要由管路总阀、压力表、温度计、过滤器、调压器以及安全放散阀等

a.液态天然气罐供气气源

b.天然气管道供气气源

图 2　天然气供气气源及其设备组成

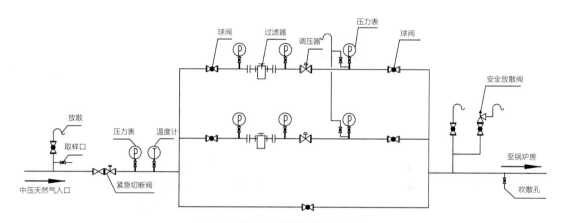

图 3　天然气气源调压箱管路系统图

组成。为保证安全供气，主供气管路应并联设置一套相同的管路，同时还应附加一路手动控制的旁路（图 3）。为保证供气设备防火安全并尽量缩短外线管路，气源的调压设备一般应放置在室外，在满足与锅炉房和温室之间安全防火距离的条件下尽可能将气源设备靠近温室锅炉房的位置布置（图 2）。

天然气管从调压箱出来直到锅炉燃烧器之前，全程应表面涂刷明黄色颜色，以醒目地告知人们该道管的用途。

（2）炉前天然气供气系统　从天然气气源调压箱出来的气态天然气在进入锅炉燃烧之前还需要进行一系列的安全控制，这一阶段的气体输送、测量及控制设备统称为炉前管路（即从调压箱到锅炉燃烧器之间的全部管路和设备）。按照供气管路功能的不同可将炉前管路分为供气主管路、单台锅炉的供气支管路和管道气体吹扫管路（图 4）三部分。对于大规模连栋温室，正常生产一般都需要配置 2 台及以上的供热锅炉。从调压箱到每台锅炉供气分支管之间的管路称为总供气管路，或称供气主管。从供气主管分支口到每台锅炉燃烧器之间的管路称为锅炉供气支管路，是直接向每台锅炉供气的供气管路。管道气体吹扫管路是用管道内天然气或惰性气体（统称为介质气体）清扫主管路和支管路中其他气体的专用管路，主管路吹扫从"总关断阀"后接入介质气体（图 4），在压力作

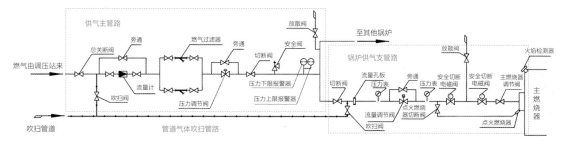

图 4　天然气炉前供气管路系统

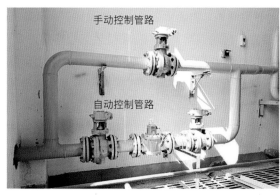

a.主管路自动/手动控制支路

b.支管路并联供气管路

图 5　管路安全备份设置方法

用下介质气体经过主管路中所有管路和阀门后从"放散阀"排出，从而将残留在主管路中的非介质成分的气体排出管路。支管路吹扫从支管路的"切断阀"后接入介质气体，介质气体沿支管路流动直到支管路的"放散阀"排出管路将残留在支管路中的非介质成分的气体排出管路。

主管路一般由总开关、流量计、过滤器、压力调节阀以及安全阀和高低压力报警器等安全控制设备组成；支管路一般由管道流量和压力控制与测量、燃烧器供气控制以及燃烧状态检测等设备组成。管路中所有过滤、压力调节、流量调节等部位应并联设置"旁路"，当管路中的气流满足锅炉燃烧要求时，天然气可通过旁路分流，以降低管路压力损失，减小输气动力的运行能耗（图 4）。

为保证安全送气，一般主管路总切断阀应并联设置两路供气控制管道，一路为电磁阀自动控制管路，另一路为手动阀门手动控制管路（图 5a），可分别用于日常运行中的自动控制和自动控制故障或其他紧急情况下的手动控制；每台锅炉的支管路也应并联设计两路相同管路(图 5b)，一备一用，当一条管路发生故障时可立即启动另一条平行的管路供气，并联的两条控制管路均可采用自动控制，不再设手动控制管路，以降低设备造价、提高管路自动化运行水平。

吹扫散放管道的主要作用，一是系统停止运行进行修理时，为检修工作安全需要把管道内的天然气吹扫干净，这时需要的吹扫介质气体为惰性气体，一般为 CO_2 或 N_2；二是在较长时间停止工作后再投入运行时，为防止燃气和空气混合物进入炉膛引起爆炸（天然气的爆炸极限范围为 5%~15%，即在锅炉检修和运行中应控制天然气的浓度在爆炸极限范围之外），要先进行吹扫，将可燃混合气体排出管道，排入大气，这时需要的吹扫介质气体为管道内天然气或先用惰性气体吹扫后再用天然气吹扫。

燃气锅炉启动前需对锅炉的所有气路，包括燃气供气管道、锅炉炉膛及烟气通道进行吹扫。吹扫时间一般不应少于5min，并在吹扫口（即放散管处）取样分析，含氧量不超过1%为合格。

当以燃气作为吹扫介质时，为防止流速过大带动管内未清理干净的碎石、铁渣冲击管壁产生火花引起爆炸，吹扫开始时应微开启阀门，控制流速在5m/s以下，将空气驱走。当从吹扫口取样分析其含氧量在2%以下时，再开大阀门进行吹扫。

当以惰性气体作为吹扫介质时，吹扫分两步，先用惰性气体将燃气系统内的空气置换干净，然后切断惰性气流用燃气将系统内的惰性气体再置换干净。

2. 烟气系统及其配套设备

天然气从锅炉燃烧器点燃后，与引风机送入锅炉炉膛燃烧室中的空气或氧气混合燃烧，一方面产生热量提高炉膛内水箱的水温（这是锅炉的主要功能），另一方面产生以 CO_2 和水汽为主要成分的烟气（其中 CO_2 是温室作物 CO_2 施肥的主要来源）。要保证系统安全高效运行，系统设计中，一是要保证天然气在炉膛内的完全燃烧，二是要将烟气中携带的热量回收利用。由此在严格控制天然气和空气（氧气）混合燃烧比例在爆炸极限范围外的条件下，锅炉烟气系统中重点要把控好锅炉炉膛内的气压，同时要对烟气进行部分回燃，这是实现天然气充分和完全燃烧，保证烟气中除 CO_2 和水蒸气外不含过多的 CO 和 NO_x 等有害气体成分的重要措施。此外，还应配套专门的烟气余热回收系统，一可以回收能量，提高能效；二可以降低烟气温度，将烟气中水蒸气离析出来，降低对管道排水、防腐、动力等要求。

（1）锅炉炉内压力控制系统　锅炉炉膛内的气压主要通过烟道的引风和送风系统来实现。根据锅炉炉膛内的压力不同，烟道引送风系统分为平衡通风、负压通风和正压通风三种。

平衡通风是在锅炉烟气风道系统中同时装设送风机和引风机，利用送风机压力克服炉膛内风道及燃烧设备中的全部风道阻力，利用引风机压力克服全部烟道系统阻力，在炉膛出口处保持20~30Pa的负压。平衡通风使风道中正压不大，锅炉炉膛及全部烟道又处在合理负压下运行。

负压通风是在烟道内只装设引风机，利用引风机的入口压力来克服全部烟道和风道内阻力，锅炉处于较大的负压下运行。

正压送风是在锅炉烟、风系统中只装设送风机，利用送风机的压力来克服全部烟道和风道阻力，此时烟道、风道均处于正压状态。

平衡通风和负压通风系统炉膛和烟道内都处于负压状态，管路漏风量较大，当锅炉燃烧不良时，可燃气体会进入锅炉后部烟道，与后部烟道漏入的空气混合形成爆炸性气体，在高温作用下，可能会引起二次燃烧或爆炸。此外，烟气中气体成分复杂，无法直接用于向温室补充 CO_2 使用。正压送风系统由于送风强度高，燃烧强度也随着提高，同时减少了锅炉漏风量和排烟损失，可延长风机寿命，减少电耗，烟气中 CO_2 的成分也更纯洁，所以目前大规模连栋温室热气联供系统的锅炉运行均采用正压送风方式。

（2）烟气回燃　烟气回燃，就是将锅炉尾部10%~30%的烟气（温度约170℃），经不锈钢烟气管道吸入到燃烧器进风口，并将其混入助燃空气后进入炉膛（图6）。回燃烟气的温度较高，与助燃空气混合后可提高空气的温度，由此可提高燃烧的效率。

在高温条件下，空气中的 N_2 经氧化生成 NO_x，成为热力型 NO_x。热力型 NO_x 形成的主要控制因素是温度，温度对热力型 NO_x 的形成呈指数关系。影响热力型 NO_x 形成的另一个因素是烟气中氧的浓度，NO_x 形成的速率与氧气浓度的0.5次方成正比。烟气回燃，一是可降低火焰区域的最高温度，同时也可降低氧和氮的浓度，从而达到降低 NO_x 的目的，实现降低 NO_x 排放量，提高燃烧效率，最终达到节能减排的目的。对温室热气联供系统而言，减少烟气中的 NO_x 实际上就是降低 CO_2 施肥中的有害气体，也是作物进行 CO_2 施肥的基本要求。为此，在温室热气联供的供热锅炉设计中，应配套烟气回燃管路及其配套管路风机。

（3）烟气余热回收　天然气和空气经过炉膛内燃烧后产生的烟气具有较高的温度，如果将这些烟气直接排放到大气中，将是一种能量的浪费；如果将其直接输送到温室内进行 CO_2 施肥，由于高温对管道的材质要求高，势必会增加输送管道的成本。因此，不论从节能减排的角度，还是从降低 CO_2 输送管路造价的角度考虑，回收利用烟气中余热都是非常必要的。

回收烟气中热量的途径有两种：一是在烟道的前端设置空预器（图6a），将锅炉尾部烟道中排出的烟气中携带的热量通过散热片传导到进入锅炉前的空气中，提高空气温度，从而在降低烟气温度的同时提高燃气的燃烧效率；二是在烟道的中末段设置冷凝器（图6a、b），用补充锅炉的软化冷水作介质，将其加热后送入锅炉的回水管，进而进入锅炉的水循环系统，将烟气余热直接用于温室加热系统。

三、水路系统

温室供热系统实际上是一个水循环系统。冷水经过锅炉加热后升高温度变成热水，通过供水主

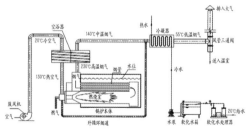

a.系统原理图

b.烟气处理设备

c.烟气回燃管路

图6　烟气处理与利用

管道输送到温室散热器中，热水在温室内散热器中散热降温后再通过回水管道返回锅炉中加热，如此循环往复形成温室的供热系统。在温室供热系统中，水是热的载体，水在锅炉及管道和散热器中的循环流动，携带热从锅炉向温室内转移和释放，所以，水是温室供热系统中不可或缺的工作介质。

按照供热系统中水的性质和用途来分，可将整个水路系统的水分为围绕锅炉补水的冷水系统和在锅炉和散热器间循环流动的热水系统。

1.锅炉冷水系统

温室供热系统中的水首先是来自于冷水（常温水）。在锅炉启动前，第一步的工作就是用冷水清洗锅炉并向锅炉及水循环管路内注满冷水。在锅炉运行过程中，管道、散热器等水力管道的"跑冒滴漏"以及系统排污等也会使系统内的总水量减少，为此，需要及时补给新水，以保证系统稳定运行。所以，冷水供应系统是锅炉运行中不可缺少的设备组成部分。

锅炉供水与温室灌溉用水对水质的要求有显著差别。除不得含有有机或无机颗粒物外，为保证锅炉的安全运行，国家标准对锅炉供水的水质有严格的要求（表1），如果水源原水不能满足锅炉供水水质要求，就必须对原水进行处理。因为不符合水质要求的原水不进行处理或处理不当，会在锅炉炉体的受热面上结垢，致使炉壁传热性能变差，锅炉热效率降低，单位能量消耗燃料量增加，还会产生腐蚀、鼓包、爆管，甚至引起爆炸等事故。此外，锅炉给水水质不良，还会引起金属腐蚀，导致热水锅炉金属构件破坏，严重时发生穿孔，威胁人身的安全。所以，水处理是保证锅炉设备安全运行的必要条件。

热水锅炉水处理的最终目标是通过预处理、软化、除盐、除氧（气）等工艺，防止锅炉结垢和腐蚀。为此，根据原水的水质条件，热水锅炉供应冷水的水质处理设备一般包括过滤（砂石过滤和

表1　锅炉供水水质要求

项目	单纯锅内加药处理		锅外水处理	
	给水	锅水	给水	锅水
浊度／FTU	≤ 20.0	—	≤ 5.0	—
硬度／mmol/L	≤ 6.0		≤ 0.60	
25℃条件下 pH	7.0 ~ 11.0	9.0 ~ 11.0	7.0 ~ 11.0	9.0 ~ 11.0
溶解氧／mg/L	—		≤ 0.10	
油／mg/L	≤ 2.0		≤ 2.0	
全铁／mg/L	—		≤ 0.30	
磷酸根／mg/L		10.0 ~ 50.0		5.0 ~ 50.0

注：表中"给水"为直接进入锅炉的水，通常由补给水、回水等组成；"锅水"为锅炉运行时，存在于锅炉中并吸收热量产生热水的水。

叠片过滤）、软化以及除氧等设备（图7）。

系统配置上，经过过滤和软化的水首先储存在软化水储水箱中，在进入锅炉循环水之前有的设计还配套了除氧设备，去除水中的氧气，这对保护锅炉及整个供热系统管路和设备的抗氧化腐蚀有

a.砂石过滤器

b.水质软化处理设备

c.软化水储水箱

图7 锅炉供水冷水水质处理与储存设备

非常积极的作用。

　　经过软化和除氧的水即可进入锅炉水循环系统。补充新水进入锅炉水循环系统的路径有三条：一是连接到锅炉循环水的回水管，直接进入锅炉水循环系统；二是送入锅炉烟气的余热回收设备，吸收烟气余热提高水温，之后再进入到锅炉循环水的回水管（当然，吸收烟气余热也可直接用循环管路中回水，但补给新水由于温度更低，换热效率高，可降低换热器的造价和运行成本，为此被大量采用）；三是直接将原水送入锅炉的水锅中。前两种方法主要用于锅炉运行期间的补水，第三种方法则主要用于锅炉的检修和启动阶段补水。

　　锅炉运行期间由于新水补给是间歇性供水，为了减少供水水泵的启动频率，降低运行成本，延长水泵使用寿命，一般在管路中配置一套定压设备，补给新水首先打入定压容器，锅炉需要补水时首先从定压容器内取水，当定压容器内水量或压力不足时再开启补水水泵向定压容器补水。但在锅炉启动前向锅炉内注水时，可不通过上述设备和管路，而是直接将软化除氧符合锅炉供水水质的原水注入锅炉水锅中。

　　热水锅炉提供的热水在供热的过程中，除了锅炉水锅中会产生水垢外，在供热管网和散热器中也会出现水垢，这些水垢都会阻塞热水流通，影响供热质量，增加运行成本。为减少锅炉及管路和

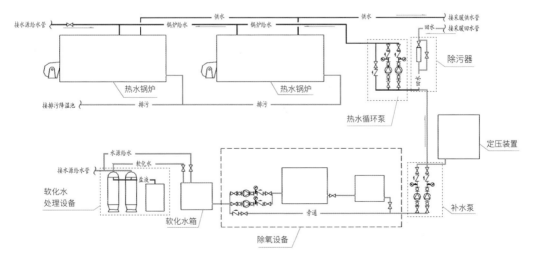

图8 锅炉及其给排水管路典型工艺流程与设备配置

散热器内结垢，一是在热水循环管路的回水管末端设置除污器，将循环管路中出现的污垢阻截并排出循环系统；二是在锅炉炉体上设置排水管路，定期排水，部分排除长时间循环的陈水，同时补充新水，以保证循环系统中的总水量不变，锅炉的排水管路同时还可用于锅炉检修和清污时排放污水。

锅炉及其给排水管路的典型工艺流程和设备配置如图8。

2. 热水循环系统

热水循环系统就是将经过锅炉加温的热水（设计水温一般为95℃）通过供水管路输送到温室散热器，向温室提供热量，在经过散热器散热并降温后再通过回水管路回送到锅炉进行再次加热升温形成热水的一套闭合水流循环水路。

传统的温室供热系统是直供系统，即锅炉产生的热水直接输送到温室采暖，在温室中经散热器散热降温后的回水直接进入锅炉进行加热，由此形成一个完整的水循环系统。该循环系统中由于散热器和管路等的"跑冒滴漏"造成循环系统中总水量减少的部分，再通过冷水补给系统予以增补。这种系统一般是锅炉夜间运行向温室供热，而白天大部分时段由于温室接受太阳辐射后室内温度升高，基本不需要额外供热或需要的热负荷大大减小，因此锅炉处于停止或半停止工作状态，只有在冬季比较寒冷的地区白天室外温度很低且光照也不足，这时才需要昼夜供热，锅炉24h运行。直供式供热系统由于主要是夜间供热，所以只供热而不供气（CO_2 气体），对于以天然气为燃料的供热锅炉，供热只利用了天然气的热能，却浪费了温室作物生产所需要的 CO_2 气体。

为了能最大限度开发利用天然气的物质和能量，大规模连栋温室种植作物采用天然气为燃料冬季供暖时，基本都采用锅炉白天运行、夜间休息的热气联供运行模式。锅炉白天运行，将天然气燃烧产生的烟气经过检验合格后直接送入温室用于提高温室内 CO_2 浓度，可有效提高温室作物的光合作用，从而提高作物产量和品质；同时锅炉运行产生的热量将被集中收集在储热罐内，到了夜间温室作物光合作用停止，温室不需要输送 CO_2 而需要热量时再从储热罐中抽取热量用于温室的加温。这种锅炉运行方式与直供系统相比相当于免费地获得了温室需要的 CO_2，使天然气的物质和能量得到了充分的开发和利用，因此，是一种经济且环保的运行管理模式。在设施农业发达的国家（如荷兰），甚至还采用热气电联产的做法，将燃烧天然气的"功"用于发电，热用于温室加温，燃烧尾气用于温室作物的 CO_2 施肥，使燃烧天然气的能量和物质进一步利用，真正实现对天然气燃料的"吃干榨尽"，不仅提高了温室生产的经济效益，而且使不可再生的化石能源得到了充分的开发和利用，是减少碳排放、实现社会可持续发展的一种良好技术手段。

由此可见，对于以天然气为燃料的温室热气联供采暖系统而言，温室加温热水循环系统是由锅炉、储热罐与散热器共同构成。白天锅炉工作向储热罐供热，提高储热罐内的水温，形成锅炉与储热罐之间的水流循环；夜间锅炉停止工作，储热罐向温室供热，形成储热罐与温室散热器之间的水流循环，将白天锅炉运行储存在储热罐中的热量释放到温室中，补充温室夜间散热损失，保持温室夜间作物生长的要求温度。当储热罐的储热量不足时，无论是白天还是夜间，计算机都可以根据温室供热量的需要自动控制启动锅炉运行，形成锅炉与温室散热器之间的水流循环。因此，热气联供供热系统中的水循环共有3种循环路径（图9）。3个循环系统中的配置设备除天然气锅炉外，主要还包括储热罐、散热器以及供热热源向散热器供热的热分配设备。

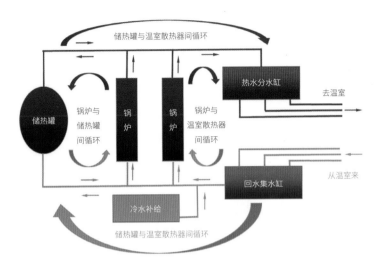

图9 供热首部热水循环系统原理

锅炉容量应根据温室建设地点的室外采暖计算温度、室内种植作物的适宜生长温度和温室结构及其保温性能按照热量平衡原理采用传热学理论计算确定。温室散热器及其布置形式应按照作物的种植品种和种植方式以及温室的结构形式设计。相关的设计和计算方法笔者已经在《温室工程实用创新技术集锦2》中进行过论述，这里仅就供热系统的储热罐和供热首部的热分配设备进行拾遗补漏。

（1）**储热罐**　储热罐储热是天然气锅炉温室供暖系统的一个主要特征。储热罐的容积应根据温室白天需要 CO_2 的量来确定。具体的确定方法是首先根据温室作物光合作用需要的 CO_2 量推算出需要燃烧的天然气量，再根据燃烧天然气量所能产生的热量来确定需要的热水量，最后根据需要储放热水量确定储热罐的容积，具体计算公式如下：

$$V_x = \frac{N_r \times t_x \times 3600}{\Delta T_x \times \eta_1 \times \eta_2 \times \eta_3 \times \rho \times 4.18}$$

(1)

式中：V_x 为蓄热水罐容积（m^3）；N_r 为日间运行锅炉功率（kW）；t_x 为锅炉日间运行时间（h），等于烟气供应 CO_2 时间；ΔT_x 为蓄热水罐可利用温差（℃），可按40℃取值；η_1 为蓄热水罐保温效率，宜取95%；η_2 为蓄热水罐容积利用系数，宜取0.9；η_3 为系统水膨胀系数，宜取0.97；ρ 为热水密度，宜取 1 000 kg/m^3。

对储热罐的要求，一是应具有足够的强度和承压能力，不得发生罐体变形。为此，蓄热罐罐体一般均选用圆柱形钢制罐体，罐体钢板采用压型瓦楞钢板，钢板厚度应根据罐体内水位高度所产生的内压力以及室外风雪荷载所产生的外压力，通过荷载组合的内力分析按照最不利荷载组合下的应力确定，尤其需要注意的是罐体的基础应根据地基的土壤性质和承压能力以及温室建设地冬季的冻土层深度和地下水位高度等因素按照建筑基础设计规范确定。

二是罐体整体应防腐蚀、无渗漏，即要求储热罐的内衬应耐高温、耐腐蚀，且密封严密。为了提高储热罐的耐腐蚀能力，对于闭式承压水罐一般还配套氮气膨胀系统，即用氮气充满罐体内非热水占据空间，避免氧气进入罐体形成对罐体及后续管网的腐蚀，需要专门配备一套制氮设备（图10a），制氮设备的能力应能保证储热罐罐体顶部氮气压力保持在（20±5）kPa。

三是罐体应做好保温防护，减少储热期间热量的无谓损失，一般要求保温材料的厚度应符合罐体外表面与周围空气温差不大于5℃，保温材料应为难燃或不燃材料，除了罐体的保温外，储热罐与基础之间也应做好保温。

储热罐内沿高度方向按设计水深10%等距设置测温装置（图10c、图11），根据罐体内的温度场变化，计算机自动计算罐体内的储热量和供热能力，并与燃气锅炉和供热分水缸联动控制，保证温室内稳定的供热能力。

储热罐与锅炉间热水循环时，储热罐内热水采用"上进下出"的模式。从锅炉加热的热水从储热罐的顶部注入，将储热罐内的低温热水压向底部，进入锅炉的回水从储热罐的底部回流，如此循环往复将储热罐内的水温整体提高到设计供水温度。当热水在储热罐与温室散热器间循环时（实际上是储热罐与供热首部的分水缸和集水缸之间的直联循环），储热罐内热水采用"上出下进"的模式，从储热罐上部抽出的热水进入分水缸，分配到不同用途的分主管送至温室内散热器，从散热器回水管返回的凉水集中到集水缸，再统一输送到储热罐（图10a、b）。由此看出，不论是储热罐与锅炉间的热水循环，还是储热罐与温室散热器之间的热水循环，储热罐内水体的温度场永远是"上热下凉"，在水体循环的过程中"热水"和"冷水"之间存在一个温度场剧烈变化的"斜温层"（图11），该斜温层的位置变化趋势以及斜温层的精准位置表明了储热罐的储热和放热状态以及储热量。生产运行中计算机会根据储热罐内设置温度传感器的位置判断斜温层的位置，从而预判确定锅炉启动和停止运行的时间，实现锅炉启停的精准控制，达到系统运营的高效、低耗。为保证精准控制，设计中一般要求斜温层的厚度应控制在1m以内。

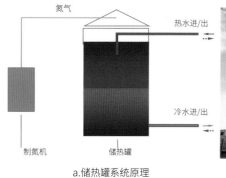
a.储热罐系统原理

b.储热罐及其进出水管

c.温度传感器布置

图10 储热罐及其系统设备配置

（2）**热水分配**　从锅炉或储热罐出来的高温热水首先统一进入热水分水缸，之后从热水分水缸中再分出一级供热主管（图12a）。如果把锅炉和储热罐比作人体心脏的话，一级供热主管是温室供热系统的"大动脉"。为了确保供热主管路的安全运行，每条主管上至少应设置2台水泵，一备一用，有的甚至采用3台水泵，用二备一（图12b）。设计中具体采用哪种方案，应视单台水泵的流量和扬程以及供回水管路管道直径和管道长度经过水力学计算确定。

为了尽量使温室内温度保持均匀，对于大面积的连栋温室，一般应将温室划分为若干供热单元，每个供热单元的面积尽量相等或根据不同单元的热负荷（不同供热单元由于种植作物不同热负荷可能不同）尽量使每个单元的热负荷相近。从分水缸出来的一级供热主管不是直接连接到温室内散热器，而是首先被分流到各供热单元，这样就保证了各供热单元的供水温度基本相同。为了进一步减小管路阻力，保证输水管路的水力平衡，由此减小管路水泵的压力和运行能耗，保证室内温度分布更加均匀，从分水缸出来的一级主管热水分配到各供热单元的供热点一般应设置在每个供热单元温室侧墙或山墙的中部。

进入各供热单元供热点的热水，再次进行分流，分配到不同用途的各支路主管(称为二级主管)，一般包括天沟化雪管支路、地面轨道散热器支路、株间散热器支路、空中吊挂散热器支路、外墙面散热器支路、辅助车间散热器支路、办公室／宿舍散热器支路等。其中，天沟化雪支路可根据温室建设地区冬季降雪情况进行设置，南方冬季无降雪或一次降雪量极小的地区可不设。此外，由于天沟化雪支路只在降雪天才开启运行，与室内采暖供热支路的控制完全不在一个时段，为便于控制，有的设计者也将二级化雪管支路升级为一级供热主管（图12a），集中统一控制，保证温室结构的安全和温室的必要采光。

二级供热主管从一级供热主管中分流出的热水是近乎锅炉或储热罐的高温水（一般设计按95℃计算），由于不同散热器运行要求的供回水温度不同，所以，在各支路散热器接入二级供热主管前，首先要对二级主管内的热水温度进行调节。不同用途各支路散热器的供回水温度见表2。

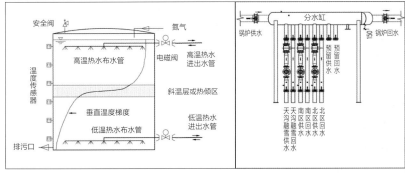

a.结构原理图　　　　b.实景图

图11 储热罐内配水管布置与温度场分布　　　图12 分水缸及一级主管配套设备
　　　　　和斜温层位置

表2　温室散热器不同支路的供回水温度／℃

项目	天沟化雪管	地面轨道散热器	株间散热器	空中吊挂散热器
供水温度	85	70	50	70
回水温度	60	60	40	60

注：外墙面散热器的供回水可采用与地面轨道散热器相同的温度，两者合并在一条支路中。

调节二级供热主管内供水温度的方法是将本支路中的回水与供水混合，用低温回水来降低一级供热主管内热水的温度。一般在二级供水主管的供水段上设有温度传感器，系统运行中可根据主管上温度传感器的测量数值由计算机自动控制电动控制阀的开度，调节回水流量，实现主管内热水的设定供水温度（图13a、b）。实际工程设计中，为了保证管路运行的可靠性，在供水主管与回水主管间除了设置电动控制阀自动控制供水主管内的水温外，还应该设置手动控制阀（图13c），以备在自动控制阀失效时能够启用手动控制阀人工控制来调节供水主管内的水温。

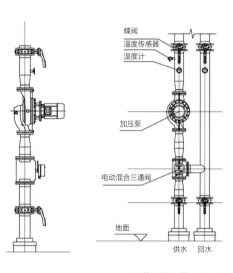

a.供水主管侧视图   b.供回水主管正立面图   c.实景图（三组）

图13 二级供回水主管及其调温管路和设备

温室工程
实用创新技术集锦 3   Wenshi Gongcheng
Shiyong Chuangxin Jishu Jijin 3   ▷   **196**

大规模连栋温室
CO₂施肥系统

  CO_2是作物进行光合作用的必需元素。由于温室内作物处于相对密闭空间，如果没有外界CO_2补充，仅靠室内夜间土壤或基质释放的CO_2以及夜间作物呼吸作用等自主产生的CO_2在日出后将很快被消耗殆尽。没有充足的CO_2供给，即使再适宜的温光环境，作物也不可能合成足够的有机物质来保证自身的生长和生殖，最终将直接影响作物的产量和品质。

  中国大部分的温室设施，包括塑料大棚、日光温室和连栋温室，由于受蔬菜销售价格、运行成本和CO_2碳源供应的限制，大都不配套CO_2施肥设备，温室内CO_2的补充主要依靠白天的通风和夜间地面土壤或基质中有机质的分解。温室冬季白天通风，虽能引进室外CO_2，但同时也在大量损失室内热量。因此，温室通风换气，一般只在中午前后较短的高温时段进行，除此之外的大部分时间内为减少热量损失温室通风系统都处于关闭状态，也就是说温室内CO_2长时间都处于严重匮缺状态，这是除温光之外造成中国温室作物冬季生产产量不高的另一个重要原因。

  大型连栋温室高架基质种植番茄，由于地面铺设了地布且栽培基质数量有限，有些还是无机的岩棉基质，从地面和基质中释放的CO_2极其有限，甚至可以忽略不计，而且采用文洛型结构温室四周不设通风窗，标准的屋面通风窗多采用间隔交错开窗，温室自然通风的换气效率较低，虽然有的温室采用屋脊两侧双向连续开窗的通风方式，显著增大了温室屋面通风窗的面积，但由于大型连栋温室单栋温室面积较大，完全依靠屋面自然通风的方式从室外大气中补充CO_2很难达到作物适宜生长光合作用的需要。事实上，为了尽量减少热量损失，节约能源消耗，节省温室运行成本，冬季温室开窗通风的目的主要是排除室内湿气，降低室内空气相对湿度，而非补充室内CO_2。

  从另一个角度看，即使温室能够与室外进行完全的空气交换，由于室外空气中CO_2浓度基本稳定在$340\,\mu mol/mol$左右，温室内CO_2浓度最高也只能与室外空气中CO_2浓度持平，要想进一步提高室内CO_2浓度，仅靠自然通风已经无能为力了。

  针对提高作物产量的生理研究和生产实践都证明，将室内CO_2浓度提高到$600\sim800\,\mu mol/mol$可提高作物产量20%以上，而且对产品的品质也有显著提升。为此，有的生产者甚至建议在上午温光条件较好的时段将室内CO_2浓度提高到$1\,000\,\mu mol/mol$以上。

  从温室自然通风补给CO_2的能力和提高作物光合作用强度对CO_2需要两个方面综合考虑，温室配套CO_2补给系统是非常必要的，而且近年来中国引进荷兰种植模式新建的大面积商品化生产番茄的玻璃温室中基本都配置了CO_2供给系统。本文就笔者在近来调研中看到的各类温室中CO_2供给技术和设备做一总结和梳理，供温室设计者和研究者借鉴和参考。

一、温室中增施 CO_2 的方式

科学研究和生产实践早已确认了在温室中补充 CO_2 对加强作物光合作用、提高产量和品质的作用，但选择什么样的碳源，用什么样的方式向温室补充 CO_2 却是一个经济、社会和技术综合平衡的结果。国内在温室 CO_2 施肥的问题上也做过很多研究和实践。早期的手段是在土壤中增施有机肥(包括秸秆反应堆技术)，通过微生物分解有机质释放 CO_2，后来还相继研究开发了化学方法（用硫酸或硝酸与碳酸钙或碳酸氢钠反应生成 CO_2)、燃烧方法（燃烧柴油、煤油或沼气）等，生产中也使用过一种袋装的缓释 CO_2 颗粒肥，但这些方法调控不方便，使用中和使用后还可能有有毒有害残留，为此，有的温室生产者直接采用瓶装液化 CO_2 向温室供应 CO_2。液化 CO_2 虽然控制方便、气体成分纯洁，但使用成本较高，有些地方当地也没有供应渠道，所以在实际生产中应用很少。

荷兰采用天然气热水锅炉，将锅炉燃烧后的烟气回收进行温室 CO_2 施肥，在解决温室供暖的同时也解决了温室 CO_2 供应的问题；有的温室生产企业还采用热电联产技术，将发电、产热和回收利用 CO_2 三者结合，使燃烧天然气的能量和物质得到最大限度的挖掘利用，实现了能源的高效利用。

近年来国内引进荷兰温室及种植技术，同时也将天然气燃烧后的烟气回收用于温室白天 CO_2 施肥这一技术和设备一并引进（由于国内散户发电上网的国家政策执行中存在很大难度，热电联产技术和设备还没有引进），并在国内得到进一步的改进和发展，设备的国产化率也在不断提高。为了保证温室在非供暖季节室内 CO_2 的补给，引进荷兰温室设计中还配套了灌装液态 CO_2 供应系统。文章将重点针对大面积番茄生产连栋玻璃温室周年生产模式，采暖季节以天然气为燃料，从燃气锅炉烟气中回收利用 CO_2、非采暖季节利用灌装液态 CO_2 这种联合供应 CO_2 的技术和设备进行总结和梳理。

二、回收天然气热水锅炉燃烧烟气补充 CO_2

天然气的主要成分为烷烃，其中甲烷占绝大多数(约占85%)，另有少量的乙烷(9%)、丙烷(3%)和丁烷（1%）。按照标准的组分，$1Nm^3$ 天然气燃烧后除放出 8 000~8 500kcal 热量（显热）外，还会产生 $1.16m^3$ 的 CO_2 气体（表1）。

以北京为例，一个生产季节 $1hm^2$ 番茄生产温室天然气的消耗量约为 30 万 Nm^3，完全燃烧后将

表1　$1Nm^3$ 天然气燃烧后产生 CO_2 量计算

组分	化学反应式	与 CO_2 比例	成分含量 /%	生成 CO_2 量 /m^3
甲烷	$CH_4+O_2=CO_2+H_2O$	1 : 1	85	0.85
乙烷	$2C_2H_5+5O_2=4CO_2+6H_2O$	2 : 4	9	0.18
丙烷	$C_3H_5+5O_2=3CO_2+4H_2O$	1 : 3	3	0.09
丁烷	$2C_4H_1+13O_2=8CO_2+10H_2O$	2 : 8	1	0.04
合计				1.16

产生约 35 万 m³（折合约 250t）CO_2。如果将这部分 CO_2 直接排向大气，大量的温室气体将给全球气候控制带来不利影响，但如果将它全部释放在温室中用于作物的光合作用制造有机物质，则不仅减少了温室气体排放，而且可提高作物产量，造福人类。所以，利用好燃气锅炉烟气中的 CO_2 不仅具有良好的经济效益，而且更具有巨大的生态效益。

按照光合作用的化学方程[公式 (1)]，6mol当量*的CO_2经过作物的光合作用后将能合成1mol当量的有机物质和6mol当量的氧气。尽管温室作物对空气中CO_2的固定率可能不足5%，但显著的作物增产却能给温室生产者带来明显的经济效益。

$$6CO_2+6H_2O \rightarrow C_6H_{12}O_6（CH_2O）+6O_2 \qquad (1)$$

回收燃气锅炉的烟气向温室供应CO_2，从工程上讲，就是将燃气锅炉排烟道内的烟气通过风机加压后送到温室中即可。但事实上，由于从燃气锅炉排烟道排出的烟气，一是高温气体，为节约能源一般还要配套余热回收装置，将烟气的温度由几百摄氏度降到几十摄氏度后再输送到温室，同时输送较低温度气体对输送管道的耐热要求也相应降低；二是由于天然气原料中一般还会有硫化氢、CO_2、氮、水汽和少量一氧化碳及微量的稀有气体，如氦和氩等，天然气在送到最终用户之前，为有助于泄漏检测，还要用硫醇、四氢噻吩等来给天然气添加气味，所以天然气燃烧后除了产生CO_2和水之外，还会有硫化物、氮氧化物等有毒有害物质产生，如果在燃烧过程中出现不完全燃烧，烟气中还会有一氧化碳产[公式 (2)]，如果不加检验地直接将这些烟气送入温室，不仅不利于作物生长和工作人员的健康，而且也会腐蚀温室的结构和设备；三是如果直接在燃气锅炉的排烟道上安装风机向温室内输送CO_2，将可能使锅炉的燃烧炉膛内形成负压，进一步加剧炉膛内燃气的不完全燃烧。

$$2CH_4+3O_2=2CO+4H_2O \qquad (2)$$

为此，从燃气锅炉烟气中回收 CO_2 用于温室作物的 CO_2 施肥时，在锅炉的烟道上还应配置余热回收装置、烟气中有害物质监测设备和烟道减压设备等（图 1）。

图1　锅炉烟气回收处理系统

---

* 当量为我国非法定计量单位，指与持定或俗成的数值相当的量。——编者注

1.余热回收装置

回收燃气热水锅炉烟气中的热量，需要在锅炉的排烟管上安装余热回收装置。$1Nm^3$ 的天然气燃烧产生的热量为 9 450kcal，其中显热 8 500kcal，潜热 950kcal（潜热蕴含在水中，$1Nm^3$ 天然气完全燃烧后会产生 1.66kg 水）。锅炉燃烧后的烟气温度在 120~250℃，如果将烟气的温度降低到 40~80℃，加装烟气余热回收装置后可回收 8%~15% 的显热和 11% 的潜热，而且还可以冷凝和回收水蒸气，减少后续向温室输送 CO_2 过程中管道中水汽的凝结量。

余热回收的方式一般有气－气热交换和气－水热交换两种。所谓气－气热交换就是用冷空气来冷却锅炉排放的热烟气，在燃气锅炉系统中经过气－气热交换升温后的冷空气可作为天然气燃烧前的预热空气，与天然气混合后燃烧可提高燃料燃烧的效率。气－水热交换是用冷水来冷却锅炉排放的热烟气，气－水热交换后的温水可送入锅炉继续升温最终成为 95℃ 高温水用于温室供暖；也可以作为与锅炉高温水（95℃）或者温室散热器的回水（75℃）混合用的低温水，混合后形成中温水（40~45℃），用于作物冠层内供热管的供热水；还可用于对天然气燃烧前混合冷空气的预热。具体采用哪种用途，可根据锅炉采暖系统设计的需要确定。目前大部分的余热回收基本采用气－水热交换的方式，经过热交换升温后的水则主要用于调节供暖管道中供热水的温度，或者回流到锅炉进一步升温后用于温室供暖。

国内外烟气余热回收装置大多采用金属换热材料，主要结构有回转式换热器、焊接板（管）换热器、热管换热器和热媒式换热器等。目前国内温室天然气供热系统烟气余热回收大都采用翅片管换热，低温水在翅片管内流动，高温烟气在翅片间流动，从而实现热烟气和低温水之间的高效换热。

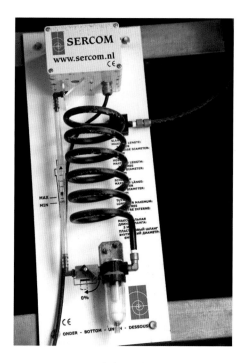

图 2 有害气体检测仪

2.有害物质监测与控制

经过余热回收降温除湿后的烟气，是否能作为温室光合作用的 CO_2 气体直接输送到温室，还要看烟气中硫化物和氮氧化物的含量是否超标。如果有害物质浓度超过设定值，则余热回收后的烟气将通过自动控制系统控制三通阀门将烟气直接排入直通室外的烟囱而排向室外；如果有害气体浓度在设定控制范围之内，则三通阀门向温室输送 CO_2 的管路开通，烟气可输送到温室。

监测有害气体的方法是在余热回收装置烟道的出口端将烟气引入二氧化硫和氮氧化物探测器（图2），进行在线监测，测定的结果即时输入控制三通阀的自动控制系统，根据监测到的烟气中有害气体浓度，自动控制烟气的排向。监测到烟气中有害气体的浓度也同时输送到锅炉的控制系统，随即调节和控制燃烧器喷射天然气流量以及天然气与空气混合的比例，使之达到完全燃烧的最佳配比，保证天然气的充分燃烧，进而降低燃烧后烟气中有害物质的浓度。

控制烟气中有害气体浓度的方法，一是要选择优质的天然气，从源头上控制有害物质的含量；二是要选择优质的燃烧器及其控制系统，精准控制天然气和空气的混合浓度，保证天然气与空气充分混合，并完全燃烧。

天然气的质量主要以含硫量为判定依据。中国民用天然气的允许含硫量和对应 $1Nm^3$ 天然气燃烧后释放的最大二氧化硫量如表2。将天然气燃烧后的烟气输送到温室生产中，大量的 CO_2 被作物吸收，但二氧化硫和氮氧化物则可能被富集，因此在实际生产中一是要在适当的时候开窗通风，排除富集的有害物质；二是要尽可能选择使用一类等级的天然气。

控制天然气完全燃烧的措施，一是选择配套性能良好的燃烧器，保证天然气与空气的混合比例；二是要对进入燃烧室的空气进行预热。天然气与空气的混合，一是要保证有充足的氧气；二是要保证天然气的浓度远离爆炸浓度（表3）。

为了保证天然气的完全燃烧，有的设备配套企业将与天然气混合燃烧的自然空气改为人工制备

表2 $1Nm^3$ 不同等级天然气含硫量及完全燃烧后的二氧化硫量

类别	一类	二类	三类
允许最大含硫量 /mg/m³	100	200	460
1 Nm³ 天然气完全燃烧后产生二氧化硫最大量 /mg	200	400	920

表3 天然气不同成分的爆炸浓度

物质名称	分子式	爆炸浓度 /V%	
		下限 LEL	上限 UEL
甲烷	CH_4	5	15
乙烷	C_2H_6	3	15.5
丙烷	C_3H_8	2.1	9.5
丁烷	C_4H_{10}	1.9	8.5

的纯氧和纯氮混合气体。虽然制备纯氧和纯氮需要再配套设备，而且加大了锅炉的运行成本，但由于可保证天然气的完全燃烧，所以也省去了烟道烟气中有害气体浓度的监测设备。对于大规模温室生产企业，由于满足白天供应 CO_2 需要启动的锅炉数量比满足热负荷需要启动的锅炉数少，所以，不一定每台锅炉都配备纯氧和纯氮制备设备。建设中只要对向温室白天供应 CO_2 的锅炉配套制备纯氧和纯氮的设备，其他锅炉甚至可以不用配套烟气回收设备，燃烧后的烟气可直接排放（这样做虽然节约了一些投资但也同时浪费了可利用的 CO_2）。也有的企业将锅炉燃烧的烟气回收后压缩到高压罐中，可在白天温室不需要加热的时段停止锅炉运行而直接用压缩罐中的烟气向温室提供 CO_2，从

而使燃气的能量和物质得到更充分的利用（经济条件允许时尽量选择这种设备配备和运行方式）。当然，在未来的建设和生产中，如果能引进热电联产锅炉，实现发电、供热与输送 CO_2 三位一体，则对天然气的开发利用将能达到"吃尽榨干"，从而实现天然气利用最大的经济、社会和生态效益。

3.烟道减压与CO_2主管道加压

锅炉中燃气从燃烧器喷出与进风口空气(或氧气与氮气混合气体)混合后在炉膛内燃烧形成烟气，烟气通过余热回收装置降温除湿后排向 CO_2 输送管道或室外，这个过程中所有气体都在一个封闭的正压空间中运行。由于温室中 CO_2 配送的距离长、面积大，所以从余热回收装置出来经过检验合格的 CO_2 在送入温室前必须在其主管道上增压才能保证 CO_2 在温室内的均匀输送和分布。但如果直接将输送进入温室的 CO_2 主管连接到封闭的烟气余热回收装置的排气口末端，在 CO_2 输送主管上的风机开启后将可能造成锅炉炉膛内出现负压而导致燃气不能充分燃烧，为此，在 CO_2 主管的加压风机前应开设一个进气口（图1），将管外空气引入管内并与锅炉燃烧后的烟气混合，形成空气和 CO_2 的混合气体再通过 CO_2 主管送入温室。通过调节空气和烟气进风口的比例，可控制锅炉炉膛和烟道内的压力，保证锅炉炉膛内燃气的充分完全燃烧。

三、液态 CO_2 罐补充 CO_2

室外温度较高的春秋季节和夏季，温室全天候不需要采暖，这时如果还采用燃气锅炉燃烧天然气产生 CO_2 的生产模式，大量的热量无法利用将会造成很大的浪费，从经济上分析也很不合算，为此，对于大规模周年生产温室，大都配备了液态 CO_2 罐来供应温室所需要的 CO_2。

液态 CO_2 的密度为 $1.1t/m^3$，除以分子质量 44 为 25kmol。标准状态下，1mol 气体的体积为 22.4L，故 $1m^3$ 液态 CO_2 转化为气态 CO_2 的体积将变为 $560m^3$，或者说，1t 液态 CO_2 转化为气态 CO_2 的体积为 $509m^3$。按照温室实际种植面积和室内设计 CO_2 浓度，可计算出温室每天气态 CO_2 的消耗量。根据气态 CO_2 的需求量折算为液态 CO_2 的体积或质量，即可按照供应周期确定液态 CO_2 罐的总容量。

液态 CO_2 相变为气态 CO_2 需要吸收大量的热量，所以采用液态 CO_2 罐供应 CO_2 时，除了要配套液态 CO_2 罐之外，还要配套 CO_2 汽化器（图3）。具体配置方法可咨询专业的生产企业。

液态 CO_2 罐

汽化器

图3 液态 CO_2 罐及其汽化器

四、CO₂ 在温室中的布施方式

CO₂在温室内的传输采用支管和毛管输送的方法。毛管为透明的塑料薄膜管道，管道上按照一定间距扎孔开设出风口，保证CO₂沿毛管长度方向均匀释放，一般毛管沿栽培架的长度方向布设，每个栽培架对应一条毛管。毛管可布置在栽培架的上方（图4a），也可以布置在栽培架的下方（图4b），还可以直接铺设在温室地面上（图4c）。

支管是从送入温室的CO₂主管上接出，一般垂直于栽培架布置在一条完整栽培架沿长度方向的中部，并埋设在地面以下，在每个栽培架的下部伸出分管与毛管相接（图4b）。分管连接在毛管的中部，从分管输出的CO₂气体向毛管两端输送。与分管连接毛管端部相比，这种连接方法可减少一半送风管道的送风动力，毛管输出的CO₂分布也更均匀。

在标准条件下（0℃，1个标准大气压），气态CO₂的容重为1.977 kg/m³，空气的容重为1.293 kg/m³。所以CO₂比空气略重，温室中CO₂一般会沉积在温室的下部。对于高架栽培的种植模式，如果CO₂大量集聚在栽培架下部而不是最大浓度分布在作物冠层和株间，叶片光合作用中将无法获得有效的CO₂。从这个角度讲，将CO₂输送毛管布置在作物冠层的上部，在CO₂下沉的过程中首先进入作物冠层，应该是一种比较快捷有效的供气方法，将CO₂毛管布置在栽培架下方或地面都不是最好的方法。

将CO₂供气毛管布置在作物冠层上方，一是需要配专门的吊线和挂钩；二是会遮挡一部分光照，所以，番茄生产企业大都还是将其布置在栽培床的下部。为了能将沉积在栽培床下部的CO₂扩散到作物冠层和株间，以便作物叶片能有效触及CO₂进行光合作用，在工程设计中，往往都配置室内空气循环风机来强制扰动气流运动，将沉积在栽培架下部的CO₂弥散到温室的整个空间中。

温室内扰流空气的方法有水平扰流和垂直扰流两种方式，相应配套水平环流风机（图5a）和垂直环流风机（图5b）。不论哪种形式的风机，其安装的位置都在温室的下弦杆下，借助下弦杆做支撑吊挂安装。

为了提高水平环流风机的单机射程，一般风机上都加装风筒。风机之间的间距沿风向方向一般控制在20~25m，每跨设置1组或2组，相邻两跨风机的风向应相向流动，这样扰流的作用更强。

垂直循环风机扰动气流运动的方向是从上往下，为了有效地将风机的风力输送到CO₂沉积的栽

a.输气管置于作物冠层之上　　　　b.输气管置于栽培架下方　　　　c.输气管置于地面

图4　CO₂输送毛管在温室中的布置

a.水平环流风机

b.垂直环流风机

c.套风管的垂直环流风机

图 5　循环风机

培架下部位置，有的生产者在风机上加装了引风套管（图 5c），将风机更大的动力直接输送到 CO_2 富集区，在冲力的作用下将 CO_2 吹起并扩散到作物的叶面空间。但由于垂直引风管垂落在作物的行间或多或少会影响工人的作业，所以大部分的温室生产者并未安装这种引风风管。垂直循环风机的布置间距和位置基本与水平循环风机相同，不多赘述。

大规模连栋温室液态CO₂供气系统

CO₂施肥是大规模连栋温室番茄长季节栽培不可或缺的生产条件之一。虽然温室生产中CO₂施肥的方式有多种，包括增施有机肥、燃烧油气、化学物质反应以及开窗通风等，但目前中国建设生产番茄的大规模连栋温室中大量使用且经济有效的CO₂施肥方式还是采用以天然气为燃料的锅炉热气联供模式，即利用锅炉加热过程中燃烧天然气的尾气，经检验合格后直接导入温室进行CO₂施肥。作为温室冬季供热的一种副产品，这种CO₂供应模式在保证供热的前提下实现了资源的高效利用，而且还解决了传统锅炉供热尾气排入大气造成大气污染或形成温室气体给生态环境造成危害的问题。

周年生产温室锅炉供热的季节和每天供热的时长因温室建设地区气候条件不同而有较大差异，即使寒冷的北方地区，从晚春到初秋温室也基本不需要供热，期间如果仍然用锅炉燃料燃烧的尾气进行温室CO₂施肥，则大量热量将被浪费，也将造成更大的能源浪费和经济损失。为保证非采暖季节温室作物的CO₂供应，除了温室通风换气引进室外CO₂外，最常用的方法是用液态CO₂罐供气。事实上，有些温室生产者，为保证CO₂的纯洁度甚至生产全过程采用液态CO₂罐供气，而不用天然气热气联供的模式供应CO₂；为保证作物的品质，有的生产者甚至都不使用工业纯度的CO₂，而是使用食品级纯度的CO₂。另外，在一些天然气供应不方便或比较困难的地区，燃烧天然气进行温室热气联供没有条件或运行成本很高，而当地液态CO₂供应方便且充足，这种条件下解决大规模连栋温室蔬菜生产中CO₂供气也可选用液态CO₂罐供应。

一、温室液态 CO₂ 供气系统的组成

一套完整的液态CO₂供气系统一般由液态CO₂储液罐、为长时间保持液态CO₂低温的制冷系统、液态CO₂汽化设备、气态CO₂升温设备、气态CO₂调压稳压设备、气态CO₂缓存设备、气态CO₂在温室内的输送与布施管道以及各设备间的连接管路与控制设备等（图1）。

温室用CO₂，由于每天都需要用气，而且用气量较大，1罐液态CO₂的使用时间一般在5~10d，大面积温室可能在3~5d。由于液态CO₂为瓶胆式结构，保温隔热性能良好，在这么短的使用期内不会引起罐内液体大幅升温。此外，即使有一定幅度的升温引起少量液体汽化，在储液罐上也安装有气体排放口，可将汽化后的CO₂直接引入气态CO₂调压设备，与汽化器中汽化后的气体一并调压后送入缓存罐储存或直接配送到温室输气管路。因此，大部分的温室工程中都不配置液态CO₂储存罐的制冷设备。此外，气态CO₂缓存设备也可以是选配设备，在汽化和调压设备容量满足温室内CO₂小时最大高峰用气的条件下，也可以不用选配。汽化器吸收热量将液态CO₂相变汽化后，温度仍然

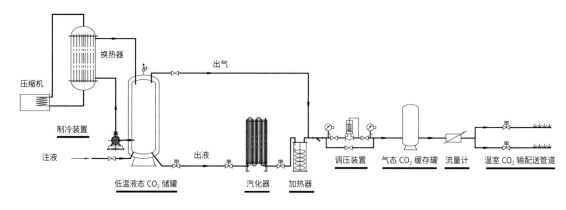

图1 液态 CO_2 供气流程示意图

保持在液态 CO_2 的低温状态，为了避免将低温 CO_2 气体直接输送到温室造成温室内空气温度降低引起作物应激或增加温室供热负荷，一般应将汽化后的 CO_2 进行升温，将其温度提升到接近温室室内空气温度水平。为此，常用的做法，一是加大汽化器的容量，二是在 CO_2 汽化后再配置加温设备，将其温度提高后再送入稳压调压管路。对于空浴式汽化器，冬季运行室外空气温度远低于温室内作物生长温度，即使加大汽化器的容量，汽化后 CO_2 气体的温度也难以达到室内空气温度的水平，这种情况下，配置加温设备是必需的，但如果气化器采用水浴式，通过调节换热热媒的温度可实现对汽化后 CO_2 气体的升温，后续的加温设备也可省略。

气态 CO_2 在温室内的配送，笔者已在本书前文中进行过总结，本文主要总结液态 CO_2 的储存、汽化和调压设备，供温室设计者参考。

二、CO_2 储液罐

CO_2 在常温常压下是气体，要保持其液相状态，必须保持其始终处于特定的温度和压力环境中。CO_2 的气液临界点最高温度和压力分别为 31.1℃和 7.38MPa，固－气－液三相共存平衡点的温度和压力分别是 -56.6℃和 0.518MPa。当温度超过 31.1℃后，无论多大压力，CO_2 也无法以液体状态存在；而当温度低于 -56.6℃后，进一步减小压力，CO_2 将会汽化，加大压力则固化。如果 CO_2 形成固态，将由于体积膨大在储液罐内形成超高的压力而可能造成储液罐的爆裂或损坏。因此，储液罐内保持 CO_2 液态的温度必须处于 -56.6~31.1℃范围内。

保持 CO_2 为液相状态，除了温度要求外，尚需要相应的压力。只有在温度低于临界温度且压力高于临界压力时，CO_2 才能保持液相状态。图2为不同温度下 CO_2 保持液相的临界压力曲线。由图2可见，随着温度的升高，对应临界压力也不断增大，而且压力与温度的关系近乎抛物线曲线，也就是说随着温度的升高，对压力的要求更大。由于加大压力对 CO_2 储液罐的强度要求更高，因此生产中尽量以低温状态储存 CO_2。

对空浴式汽化器而言，要使汽化器内液体能吸收空气中的热量实现液体的汽化，汽化器内液

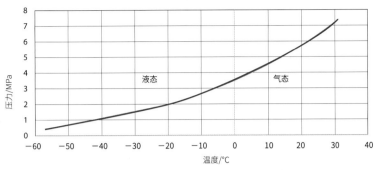

图 2　CO_2 液相临界压力与温度

体的温度必须低于汽化器外部空气温度。一般汽化器放置在室外，中国北方地区冬季室外气温多在 −10℃ 以下，寒冷地区经常达到 −20℃ 以下，甚至接近 −30℃，因此，在北方地区使用，液态 CO_2 罐内液体的温度至少要保持在 −30℃ 以下，对应的压力应达到 2MPa 以上。为保证安全，一般液态 CO_2 罐的设计压力为 2.3MPa，工作压力为 2.2MPa，温度多控制在 −40~−30℃。

根据液态 CO_2 储液对温度和压力的要求，储液罐必须具有耐低温和承受高压的能力。此外，在材料选择上还必须具有对 CO_2 的抗腐蚀能力。为此，CO_2 储液罐一般采用双层圆筒形结构，内筒材料为 l6MnDR 优质合金钢，外筒材料为 Q235B 优质碳素钢。圆筒结构抗压能力强，双层中空结构保温隔热能力强。为增强筒体的保温隔热能力，双层筒体间层采用高真空珠光砂填充或在筒体外表面进行多层包扎保温。珠光砂是一种轻质绝热材料，其松散容重为 35~60kg/m³，压实容重为 45~70 kg/m³，导热系数为 0.022~0.026W/(m·K)。对筒体间层的真空度要求在 5Pa 以下，随储液罐的容积不同而有变化（表 1）。

表 1　液态 CO_2 罐筒体间层真空度要求

有效容积 V/m^3	≤ 10	10 < V ≤ 50	50 < V ≤ 100
真空度 /Pa	≤ 2	≤ 3	≤ 5

液态 CO_2 储液罐根据罐体的放置形式不同分卧式和立式两种。卧式罐占地面积大，但安装和抗风要求低。相反，立式罐占地面积小，对安装基础的要求高，设计和施工中应针对建设地区的地质条件按照罐体满载的荷载精心勘探、精心设计和精心施工。

除罐体外，CO_2 储液罐尚必须安装液体进出、气体进出的管路以及保证安全运行的各种监测和控制设备（图 3）。其中，连接管道包括进液管、排液管、出气管和回气管；测控设备包括真空度测控、液位测控、充满度测控和外壳防爆阀门等。

进液管是向罐体注入液态 CO_2 的接口；排液管是罐体清扫阶段以及罐体排空时用于排出罐体内

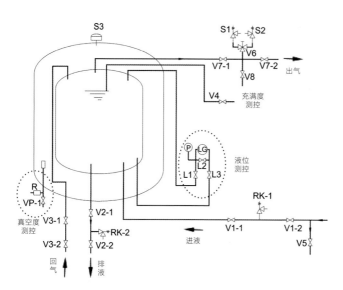

编号	名称
V1-1	进液根阀
V1-2	进液阀
V2-1	排液根阀
V2-2	排液阀
V3-1	回气根阀
V3-2	回气阀
V4	充满指示阀
V5	残液阀
V6	三通阀
V7-1	排气根阀
V7-2	排气阀
V8	放空阀
S1-2	内壳安全阀
S3	外壳防爆装置
VP-1	真空阀
ⓛⓖ	液位计
ⓟ	压力表
RK1-2	管道安全阀
L1	液位计上阀
L2	平衡阀
L3	液位计下阀
R	真规管

图3 CO$_2$储液罐结构及配套管路

残液的接口；出气管是用于排出因罐体内温度和压力变化发生液体汽化后产生的 CO$_2$ 气体，该管一般直接连接到调压器的供气管以充分利用管内 CO$_2$ 气体；回气管是为了保证罐体内压力在液位下降后向罐体内充的接口。为保证安全，每根管道上都安装有 2 道阀门。管路材料一般采用奥氏体不锈钢制造。

真空度测控是测量和控制罐体夹层内的压力，当由于连接阀等设备漏气原因造成罐体夹层内压力上升后，应及时报警，并用外接真空泵连接真空度阀降低夹层内压力，保证夹层内要求的真空度；液位测控是测量罐体内的压力和液位变化，保证罐体内的压力始终处于工作压力，当液位降低到设计液位时发出报警并关闭出液阀，提示管理人员及时补液；充满度测控主要用于充液时罐体内最高液位的控制；外壳防爆装置是安装在罐体外壳上的安全设备，依靠罐体夹层内的真空度来控制阀门的启闭，当真空度过低时为防止罐体爆裂应打开阀门引入室外压力，保证罐体安全。

液态 CO$_2$ 罐的常用规格根据有效容积从 5~100m^3 不等，不同规格的储液罐的外形参数和重量参见表2。

表2 液态 CO$_2$ 罐常用规格

项目	有效容积 /m^3						
	5	10	15	20	30	50	100
外径 /mm	1 912	2 216	2 216	2 620	2 924	3 324	3 432
高度 /mm	5 280	6 580	8 850	8 060	9 000	11 600	16 530
空重 /kg	4 750	7 750	10 850	14 500	20 950	33 600	45 800

CO_2 储液罐容积应根据温室种植面积以及温室内 CO_2 设计供气浓度、每天供气时长和储液罐内液体更换周期通过计算确定。对温室面积较大或者供应液态 CO_2 不方便的地方，CO_2 储液罐一般应配置 2 台（图 4a），可以 1 备 1 用，也可以在用气高峰时 2 台罐同时使用。如果温室面积较小，或者供应液态 CO_2 的渠道或途径很方便，也可以配套 1 台储液罐（图 4b），并根据罐体内液位的变化定期或随时向罐体补充液态 CO_2。

三、汽化设备

汽化器是将液态 CO_2 加热相变为气态 CO_2 的设备。加热的方式可以是间接的（蒸气加热式汽化器、热水水浴式汽化器、自然通风空浴式汽化器、强制通风式汽化器、电加热式汽化器、固体导热式汽化器或传热流体），也可以是直接的（热气或浸没燃烧）。在设计和选择汽化设备前，首先要明确汽化设备的耗热量，据此来选择和确定汽化器需要的散热片数量和／或加热器功率。

1.汽化设备耗热量

将液态 CO_2 汽化为常温的汽态 CO_2 需要经历两个阶段：第一阶段是将液态 CO_2 汽化为同温度的低温气态 CO_2；第二阶段是将低温的气态 CO_2 升温到常温。在这两个阶段中，需要外部的总热量为：

$$Q=Q_1+Q_2 \tag{1}$$

式中，Q 为 CO_2 从液态汽化到常温气体所需要的总热量（kJ 或 kcal，1kJ=0.2389kcal）；Q_1 为 CO_2 从液态汽化为同温度气态所需要的热量（kJ 或 kcal），是汽化的潜热部分，亦称汽化潜热；Q_2 为低温的气态 CO_2 升温到常温所需要的热量（kJ 或 kcal），是汽化的显热部分。

汽化需要的潜热量按照 CO_2 的汽化潜热可按公式（2）计算：

$$Q_1=m \times r \tag{2}$$

式中，m 为汽化 CO_2 的质量（kg）；r 为单位质量 CO_2 的汽化潜热（kJ/kg 或 kcal/kg），不同温度下 CO_2 的汽化潜热如图 5，具体取值应按 CO_2 储液罐的储液温度确定，储液温度一般取 $-40 \sim -30℃$，相应汽化潜热在 300~320kJ/kg。

a.双罐储液罐　　　　b.单罐储液罐

图 4　CO_2 储液罐的配置形式

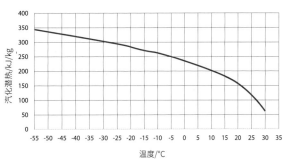

图 5　不同温度下 CO_2 汽化潜热

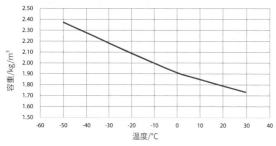

图 6 不同温度下 CO_2 气体容重

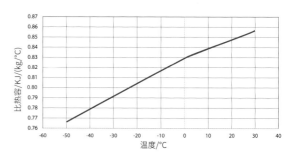

图 7 不同温度下 CO_2 气体比热容

将汽化后的低温 CO_2 气体加热到常温，所需要的热量可按公式（3）计算：

$$Q_2 = V（\rho_2 cp_2 t_2 - \rho_1 cp_1 t_1）\tag{3}$$

式中，V 为汽化后 CO_2 的体积（m^3）；ρ_1、ρ_2 分别为 CO_2 气体升温前后的容重（kg/m^3），可根据对应温度按图 6 确定；cp_1、cp_2 分别为 CO_2 气体升温前后的比热容 [$kJ/（kg \cdot ℃）$]，可根据对应温度按图 7 确定；t_1 为液态 CO_2 气化后的温度（℃），根据液态 CO_2 罐的储液温度确定，一般可取 $-40 \sim -30℃$；t_2 为气态 CO_2 升温后的温度（℃），根据输送到温室 CO_2 气体的温度确定，一般可取 $5 \sim 10℃$，对于分阶段汽化和升温的设备配置分别按不同升温阶段的温度选定。

2.汽化设备选型

目前周年生产番茄等果菜作物的大规模连栋温室，采用液态 CO_2 供气的汽化器主要有两类：空浴式汽化器和水浴式汽化器。所谓空浴式汽化器，就是将汽化器置于空气中，利用空气与液态 CO_2 之间的温差将空气中的热量导入液态 CO_2 中，从而实现液态 CO_2 的汽化。根据空气在空浴器周围的状态，可将空浴器分为自然对流空浴器和强制对流空浴器，前者能耗少、运行成本低，换热效率也相对低。而水浴式汽化器是将液态 CO_2 盘管浸没在水中，用外界能源提高水温，依靠高温水与液态 CO_2 之间的温差将水中热量导入液态 CO_2 中，从而实现液态 CO_2 的汽化，其中提高水温的工程方法有电热丝加热法和热水／蒸汽管加热法等。

（1）**空浴式汽化器**　是利用空气对流加热低温液态 CO_2 使其汽化成常温气体的换热设备。液态 CO_2 在盘管中流动，吸收空气中热量，一方面提高液态 CO_2 的液相温度，另一方面则是吸收热量实现 CO_2 相变。由于相变需要的热量远大于液相升温所需要的热量，所以，在散热器设计中散热片的面积可只按相变需要的汽化潜热按公式（4）进行计算。

$$F = Q/（\Delta T \times K）\tag{4}$$

式中，F 为空浴器散热片总面积（m^2）；K 为散热片传热系数 [$kcal/（m^2 \cdot h \cdot ℃）$]，根据散热器的材料和形式，查阅相关设计手册或咨询产品制造企业确定；ΔT 为空浴器外部空气温度与空浴器内 CO_2 之间的温度差，由于空浴器内 CO_2 的温度随其在散热片内的流动不断在提高，不是一个定值，所以该温差应按照公式（5）的对数温差法计算：

$$\Delta T =（t_1 - t_2）/\ln [（t_1 - t_0）/（t_2 - t_0）]\tag{5}$$

图8 空浴式汽化器

图9 电热水浴汽化器

式中，t_0 为汽化器工作期间的室外空气温度（℃）。为保证换热的效率，一般要求 t_0 应大于 t_2 至少 10℃。如果汽化器工作期间的室外温度较低，应将 CO_2 的汽化分为两个阶段进行，即在低温气化的基础上再增设一个强制加温的阶段或设置缓冲罐进行二次升温。

由公式（4）计算出的散热片面积除以管道单位长度的表面积，即得到散热管的总长度。为了加强换热，换热管的外侧一般都加装了星形翅片，目前最常用的是 8 翅片结构，另外还有 12 翅片和 4 翅片结构，不同翅片结构传热性能的差异表现在传热系数 K 的不同。

求得散热管总长后可按流体单程流动的方式，将散热管分成若干组，再将多组散热器组成一套汽化器（图8），如果一套气化器不能满足供气要求时，可配置多套汽化器。

（2）水浴式汽化器　是以水为热媒的汽化器，主要包括电加热式、燃料燃烧式等。与空浴式汽化器相比，水浴式汽化器传热效率高、结构紧凑、占地面积小，但其运行成本高也成为限制其应用的最大障碍。

大型连栋温室 CO_2 供气系统中使用的水浴式汽化器主要为电加热汽化器（图9）。其作用可分为两种：一种是加热液态 CO_2 使之转化为气态 CO_2，直接供温室使用；另一种是作为空浴式汽化器的补充，将空浴式汽化器汽化后的低温 CO_2 气体加热升温，使之达到供应温室要求的温度，主要应用在 CO_2 液态罐使用期间室外温度较低的地区。

电热水浴式汽化器的电功率可根据汽化器的用途以及低温气体的升温要求按照公式（2）和公式（3）分别计算。实际功率配置中还应考虑电热丝的电热转换效率，这里不多赘述。

四、减压稳压设备

经过汽化器汽化的气态 CO_2 为常温高压气体，在接入 CO_2 缓存罐或温室输送主管前应配置减压稳压阀。温室 CO_2 供气系统常用的减压稳压阀主要采用自力式调压阀。一般应设计双路压力调节阀（图10a），对于可靠度要求不高的温室工程也可以采用单路压力调节阀（图10b），以节约建设投资。

自力式压力调节阀是由执行器和阀门两部分组成。执行器是由橡胶薄膜、调节弹簧等零部件组

a.双路并联减压阀   b.单路减压阀

图 10 减压阀在管路中的设置形式

成，调节弹簧主要用来调整压力参数，与控制的压力保持平衡。

工作介质的阀前压力 P1 经过阀芯、阀座的节流后，变为阀后压力 P2。P2 经过控制管线输入到执行器的下膜室内作用在顶盘上，产生的作用力与弹簧的反作用力相平衡，决定了阀芯、阀座的相对位置，控制阀后压力。当阀后压力 P2 增加时，P2 作用在顶盘上的作用力也随之增加，此时，顶盘的作用力大于弹簧的反作用力，使阀芯关向阀座的位置，直到顶盘的作用力与弹簧的反作用力相平衡为止。这时，阀芯与阀座的流通面积减少，流阻变大，从而使 P2 降为设定值。同理，当阀后压力 P2 降低时，作用方向与上述相反，这就是自力式（阀后）压力调节阀的工作原理。当需要调整压力参数时，只需要顺时针或逆时针转动调节螺钉即可。

在气体进入调压阀之前和离开调压阀之后都应设置闸阀和压力表，以控制管路的启闭和压力。对于双路调压系统，应在进入调压阀支管前的主管上再安装一个闸阀，整体用于控制管路中的流量。

自力式压力调节阀无需外加能源，利用被调介质自身能量动力源，引入执行机构控制阀芯位置，改变两端的压差和流量，使阀前（或阀后）压力稳定；具有动作灵敏、密封性好、压力设定点波动小等优点，广泛应用于气体、液体及蒸汽介质减压稳压或泄压稳压的自动控制。

连栋温室番茄架式栽培系统

番茄在大型连栋玻璃温室中的种植模式，根据栽培基质的不同分为土壤栽培、基质栽培、营养液栽培（水培）和雾培等。雾培主要用在科普和展览温室中，在商品化生产温室中应用较少。水培，根据营养液的供应形式不同可分为营养液膜（NFT）、深液流（DFT）、浮板等栽培形式，完全的营养液栽培在国内番茄商品化生产温室中几乎没有应用。基质栽培，根据基质材料的不同分为砂、泥炭、岩棉等单一基质栽培和不同材料按一定比例混配的混合基质栽培。目前在商品化的番茄基质培中主要采用岩棉和椰糠，岩棉是矿物质材料，质量轻、通气性好，具有一定的保水性，最早在英国、荷兰应用并逐步向世界推广，但由于使用后的岩棉难以分解，给生态环境造成很大污染，因此欧洲逐渐减少了对岩棉的使用。我国没有专门的农用岩棉自主生产能力，使用岩棉主要从欧洲引进，在很大程度上限制了这种基质在生产中的推广应用。椰糠是近年来开发并快速发展起来的一种新型基质材料，具有来源丰富、资源可再生、松软、通气而又保水性好等特点，使用后的有机基质易腐烂，不会造成环境污染，由此受到广大种植者越来越多的青睐，成为当前大型连栋玻璃温室番茄种植中最流行的栽培基质。

不论是岩棉还是椰糠，作为番茄栽培基质都是以条形袋装形式应用于生产中，而且为了保证基质排水顺畅，条形袋装基质都是放置在架空栽培架上，两种基质栽培对栽培架的结构和配置要求基本相同，所以，同一栽培架对两种基质可以通用。

根据栽培架架空方式的不同可分为吊挂架空（称为吊挂栽培架，简称"吊架"）和地面支撑架空（称为支架栽培架，简称"支架"）两种形式。本文就这两种形式栽培架的结构做一系统的梳理，供温室设计和生产者借鉴和参考。文中以番茄栽培系统为例进行介绍，但这种栽培系统也同样适用于长季节高架栽培的黄瓜等盘蔓作物种植。

文中的栽培架是指构成支撑和固定作物栽培基质以及与基质相关联的植株、供排水、采暖等管道和设备的总成，一般包括基质承台（面）、承台支撑架或吊挂系统、灌溉回液收集槽、作物茎秆盘蔓和落蔓系统、株间加热管道吊挂支撑机构等。

"几"字形截面基质承台可同时实现基质支撑和回液收集的功能，既可以用于番茄等长季节高秧攀蔓作物种植，也可以用于草莓等低矮植株作物生产。因此，这种截面的基质承台成为当前大型连栋温室高架栽培系统中的不二选择。

有关"几"字形截面基质承台的截面尺寸、技术性能、现场加工设备、生产企业等相关信息，笔者已在本书"连栋温室草莓吊架栽培系统"一文中做了详细介绍，这里仅针对番茄栽培中支架和吊架两种栽培架的整体结构和特殊构造进行系统梳理和总结。

一、支架栽培架

支架栽培架是用支撑立柱将"几"字形截面基质承台架离地面而形成的栽培架。这种栽培架一般包括基质承台及其支撑架、株间加热管道吊挂支撑机构和植株茎秆盘蔓与落蔓系统。其中，植株茎秆盘蔓与落蔓系统在支架栽培床和吊架栽培床上的配置与安装方法基本相同，作为栽培床的共性技术将在文中单独介绍。这里仅对支架栽培床特殊的基质承台支撑架和株间加热管道的支撑与吊挂设施进行详细介绍。

1.基质承台支撑架

基质承台支撑架一般由立柱（杆）、横梁、立柱连接底板等组成。2根立柱支撑横梁，横梁上固定基质承台，形成"门"式支撑架，这是最基本的基质承台支架。为了保证立柱的稳定和精准定位，避免栽培架在运行中发生沉降变形，一是要求立柱插入地基的深度应达到地基的持力层位置；二是应在立柱底脚安装连接板，以增加立柱与地基的接触面积（相当于增大了立柱基础的底面积），这样基本的开口"门"式支架实际上形成了一种从地面看是闭口的"口"字形结构、实则为"开"字形结构的平面支架。

早期的支架横梁是不可调节高度的（图1a）。这种支架构件统一、制造方便，但要形成栽培架的单向排水坡度，则需要精准控制每根立柱埋入地基的深度，因此安装精度要求高，相对施工周期长。为了提高施工速度，同时又能方便制造，有的设计采用组装架角钢做立柱（图1b），可实现有级差的高度调节。这种立柱支架，按照栽培架的排水坡度，在一定距离内调节相邻两支架的横梁高度，可在一定程度上满足对栽培架排水的要求。

为了从根本上保证栽培架排水坡度在整个栽培架长度方向上的连续平滑，目前的栽培架都采用在立柱上安装螺杆的方法，通过调节螺杆上螺栓的位置实现对支架高度的无级调节，既方便于工厂对零部件的加工，又方便于支架的现场安装和调整（图2）。

根据基质承台安装高度的不同，螺杆的长度也有差别。对于基质承台安装高度较低的栽培架，

a.固定高度支架　　　　　　　　　　　　b.级差调节高度支架

图1 横梁高度不可调或有限调节支架

用长螺杆可直接替代支架立柱（图 2a）；而对于基质承台安装高度较高的栽培架，常用的做法是用钢管作立柱，在立柱的顶端安装螺杆（图 2b）或在立柱的顶端安装连系梁连接两根立柱，再在连系梁上焊接或栓接调节承台高度的螺杆（图 2c），最后在螺杆上安装基质承台支撑横梁。基质承台支撑横梁的高度（实际上也是栽培架的高度）应根据温室檐高、栽培作物的株高（攀蔓作物开花结果段的高度）和作业工人的人体尺寸确定，一般距离地面的高度应控制在 500~800mm，沿种植垄长度方向的排水坡度控制在 0.2%~0.3%。

　　每个支架沿栽培架长度方向布置间距宜为 2~3m，一般应与温室开间尺寸相匹配。从空间布置来看，沿栽培架长度方向间隔布置的支架实际上是一种排架结构。为了增强排架结构的整体稳定性，应在每组排架（一垄栽培架）的两端相邻支柱间设置斜撑（图 3a），也有的设计是在最外侧支柱上安装与走道地面相连接的斜撑（图 3b）。对于长度较长的栽培架，在排架的中部，每隔 30~40m 还应增设一道柱间斜撑。

　　对于在相邻两栽培垄之间安装光管散热器兼作业轨道的温室，为了方便施工，可将轨道管下支撑短柱的连接底板与栽培架支柱的连接底板合并为一体，形成整体的支柱横向连接底板（图 4a），与两套设备分别独立设置连接底板（图 4b）相比对材料的增加量并不多，但可大大简化安装施工过程中定位测量作业量以及因测量和安装误差给后续安装调整增加的工作量。

a.螺杆兼做立柱

b.螺杆安装在立柱上

c.螺杆安装在连系梁上

图 2　螺杆无级调节横梁高度支架

a.支柱间设置斜撑

b.支柱与走道路面间设置斜撑

图 3　支柱斜撑设置方法

a.合并设置　　　　　　　　　　　　　　　　　　b.分别独立设置

图 4　栽培架支柱与作业轨道支柱底板独立与合并设置

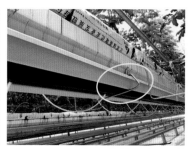

a.支架横梁上角钢限位　　　　b.支架横梁间限位扣件1　　　　c.支架横梁间限位扣件2

图 5　"几"字形截面基质承台开口的限位

基质承台在支架横梁上的定位和固定，是在横梁上表面安装2个角钢片（图5a），由于"几"字形开口截面基质承台的开口朝下，正好卡在支架横梁上的2个角钢片之间，不仅能使基质承台准确定位，而且也限制了"几"字形开口截面的变形。

为了保证"几"字形开口截面基质承台开口侧不发生变形，除了在支架处对开口进行限位外，在相邻两个支架之间还增设了限位扣件（图5b、c）。这些限位扣件都是用直径Φ10mm以上镀锌钢筋折弯成型。通过上述方法固定，基质承台在其自重以及其上部基质和作物等重量的作用下，仍能准确定位、稳定运行。

2.株间加热管道吊挂支撑机构

株间加热管道是用于无限生长类番茄等攀蔓作物栽培的一种局部采暖方式，可以将植株需要的热量就近输送到植株内部，从而有效节约供热负荷，是一种非常经济的采暖方式。但由于株间加热管道悬空在栽培架上方，对于支架栽培架种植系统，安装株间加热管需要在栽培架上专门设置一套独立的支架，下部固定在基质承台上，上部形成凹槽，便于支撑和固定供热圆管。一般这种加热管支撑架都是用镀锌钢筋按照加热管的支撑高度折弯成一个倒V形支架（图6a），但也有设计者为了减少零配件的种类，直接将栽培架端部作为作物茎秆落蔓的挡杆，在其上安装一个"凹"字形支杆，即形成对株间加热管的支架（图6b）。也有设计者采用吊绳吊挂的方式，将株间加热管吊挂在温室

a.倒V形专用支架支撑

b.落蔓挡杆支撑

c.吊绳吊挂

图6 支架栽培床上加热管的支挂方式

结构的桁架上（图6c）。或许还有更多、更精妙的设计方法，期待大家的分享。

支架栽培架由于支撑立柱直接支撑基质承台，直接承载了作物栽培基质和盘绕在基质承台周围作物茎秆的荷载，从而大大减轻了温室结构的作物荷载，有利于减小温室结构用材，节约温室主体结构的造价。但由于需要在温室地面上树立和安装大量基质承台支撑立柱，作物栽培架的施工安装周期长、栽培架的造价相对较高，而且地面安装大量支撑立柱后，栽培床架下部空间基本无法利用，从总体建设成本和运行管理看，支架栽培架并不一定比吊架栽培架有更大的优越性，所以很多生产者更愿意选择使用吊架式栽培架。

二、吊架栽培架

吊挂栽培架是用吊绳（索）将"几"字形截面基质承台吊挂在温室桁架上从而将其架离地面的一种栽培架形式。这种栽培架主要由基质承台和吊挂系统组成。其中，基质承台上除摆放基质条外还应安装植株茎秆盘蔓与吊蔓系统，吊挂系统除吊挂基质承台外还可吊挂株间加热管道和粘虫黄蓝板（图7）。由于基质承台和植株茎秆盘蔓与吊蔓系统已有单独介绍（本书"连栋温室草莓吊架栽培系统"一文中），这里仅就基质承台吊挂系统的各个部件及其安装要求按照从下往上安装吊挂物的顺序逐一进行介绍。

图7 吊架系统组成

1.基质承台吊钩

基质承台吊钩的作用是环抱基质承台，并将其吊挂到吊索上。由于基质承台有宽度和高度两个方向的尺寸，而上部吊索只是一点，所以从力学的角度看，下部矩形（用于环抱基质承台，尺寸与基质承台匹配）、上部三角形的吊环结构应该是最合理的。实际生产中，这种吊环有开口和闭口两种结构（图8），都采用 $\phi 10mm$ 以上的镀锌钢筋折弯成型。理论上讲，在相同规格用材的条件下，闭口结构的承载能力较开口结构更强，实际应用中可根据温室制造企业设备的配备情况和种植者的要求选择确定。

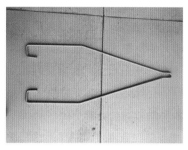  

a.开口吊钩　　　　　　　　b.开口吊钩应用　　　　　　　　c.闭口吊钩

图 8　基质承台吊钩

2.吊索

吊索是吊架结构中主要的承力构件。由于其主要承担拉吊荷载，从充分发挥材料性能的角度考虑，选择柔性的钢索是最合适的，一是柔性材料运输、安装方便；二是钢索材料的抗拉强度高，所以，目前的基质承台吊挂系统大都采用钢索作吊挂承力构件。

钢索端部回折后用扣环与本体紧固即可形成钢索端部的吊环，可方便地与相邻的构件相连，而且基本不会脱扣。但按照作物种植工艺的要求，吊架应沿其长度方向设置排水坡度，为此在同一根吊架上不同位置安装的吊索应有不同的长度。实践中如果按照不同位置加工不同长度的吊索，不仅加工和安装的成本高，管理的成本也将很高，为此，设计中都采用长度可调的吊索。

通常调节吊索长度的方法是在吊索的一端安装花篮螺丝（称为花篮螺丝吊索，图9），

通过调节花篮螺丝的长度调节吊架的高度。这种方法在吊索一定长度调节范围内是可行的，而且花篮螺丝是成熟的工业化产品，来源丰富，价格低廉，但吊索受花篮螺丝长度

图 9　花篮螺丝吊索

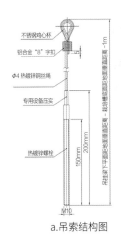

不锈钢鸡心杯
铝合金"8"字扣
φ4热镀锌钢丝绳
专用设备压实
热镀锌螺栓

a.吊索结构图

b.挂钩

c.吊索实物

d.安装大样

图10 螺杆吊索吊挂系统

的限制调节范围有限，对于上百米长度的栽培吊架，花篮螺丝的调节范围显然不够。为此，北京泓稷科技有限公司开发了一种一端带螺杆的吊索（称为螺杆吊索，图10a、c），并配套开发了螺杆端部连接基质承台吊钩和株间加热管的一体式立体吊钩（图10b），通过螺母和垫片限位和支撑，可有效满足吊索大范围调节长度的实际需求（因螺杆的长度可根据需要配置），同时又附带增加了株间加热管吊挂的功能（图10d），应该说是一种一举多得的设计。

实践中还有一种调节吊架排水坡度的方法是保持吊索长度不变，而在吊索的一端根据吊索位置处吊架找坡对吊索的实际长度要求附加长度不等的吊钩（称为吊钩加长吊索，图11）。这种方法不需要在吊索上预先安装任何部件，

图11 吊钩加长吊索

只要将两端打折扣环并保持相同长度即可，从而大大简化了吊索的加工程序，显著降低了吊索的加工成本。吊索加长吊钩的加工也很简单，只需要将钢筋的两端弯钩即可，按照吊钩的不同长度分类捆扎和标识，现场安装时根据长度标识可很方便地找到需要位置的吊钩。安装时只要将吊钩的一端穿过吊索的吊环，另一端与相邻其他连接件相连即可完成对吊索的安装，既方便，又快捷。

3.株间加热管吊挂

和支架栽培架需要单独安装株间加热管支架不同，吊架栽培架可直接利用吊索吊挂株间加热管。除了北京泓稷科技有限公司开发的螺杆吊索挂钩可直接吊挂株间加热管（图10d）外，针对其他形式的吊索，各生产企业也都开发了相应的株间加热管吊挂构件。

图9是花篮螺丝吊索在其端部用单根钢筋折弯形成的一种双向平面吊钩，可在两个方向同时吊挂基质承台吊钩和株间加热管。这种吊钩结构简洁，材料用量省，加工工序少，是一种价廉物美的产品。

图 12a 是一种直接在吊索末端折环上同时吊挂基质承台吊钩和株间加热管的吊挂方法。该方法和图 10 的螺杆吊索有相近之处，但也有不同。相近的是吊挂基质承台吊钩和株间加热管的空间吊钩形状相同，仅尺寸略有差别；不同的是钢索末端连接螺杆的方式不是直接对接而是采用了环扣环的连接方式。螺杆采用末端带环的工业化产品，吊索工厂加工时将钢索末端穿过螺杆末端环钩后打折扣紧，即形成环套环的连接。这种连接方式，生产加工不需要特殊的加工设备，带环的螺杆是通用产品，环环相扣的连接方法简单、连接可靠。

实际上，对于末端带螺杆的吊索吊挂株间加热管的方法也可以直接在螺杆的末端安装一个吊环，加热管穿过吊环即形成对其的吊挂（图 12b），而且这种方法对吊索还不会形成偏心，悬挂基质承台的吊钩可直接安装在吊索上而不必再附加专门的连接件，只是由于加热管置于基质承台吊钩内，相对位置偏低，调整的空间不大。

a.钢丝绳末端吊钩吊挂 　　　　 b.螺杆末端吊环吊挂

图 12　株间加热管的吊挂方法 　　　　 图 13　粘虫带的吊挂方式

4.粘虫黄蓝板吊挂

吊架栽培床的吊索实际上也为室内植保用粘虫带的安装提供了方便。连栋玻璃温室番茄种植大都采用沿栽培架长度方向通长设置粘虫带的植保措施（图 7、图 8）。在吊架的吊索上安装一个高度和粘虫带宽度相适应的挂环，将粘虫带展开后固定在该挂环上即可（图 13）。

5.吊索在温室结构上的吊挂

吊索下部吊挂基质承台、中部吊挂株间加热管和粘虫带后，上部则通过桁架吊钩吊挂在温室结构的桁架下弦杆上（图 14）。对于用吊钩加长的吊索，吊钩的两端分别吊挂钢索和桁架吊钩（图 11），并最终将吊索吊挂到温室结构的桁架下弦杆上。

桁架吊钩也是用 Φ10mm 以上钢筋折弯成形，并进行表面热浸镀锌防腐处理。

6.基质承台端部支架

吊架栽培架主要靠吊索实现对栽培架吊离地面，但吊索都是安装在温室结构的桁架下弦杆上。

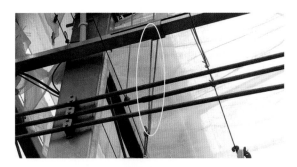

图 14 吊索与温室结构的连接

a.不设支撑

b.设单管立柱支撑

c.设横梁支撑

图 15 吊架端部支撑设置

在栽培架沿温室开间方向通长布置时，栽培架的中部都能遇到温室结构的桁架，可以直接吊挂，但在栽培架的两端，尤其是到温室山墙侧温室结构上甚至没有桁架，为保证吊挂栽培架的安全，吊架的悬臂不可能过长（一般不超过 0.5m，图 15a），因此，对吊架栽培床的两端设置支架是必需的。

采用支架栽培架的支架方式支撑吊架栽培架的两端是一种可选的方案，但在实际生产中为了简化支架，大都不采用这种方式。吊架在温室中部走道的一端，由于吊架的悬臂较短（多在 1m 左右），吊索承担了主要的吊架荷载，可采用单管支撑吊架的方法（图 15b），既节省材料，又安全可靠，还经济美观。吊架在温室山墙侧的一端，由于吊架的悬臂较长（接近一个开间的距离），采用上述的单管支撑恐怕强度不够，为此设计采用在吊架的端部悬空设置一道垂直栽培架长度方向的支撑横梁，将所有的吊架端部搭置在该横梁上，可完全消除栽培架悬臂的问题。吊挂支撑横梁，采用在温室山墙立柱上安装悬臂挑梁（图 15c）的方式。悬挂支撑横梁的悬臂挑梁与山墙立柱的连接应是固结。支撑横梁上应在栽培架的安装位置如同支架栽培架一样安装栽培架限位角铁，保证栽培架位置准确、安装可靠。

三、番茄吊蔓、盘蔓系统

吊蔓、落蔓和盘蔓是连栋温室高秧作物长季节生产的重要特征。无限生长的高秧作物，在全生育期内茎秆的长度可能达到几十米甚至上百米，受温室高度和操作的限制，仅靠吊蔓难以实现对茎秆全长的吊挂，为此，生产中都是将作物下部的茎秆摘果、打叶后盘绕在根系（基质袋）旁边，仅留出开花结果的茎秆和枝叶悬吊在空中受光结果。

1.吊蔓系统

吊蔓系统包括缠绕在作物茎秆上的绕蔓线、连接在绕蔓线端部的吊蔓钩以及悬挂在温室桁架下弦杆与栽培架平行布置的吊蔓线。吊蔓线的两端系扣在温室山墙立柱上专门的吊蔓架或吊蔓杆上，吊蔓线的中部则下吊缠绕作物茎秆绕蔓线端部的吊蔓钩，上挂悬挂在温室结构桁架下弦杆上的桁架挂钩，从而将作物茎蔓整体吊起，并最终悬挂在温室结构的桁架上（图16）。作物的吊蔓系统是与作物栽培架没有关联的独立系统（通过植株与栽培架相关联）。

a.吊蔓线上吊桁架下挂吊蔓钩　　　　　　　　　b.吊蔓线两端连接吊蔓杆

图16　作物吊蔓系统

2.盘蔓系统

盘蔓系统就是收拢和承接植株下部打叶后茎秆的全部构件的总成。栽培架上盘蔓主要包括栽培架中部落蔓和栽培架端部落蔓两种形式的落蔓钩。

栽培架中部的落蔓钩功能单一，只承接沿栽培架长度方向水平收拢的茎秆。针对"几"字形基质承台栽培架的截面形状，按照两侧收拢茎秆的种植工艺，用镀锌钢筋折弯一种两侧凹、中间凸的"方波"形落蔓钩（图17a），双侧凹槽中收拢作物茎秆，中部凸起部正好可以卡在"几"字形基质承台上（图17b）。落蔓钩一般沿栽培架长度方向间隔1m左右设置1道，其上部铺设的基质袋会自动将其压紧并紧扣到基质承台上，从外表看只看到露出栽培架两侧用于落蔓的凹槽钩（图17c）。

栽培架端部的落蔓钩除了具备中部落蔓钩收拢和承接茎秆的功能外，还应具备从栽培架一侧向另一侧盘蔓的功能。由于失去了栽培架的支撑，端部落蔓钩就不能像中部落蔓钩一样做成平面钩，而必须是一种立体支撑钩（图18a），落蔓的茎秆需要盘绕在该立体支撑钩的前方和两侧，实现茎秆在栽培架端部的缠绕。但由于作物茎秆在栽培床端部缠绕时不能像中部落蔓一样压紧缠绕，而是沿栽培床高度方向分散缠绕，因此，在栽培床端部的落蔓钩上还必须附加一根盘蔓筋（图18b）。端部落蔓钩安装在栽培架同一高度位置，而盘蔓筋则安装在栽培架的上表面（图18c），两者共同完成端部的盘蔓和落蔓功能。

为了简化安装、减少零部件规格和数量，有的企业设计了一种将端部落蔓钩和盘蔓筋合二为一的一体式落蔓钩（图19），这应该是未来发展的一个方向。

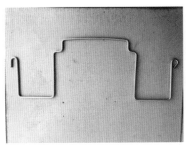
a.中部落蔓钩构件

b.落蔓钩置于基质承台

c.基质条压紧落蔓钩

图17 中部落蔓钩及其安装

a.端部落蔓钩

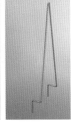
b.盘蔓筋

c.组装后的实景

图18 分离式端部落蔓钩

图19 一体式端部落蔓钩

连栋温室草莓
吊架栽培系统

　　草莓色泽艳丽、口感鲜美，富含维生素和膳食纤维，是人们冬春季节非常喜爱的新鲜水果，因此全国乃至世界各地都在种植草莓。从种植的设施看，有露地种植、遮阴棚种植、塑料大棚种植、日光温室种植和连栋温室种植，几乎囊括了各类设施；从种植床的形式看，有地面垄栽、地面栽培槽栽培、架空栽培床栽培（包括支架架空和吊挂架空）等。

　　架空栽培床是一种将种植作物的栽培槽架离地面的栽培模式。与地面土壤栽培相比，架空栽培一是大多采用基质栽培，可避免土壤栽培中的土传病害；二是可以避免草莓果实与土壤接触，保证果实清洁，也能避免果实与土壤接触部位温度低且照不到光而着色不良；三是种植管理和采收作业人员不需要弯腰作业，减轻了操作者的劳动强度。因此，架空栽培的模式在草莓种植中得到大量应用，尤其在连栋温室中几乎都采取架空栽培的模式。

　　架空栽培床的方法有两种：一种是在地面上通过立柱将栽培槽架离地面（称为"支架栽培床"）；另一种是采用钢索将栽培槽吊挂在温室结构上使其脱离地面（称为"吊架栽培床"）。支架栽培床需要在地面上竖立支柱来支撑栽培槽，一是为避免长距离栽培槽发生变形造成排水不畅，施工中对地面的平整度和压实均匀度要求较高（为此在支柱的顶部大都设置可调节支撑高度的螺杆）；二是地面上竖立大量的支柱后温室地面将不能进行其他用途开发。吊架栽培床正好克服了支架栽培床的上述缺点，虽然吊架栽培床给温室结构增加了额外的作物吊挂荷载，但这种荷载与风荷载组合是有利荷载，一般温室设计中都会考虑作物荷载。对草莓栽培而言，由于其植株低矮，与栽培高秧作物相比，对温室栽培空间的要求不高，因此吊架栽培床在连栋温室草莓种植中几乎成为主流。

　　传统的栽培槽，由于受加工、镀锌和运输等条件的限制，工厂生产的每根栽培槽的长度大都不超过 6m，现场安装时需要将若干短栽培槽对接或搭接连接才能形成一条整体的栽培槽。不论是对接还是搭接，连接接口的密封始终是施工中的一道难题。因此，在生产中这种栽培床总是免不了出现积水和漏水的问题，给草莓种植的精确灌溉控制和温室地面排水带来很多困难。

　　为了解决短栽培槽连接漏水的问题，国外的企业研究开发了一种用镀锌涂层卷板在温室施工现场加工，按照温室内种植槽的长度一次成型的加工工艺，彻底解决了这一难题，而且针对不同的种植作物开发出了系列化的栽培槽规格和种类。2012 年世界草莓大会在中国北京举办，这次大会上，首次在国内展示了这种一次成型栽培槽吊挂栽培草莓的种植模式，引起了国内学者和企业界的重视，在其后的连栋温室草莓栽培中，国内温室生产者也陆续有引进这种种植模式的，但始终没有国内企业能生产这种栽培槽。

北京泓稷科技有限公司总经理吴松先生看到这一商机，致力于这一产品的开发。在短短的一年多时间里，通过出国考察、客户调研，从图纸设计到样机试制，最后到产品定型，已经成功将这一产品推向市场。笔者也早就在各种媒体报道中了解到了这一情况，多次和吴松先生接洽，希望能到现场详细了解和学习这种产品的技术特点和具体加工与安装情况。2020年1月4日，这一愿望终于得以实现。吴松先生以及《农业工程技术（温室园艺）》杂志记者与笔者一起踏上南下的高铁，经过南京换乘溧水后来到了江苏省南京市溧水区洪蓝镇傅家边村一个部分还在建设、部分已经投入运营的草莓生产基地。该项目由上海都市绿色工程有限公司整体设计并承建，占地面积45 000m²，共有10栋连栋玻璃温室，全部采用吊架式栽培系统种植草莓。由于基地是边施工边生产，所以我们有幸看到了草莓栽培吊架从栽培槽加工、吊架安装和实际生产使用的全过程。下面就让我们跟随吴松先生的引导一起来领略一下这种以一体成型栽培槽为特色的吊架式草莓栽培系统的建设和生产模式吧。

一、吊架系统的组成

草莓吊架系统主要由栽培槽及其配套构件固定夹、吊钩、吊索和紧固件组成。其中栽培槽是吊架系统的核心部件，其功能一是承载栽培基质和草莓作物以及灌溉、加温毛管的支架；二是收集草莓生产灌溉水和灌溉营养液回液的容器和流道。因此，对栽培槽的要求，一是要有足够的容量，能够盛装草莓全周期栽培必需的栽培基质；二是要有足够的强度，在栽培基质正常灌溉湿润条件下，按照一定间隔吊挂时不能出现影响排水的结构变形；三是要有良好的密封性能，在生产中不能出现漏水现象；四是要有足够的防腐蚀能力，在温室高温高湿的空气环境以及草莓栽培营养液高盐碱基质环境中能够保证与温室主体结构同步的设计使用寿命（一般设计使用寿命不低于10年）。

北京泓稷科技有限公司开发生产的一体式栽培槽采用总宽600mm的钢带辊压成"几"字形截面，形成底宽206mm、深129mm的栽培槽（图1）。为保证栽培槽的强度，一是采用了在"几"字形截面侧边上压槽的方式，提高构件的截面模量（图1a）；二是采用了0.7mm厚钢板，较国外进口同类构件的钢板厚度增加了0.1mm，承载能力可达到40kg/m。

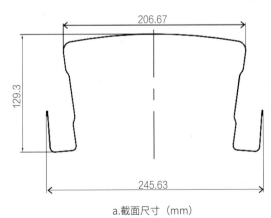

a.截面尺寸（mm）　　　　　　　　　　b.实物

图1　栽培槽

上料过程

辊压机组现场
转移过程

为了保证栽培槽的抗腐蚀性能,钢带采用表面镀层厚度 $120g/m^2$ 的热浸镀锌板,并在镀锌表面进行了二次喷涂,喷涂材料为氟碳化合物,外表面喷涂厚度 $20\sim23\mu m$,内表面喷涂厚度为 $12\mu m$,有效保证了材料的表面防腐。

为了实现栽培槽的一次成型,在一条栽培床上不出现接缝,从而彻底杜绝漏水,北京泓稷科技有限公司专门投入精力学习研究,自主开发了一套辊压设备(图2)。该设备是在底盘上安装了一套传统的"几"字形截面冷弯成型板材辊压机组,机组主要设备包括原料卷筒支撑架、卷材整理辊以及辊压成型滚轮组和成品板材截断切割刀等,底盘上安装了4根支撑柱,可在现场将整个机组支撑在地面上。

辊压栽培槽时,用叉车将加工卷板从原料堆放场搬运到辊压机组,在人工协助下安装到卷筒支撑架上,人工固定卷筒后即可开机生产(扫描二维码可观看栽培槽生产过程视频)。

为了实现设备的现场移动作业,设备底盘下安装了运动车轮,可在人工操作下实现作业区内设备的转移(扫描二维码可观看设备转移视频),这是实现栽培槽从工厂构件加工到现场一体成型最主要的改变。实现设备移动的手段是采用了车轮,整套设备承载在车轮上,随着车轮的滚动可将设备搬运到作业区的任何位置,正常行驶可通过操控车轮的转向机构进行转向,对于狭窄空间转弯半径不足时,机组可通过安装在设备底盘下的转向底盘调整机组的运行方向。转向底盘采用液压控制,输出动力可将整个机组顶起并在人工控制下360°转向,转向到位后再将整个机组落位,将全部重量承压到车轮上,收起转向底盘,驱动车轮即可实现整个机组的前进和后退。

整套机组的运行控制可采用屏幕人机对话控制,也可以采用遥控器按钮控制,操作灵活,使

a.辊压机整体

c.辊压滚轮组

d.转向底盘

b.辊压机支撑

e.叉车喂料

图2 栽培槽辊压机

用方便。应该说这台设备填补了我国国内空白，满足了当下国内连栋温室高架栽培果菜大面积发展的需求。

几字形栽培槽
生产过程

辊压栽培槽时，将辊压机组停置在温室靠山墙一侧开间，并沿着栽培槽辊压出的方向（温室开间方向）间隔一定距离（10m以内）设置滚轮支架，每个滚轮支架处安排一名操作工人，其主要职责：一是保证辊压出的栽培槽在向前移动过程中不发生变形；二是一条完整栽培槽辊压成型后，全体操作工人一起将整根的栽培槽抬放到靠近天沟下立柱的一侧，以便后续的安装（图3，扫描二维码可观看现场加工视频）。目前看，这一过程耗费人力较多，工人的劳动强度也较大，如何实现更多环节的机械化尚需进一步研究。

该截面的栽培槽除了用于草莓栽培外，还可通用于长季节番茄等吊蔓作物的栽培。对于松散基质栽培模式，可采用与草莓栽培完全相同的栽培槽安装方式（栽培槽内盛放基质）；对于袋装岩棉或椰糠基质的基质栽培模式，只要将栽培槽翻转180°，将袋装基质放置在"几"字形截面的顶面，将"几"字形两侧的折边作为收集和排放基质中渗出灌溉营养液的集水槽即可（袋装基质放入"几"字形槽内栽培也是一种完全可行的栽培模式）。

除了栽培槽外，吊架系统的主要构件还包括固定栽培槽的固定夹、吊钩和吊索（图4）。为了保证这些结构配件的强度和防腐性能，固定夹采用高强度尼龙材料，并用不锈钢钢管和镀锌钢筋将两端端头连接并固定（图4a）。吊钩采用热浸镀锌钢筋（图4b），吊索采用镀锌钢绞线，在钢绞线的末端焊接螺杆，可装配螺母，用于固定吊钩（图4c）。

a.从辊压机辊出

b.全程滚轮支架布置

c.人工辅助作业

图3 栽培槽现场加工过程

a.固定夹

b.吊钩

c.吊索

图4 草莓吊架系统主要构件

二、吊架系统安装

现场施工时，吊架系统的安装顺序依次为：吊挂吊索—现场加工栽培槽—栽培槽就位—安装栽培槽固定卡—安装栽培槽吊钩并将栽培槽整体吊挂在吊索上（扫描二维码，可观看整个安装过程视频）。

吊索的上端固定在温室桁架结构的下弦杆上（图5a），吊索在桁架下弦杆上的间距即栽培槽的间距，按照种植农艺要求确定。本项目的温室跨度为8m，种植草莓栽培槽的间距为0.8m，所以，吊索在温室桁架下弦杆上的布置间距亦为0.8m。温室每根桁架的下弦杆布置吊索，温室开间为4.0m，相当于栽培槽长度方向每隔4.0m安装一根吊索。

吊索的端部为螺杆，螺杆上安装垫片和螺母，吊架的吊钩直接钩挂在垫片和螺母上（图5b），通过调节螺母的位置可在螺杆的长度范围内调节栽培槽的吊挂高度，即间接地调节了栽培槽的纵向排水坡度。一般要求栽培槽的排水坡度控制在0.2%，可从一端向另一端找坡，也可从中间向两端找坡，视排水系统的设计而定。

栽培槽固定夹由两根带套管的螺杆连接两根中部带凹槽的尼龙夹板组成。尼龙夹板夹在栽培槽的两侧，凹槽正好卡在栽培槽的外卷边上沿上，两根带套管的螺杆分别安装在尼龙夹板的两端，螺杆穿过尼龙夹板端部螺孔后安装垫片和螺母，拧紧全部螺母后即形成对栽培槽的牢固固定。螺杆上的套管长度限制了两侧尼龙夹板的间距，可避免在拧紧螺母时挤压栽培槽变形。尼龙夹板的两端分别预留一个凹槽，凹槽两个侧壁间安装一根钉销。栽培槽用固定夹固定后，吊钩的下端直接钩挂在该钉销上（图5c）即完成对栽培槽的吊挂安装。

a.吊索上部固定在桁架下弦杆　　　b.吊索下部连接栽培架吊钩　　　c.栽培架吊钩与栽培槽固定卡相连

图5 吊挂栽培槽主要节点大样

栽培槽主体构件安装完成后，最后的安装工序是封堵栽培槽端头（图6）。栽培槽的堵头分为两种：一种是不排水的堵头，位于整个栽培槽的标高最高的一端，该堵头要求完全封堵（图6b），并做好堵头的密封处理；另一种是与排水管相配套的专用排水堵头，安装在整个栽培槽标高最低的一端，亦即栽培槽的排水侧一端，在没有安装排水管之前，该端头暂不做处理（图6c），待安装排水管时与排水堵头一并安装。

顺序安装温室每跨的所有栽培槽，即完成整栋温室栽培吊架主体结构的安装任务（图7）。在完成吊架主体结构安装后，还要在栽培槽内铺设排水支架和基质过滤网，同时安装栽培床加温毛管，最后在栽培槽内填装栽培基质，并在基质表面铺设滴灌带，这些将在后续加温和灌溉系统安装中做详细介绍。

本项目中的排水支架为一种专用的塑料构件，上表面开孔漏缝，支撑栽培基质并保证基质灌溉营养渗出液顺畅下流，下表面设计支撑，将排水支架上表面支离栽培槽底面，在基质与栽培槽间形成集水和排水流道，保证基质灌溉回液的顺畅回流。

本项目采用的基质过滤网为温室外遮阳用黑色圆丝遮阳网，材料强度高、价格便宜、来源广泛、裁剪方便、能阻挡基质中大颗粒通过，是一种既经济实用、物美价廉，又能满足使用功能的滤网材料。

a.处理前的端部

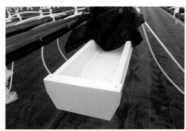
b.高位段封堵

c.低位端敞口

图6 栽培槽端部的处理

a.整体

b.上部吊挂

c.下部承托

图7 安装完成的吊挂栽培槽

三、活动式栽培吊架

由于草莓为低矮作物，植株高度低，平面种植空间、温光利用率都较低。提高草莓种植效率有两种方法，一是提高草莓的种植密度；二是适时将草莓架放置在温室空间内温光条件最好的位置，由此产生了活动式草莓栽培架。从草莓活动架的运动方向看，一种是将草莓架水平平移（称为水平平移吊架），另一种是将草莓架垂直升降（称为垂直升降吊架）。两种形式的活动吊架都是在上述固定吊架的基础上通过附加驱动设备来实现，以下分别做详细介绍。

1.水平平移草莓吊架

水平平移式草莓活动吊架主要是为了提高草莓种植的密度。固定式草莓栽培架，为了方便栽培架两侧作业，一般栽培架两侧留有相同宽度的作业通道，通常作业通道的宽度为0.6~1.0m。水平平移式栽培架采用了活动苗床的设计思想，不进行生产作业时将栽培架紧密排列（排列密度以不影响植株采光和通风为原则），进行生产作业时拉大相邻两个栽培架的间距，留出作业通道。这种设计可在不影响草莓架采光和通风的条件下，显著提高草莓架的布置密度，从而提高草莓的种植密度和单位温室面积草莓的生产产量。

为了从工程上实现草莓吊架的水平平移，上海都市绿色工程有限公司采用了水平牵拉栽培架吊索的方法（图8）。实际上，这一系统设计早在2007年上海青浦草莓研究所的试验温室中就已经首次使用了。作业时水平牵引线拉动栽培架吊索，同时带动栽培架水平运动；作业完毕，放松水平牵引线，在栽培架自重的作用下，栽培架自动回位到吊架吊索自然垂落的位置，实现栽培架的复位。

设计中，水平牵引线沿温室跨度方向通长布置，高度以不影响生产作业为原则进行定位，一般应高于地面2m。每个开间设置一道水平牵引线（与栽培架吊索在同一竖直平面内），每隔一道栽培架吊索，水平牵引线与栽培架吊索固定连接（图8a）。

水平牵引线的一端固定在电机输出轴上（图8b），随着电机输出轴的转动，水平牵引线缠绕在电机输出轴上，实现水平牵引线的水平运动，使水平牵引线连接栽培架吊挂索的栽培架向未连接栽培架吊索的栽培架靠拢，从而在相邻两列栽培吊架之间形成足够的作业通道。

电机驱动轴沿温室开间方向通长布置，可布置在温室中部，也可布置在温室一侧（图8c），根据水平牵引线在电机驱动轴上的缠绕方式确定。

这套系统除了增加水平牵引线驱动系统外，栽培吊架其他设施和固定式吊架完全相同。

a.牵引线与吊索的连接　　　　　　　b.轴承座及牵引钢丝　　　　　　　c.电机及驱动轴

图8　水平平移式草莓活动吊架

2.垂直升降式草莓吊架

垂直升降式草莓活动吊架是为了最大限度追逐温室内沿高度方向的最佳光温环境（因温室沿高度方向光温分布具有较大的差异）。进行生产作业时，将吊架降落到距离地面0.8~1.0m的高度（视操作工人的身高可随机调整），便于打叶、采收等生产作业；不进行生产作业时，根据温室内温光环境自动将吊架提升到光温最佳的生产高度或者人工设定的高度。将栽培架吊挂到高空同时也可以留出栽培架下部足够的活动空间，一是便于地面种植盆栽作物或其他作物；二是便于采摘和观光游客在栽培架下部自由活动，由此可显著提高温室地面的利用效率，而提高温室生产的综合效益。

该项目草莓种植的垂直升降式吊架是上海都市绿色工程有限公司学习和借鉴韩国同类栽培设施自主开发的一套系统。为了对一垄栽培床草莓进行生产作业时不影响其他栽培床的最佳光温环境，生产中要求对每个栽培吊架进行单独控制。也就是在每个栽培吊架的上方安装一根与栽培吊架相同方向并同长的驱动轴并在每根驱动轴上安装电机减速机进行独立控制（图9a）。电机驱动轴一般安装在温室桁架梁的下弦杆，栽培吊架吊索采用单根折返双线，一端固定在温室桁架梁的上弦杆或下弦杆上（图9b），另一端绕过栽培吊架吊钩上部的动滑轮（图9c）后折回缠绕到电机驱动轴上（图9b）。随着电机驱动轴的转动，缠绕或放松栽培架吊索，从而实现对栽培吊架的垂直升降。

a.电机及驱动轴　　　　　　　b.驱动轴与吊线上部固定　　　　　c.吊线下部连接滑轮

图9　垂直升降式草莓活动架

与水平平移式活动吊架相比，垂直升降式吊架由于对每个吊架实行独立升降操作，通过相邻栽培吊架的高差控制，可调整栽培架的作业空间，因此，其布置间距可比水平平移式活动吊架更小，草莓栽培的密度更高，温室地面利用率和草莓生产效率将更高。但另一个方面，与固定式栽培吊架和水平平移活动架相比，垂直升降式栽培吊架不仅增加了很多减速电机和电机驱动轴，而且栽培吊架的吊索也需要更换为配套动滑轮的单根折返双线吊线，虽然提高了草莓的栽培密度和温室的空间利用率，但造价和运行成本也显著上升。生产实践中究竟选择使用哪种栽培吊架系统，应根据草莓栽培的经营模式和生产效益进行精确分析后确定。

四、加温系统

传统的连栋温室采暖是将散热器布置在沿开间方向的柱间进行温室全空间加温，这种采暖方式室内温度不均匀、温室能耗高。近年来，引进荷兰番茄种植温室采用光管做散热器，布置在温室地面、作物冠层、株间或吊挂在桁架下弦杆下，并分系统供热，各自独立控制，大大节省了温室的供暖成本。

有的企业在引进荷兰温室高架栽培草莓的生产中也采用了这种模式（图 10）。虽然地面管道、床下管道以及株间管道加温的方式较柱间圆翼散热器加温的方式在室内温度均匀性和节省供暖负荷方面都得到了显著的改善，但从草莓等低矮作物的种植空间看，这种散热器布置方式对能源的利用效率仍有很大的提高空间。

在参观江苏省南京市溧水区草莓生产温室时看到了一种更高效的采暖方式，就是将传统的空间加温和株间局部加温完全改为对作物根区的局部加温。

这种系统是将温室采暖总供回水管道布置在温室的中部（图 11），从主供水管道向每个栽培吊架中部引出供回水支管，每个供水回水支管端部安装三通将支管供回水分流为两路（图 11c），分别向栽培吊架的两端供热。从三通分流出来的热水再分成两路接毛管，一根毛管布置在栽培基质下部（过滤网与排水支架之间，图 12a），另一路毛管布置在栽培基质内部（图 12b）。毛管采用塑料软管同程布置，供回水温度采用 30℃ /20℃或更适合作物根区生长要求的温度。

a.整体吊架栽培加热系统　　　　b.吊架下局部加温管　　　　c.对局部加温管再保温

图 10　引进荷兰温室吊架栽培草莓的加热系统

a.整体供热管路布置　　　　b.主管与支管的连接　　　　c.支管与毛管的连接

图 11　改进的草莓吊架栽培根区局部供热管道主管与支管的连接

a.供水支管与毛管连接　　　　b.毛管在栽培床内的布置

图 12　改进的草莓吊架栽培根区局部供热管道支管与毛管的连接与布置

由于草莓植株小、生产种植对温度的要求较低（5~25℃），从根部基质中释放出的热量基本也能满足作物茎叶的要求，因此，采用根区局部加温的方式可大大节约温室采暖成本，是一种非常适合于草莓等植株低矮作物生产的加温方式。

五、灌溉排水系统

灌溉是温室作物栽培必备的条件，而排水系统则不是每个温室都应必备的。土壤栽培的温室中以及营养液不回收利用的温室中基本不设计排水系统。但随着人们环保意识的不断增强，设施生产中过度施肥（主要指化肥）造成土壤板结、地下水污染等问题已经引起了业界和社会的高度重视。早在 20 世纪末，以荷兰为代表的欧洲国家已经从法律上明确温室生产企业必须完全回收利用和处理营养液回液。近年来，国内新建的大型连栋温室也开始意识到这个问题，在温室设计中重视营养液的回收利用。本文的案例就是一个比较典型的工程实例。

1.供水系统

和栽培床的供暖系统一样，栽培床的灌溉给水也是将供水主管布置在温室沿开间方向的中部（图13a）。实际上，灌溉供水主管和采暖供回水主管分别安装在温室沿开间方向中部同一开间的两侧桁架下。从灌溉供水主管对应每个栽培吊架分出供水支管，支管的末端接三通，将供水支管再分为两路，以供水支管为中心分别向栽培吊架的两端供水。为了保证栽培吊架内供水的均匀性和安全性，设计采用两路毛管供水的方式，即在支管分出的三通上再接三通，实际上是在支管上分接出了四路毛管（图13b）。毛管采用传统的带压力补偿的管式滴灌带（图13c），可保证在供水距离50m之内均匀供水。

a.供水主管与支管　　　　　　b.支管与毛管的连接　　　　　　c.毛管布置

图 13　供水系统管路

2.排水系统

向基质灌溉的清水和营养液一部分通过植株叶面蒸腾和基质表面蒸发释放到温室空气中，一部分滞留在栽培基质中，剩余部分则通过基质渗漏到栽培槽内。只有及时将渗漏到栽培槽内的灌溉水和营养液排除，才能保证基质内部适宜的持水量和基质的通气性。所以，排水系统是温室作物栽培中不可缺少的配置。

本项目栽培槽的排水措施，一是在栽培槽安装时从一端向另一端找坡（也可从中部供水位置向两端找坡，但为了节约排水设施的投资，在栽培床一定长度范围内大都采用单向排水的方式），形成栽培槽内部的自然排水坡度，实现栽培槽内的自流排水；二是在栽培基质下部铺设一层遮阳网布过滤网（或其他具有隔离过滤作用的材料），将从基质中渗漏下来的营养液或灌溉水经过过滤后排到栽培槽内；三是为了避免栽培基质积水和对渗漏到栽培槽底部的排水形成水阻，在过滤网下部设置支撑板（支撑板本身带孔，不会对上部渗流形成阻挡），这样渗漏到栽培槽下部的回液将会顺畅地从栽培槽的一端排向另一端（图14）或从栽培床的中部排向两端。

每个栽培槽端部都安装有排水管路。在栽培吊床安装之前的地面土建工程中已经预埋了排水主管（埋入地下）和从主管上伸出的支管（图15a）。从栽培槽中收集的排水沿栽培槽顺流到栽培槽的端部，在栽培槽的端部安装堵头板，该堵头板下部自带排水管接口（图15b），用软管将堵头板接口与预埋排水支管相连接即完成排水管路的安装（图15c）。

排向栽培床一端的灌溉回液，最后通过系统的排水管路回收，经过紫外线等措施消毒，与原营养液适量配比后再次使用，形成营养液灌溉的闭环循环系统。这种灌溉营养液循环利用的方式可有效节约灌溉营养液，并可避免回流营养液的外排，节约成本，保护环境，是今后温室生产中积极推广应用的一种良好方式。

a.栽培床全貌

b.栽培基质下部的过滤网

c.过滤网下部的支撑板

图 14　排水收集系统

a.预埋排水支管

b.封堵栽培槽端口

c.连接栽培槽端口与排水支管

图 15　排水系统管路

观光型可升降草莓吊架
及配套设施设备

2022 年 1 月 9 日，应北京市海淀区农业科学研究所所长郑禾先生之约，笔者来到了位于北京市海淀区温泉镇的中关村科普农庄。这里是海淀区农业科学研究所的实验基地，也是海淀农业高科技的展示和科普园区。

2017 年，笔者主导从韩国引进了一座高保温的连栋塑料薄膜试验温室，目前郑所长已将其改造成为一栋集科技展示、观光采摘、休闲娱乐、科普教育为一体的草莓生产温室，并将其命名为"5G 云端草莓"。

走进草莓温室，首先扑鼻而来的是浓香的草莓香气，让人难以抵抗采摘品尝的诱惑，而敞亮的栽培空间、高低错落的草莓吊架、色彩斑斓的种植空间、完全脱离地面的草莓栽培模式（图 1）又仿佛让人感觉进入了农业艺术的殿堂，从视觉上深深地吸引了我的眼球。

a.可调节的高低架　　　　　　b.高架空间　　　　　　c.高架下休闲健身

图 1　草莓温室种植及其空间利用

一、可升降草莓架及吊挂系统

关于可升降草莓架及其吊挂系统，笔者在 2020 年 1 月考察江苏省南京市溧水区洪蓝镇傅家边村的温室后已经做过介绍，但这里的栽培架及吊挂系统更注重科技展示和观光休闲，与傅家边村的生产温室相比有相同之处，更有很多新的改进和创新。

1.栽培槽及栽培方式

传统的草莓吊架栽培模式采用的栽培槽为平底敞口凹形槽，槽内填充栽培基质，草莓定植在基质中，滴灌带敷设在基质表面向基质供水。为了解决基质灌溉水从上而下渗入并从栽培槽一端流向另一端排出的水分运动轨迹造成底部基质含水量过高、通气性不足的问题，往往要在栽培槽底部设置一个沥水层。这种做法不仅增加了沥水层的设备投资，而且由于沥水层的存在，要保证相同深度的栽培基质，栽培槽的深度必须相应加深，变相地增加了栽培槽的体积和钢材用量，相应栽培槽的造价也将提升。

这里的栽培槽从外表看与传统的草莓栽培槽几乎没有什么区别（图2a），但从栽培槽的下部看（图2b）就有了新的发现，原来这个栽培槽是将供排水都集中到了栽培槽的底部，在栽培槽底面中部通长方向向外隆起了一个棱（从栽培槽内部看就是在底部形成了一个底槽），向栽培槽供水的主管就直接铺设在这个底槽内，同时从栽培基质中沥出的水也统一汇集到这条槽内，并最终从栽培槽的一端排出。这种做法将供水主管隐藏到栽培槽底部，从外观看栽培系统更加整洁、美观，更符合观光休闲和展览展示的需要。

从栽培的方式看，传统的草莓种植都是直接将基质填铺在栽培槽内，基质中直接定植草莓。但这里的做法是用栽培钵定植草莓（图2c），首先将基质填充在栽培钵内，然后在每个栽培钵中定植草莓，同时采用滴箭滴灌的方法，从隐藏在栽培槽底槽的供水主管上引出滴箭供水管，将滴箭插入每个栽培钵中向基质供水。这种做法的优点，一是栽培钵底部架离栽培槽底面，不会在基质下部形成过高含水层，基质的整体通气性好；二是植株之间的病害不会随灌溉水的流动而传播；三是基质盛装在栽培钵内不会出现撒漏，整体上看栽培架整洁美观。这种做法的缺点主要是滴箭灌溉和栽培钵种植增加了设备的建设投资。由此也可以看出，这种栽培槽及其种植方式的改变主要还是为了生产展示和休闲观光的需要而设计。

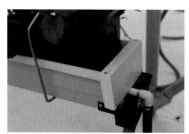  

a.栽培槽　　　　　　　　　b.栽培槽底部　　　　　　　　　c.栽培钵

图2　栽培槽及栽培钵

2.栽培架吊挂与升降系统

栽培架的吊挂与升降系统总体上与传统的草莓升降栽培架基本一致。栽培槽吊扣环抱栽培槽

（图 3a），用可调节长度的花篮螺丝（用于调节栽培槽安装高度的一致性）连接吊扣与换向轮，换向轮上缠绕升降绳（图 3b），升降绳的一端固定在温室桁架的下弦杆上，另一端缠绕在连接电机减速机驱动轴的绕线轮上（图 3c）。随着电机减速机的正反运转，带动绕线轮正反转动，将缠绕在绕线轮上的升降绳盘起或释放，从而实现对栽培槽的升降控制。人工电动控制电机减速机，可以将栽培架停留在升降绳可达的任意高度位置，以满足生产作业和观光休闲的不同需要；也可以电脑控制，根据室内温光的空间分布自动控制将栽培架升降到适宜高度，以获得作物生长的最佳温光环境。

| a.吊扣吊挂栽培架 | b.花篮螺丝和换向轮 | c.驱动电机及吊线 |

图 3 栽培架吊挂系统

在整体通用吊架系统的基础上，为适应栽培槽特殊截面形状和观光展示的需要，这里也创新设计了一些个性化的配件和设施。

（1）**栽培架吊扣**　与平底栽培槽吊扣不同的是：首先栽培架吊扣是一个闭环扣，用一根钢丝折弯焊接成形，吊扣各部位截面相同，力学性能一致；其次，为适应栽培槽底部向外凸起的形状，栽培架吊扣在托挂栽培槽的底面段也采用相应的半圆形折弯（图 4a）；三是将吊扣顶端中部折成锐角折弯，上部吊钩直接勾挂在该折弯点，不仅可保证栽培槽的重心平稳，不会发生侧位变形，而且也可保证吊钩勾挂可靠，不会发生滑移错位（图 4b）。应该说这是一种安全可靠而且符合栽培槽特点的合理吊扣设计方案。

（2）**安全吊挂绳**　由于该温室种植草莓采用空中吊挂栽培模式，种植不仅是为了生产需要，还承担着大量科普、观光的功能，而且进入温室的人流量较大，保证吊架的绝对安全成为生产的第一要务。为此，本设计在传统吊挂系统的基础上，沿栽培槽长度方向每隔 6m 附加设置了一套安全保险吊挂系统（图 5）。这套系统不配备动力系统，其功能主要是在驱动吊挂的升降绳失效后能够替代其承担吊挂栽培槽的任务，避免栽培槽变形、折断或从高空坠落。由此，对附加安全吊挂系统的要求，一是要与驱动吊挂系统同步运行；二是要有足够的承载能力。为实现上述功能要求，设计选用了一套弹簧绕线器吊线系统来收放栽培槽吊挂线。弹簧绕线器与驱动吊挂升降绳并行布置，并吊挂固定在温室桁架的下弦杆上（图 5a），从其中伸出的吊线末端则连接到吊钩上，吊钩勾挂在栽培槽吊扣上（图 5b）。吊挂线的一端缠绕在弹簧绕线器内的绕线轮上，绕线轮连接弹簧，随着绕线轮的转动拉伸或回收弹簧，保证拉线在下部栽培槽的重力作用下始终处于紧绷状态，从而保证该安全吊挂系统与电机减速机驱动的吊挂系统始终处于同步运行和持力状态。

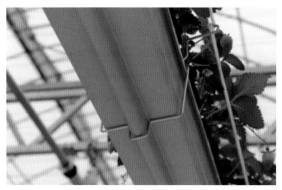

| a.底部托挂 | b.上部接吊钩 |

图 4　栽培架吊扣

| a.弹簧绕线器 | b.吊钩 |

图 5　附加安全吊挂系统

3. 栽培架辅助生产设备

生产性草莓栽培架除了吊挂与灌溉系统外，基本不再附加其他设施，但在本科普、展示和观光型草莓生产系统中，为了增强观光和科技展示的功能，专门创新设计和配套了一些独特的设施设备。

（1）**植株梳理系统**　这里讲的植株梳理系统主要由植株梳理支架和彩色银光绳两部分组成（图6），其中，植株梳理支架为一个局部折弯整体 U 形的折线卡和一根 U 形卡双支限位杆组成的组件。U形折线卡底部和下半部分与栽培槽的外形尺寸相匹配，从底部环抱栽培槽；在其双支超过栽培槽敞口位置后做一折弯，用于连接双支限位杆，同时也起到制约栽培槽敞口变形的作用；再向上为一外凸的小 U 形折弯，用于固定草莓的果叶分离绳；在 U 形卡的最上部为 W 形折弯，用于固定草莓枝叶梳理绳。U 形折线卡和双支限位杆均由镀锌钢丝折弯成形（图 6a、b）。

果叶分离绳是用于将草莓的枝叶收拢在栽培槽敞口宽度范围之内，而将草莓的果实垂挂在栽培槽外（图 6c），这样做不仅方便果实采摘，也便于植保作业时保护草莓果实不受药液直接喷施，还能提升草莓种植的观赏性。枝叶梳理绳用于在草莓枝叶茂盛期约束枝叶不致外溢出栽培槽敞口宽度范围并将其向上引伸生长，保持草莓全生育周期内的果叶分离。

为增强观赏效果，果叶分离绳和枝叶梳理绳均采用荧光绳，而且有多种不同颜色。各栽培垄之间采用不同色彩的荧光绳，增加了整个温室色彩的层次，在灯光照射下还会更加耀眼，是丰富观光游览非常重要的艺术元素（图 6）。

(2) 移动黄板架　传统的温室作物种植用于诱虫和粘虫的黄篮板均是固定张挂在温室结构上。这种张挂方式，一是对作物生产存在一定程度的遮光；二是从观瞻的角度看不美观。本温室由于采用升降式吊架栽培模式，如果采用传统固定的黄篮板张挂形式，为避免吊架升降过程中触碰，黄篮板张挂的位置必须高于栽培架可及的最高位置，但由于草莓种植吊架长时间处于温室高度方向的中下部位置，黄篮板远离植株，实际上可能起不到诱虫和粘虫的作用。为此，专门设计了一种可移动黄板架（图 7a），即将一张挂黄篮板的立杆焊接在三脚架上，可直接放置在温室地面上并能随时搬移。三脚架不固定安装在温室地面，但可以稳定支立在地面的任何位置，在栽培架吊起时可根据植保的需要将张挂黄篮板的支架放置在温室地面任何部位，而在栽培架下降到作业高度时，可将支架放置在作业走道上。

a.黄色荧光绳　　　　　　　　　b.橙色荧光绳　　　　　　　　　c.果叶分离

图 6　植株梳理系统

a.可移动黄板架　　　　　　　　　　b.自动巡检与植保车

图 7　生产植保设备

此外，该支架除了张挂植保用的黄篮板外，还可以张挂科普挂件和广告展板，尤其适用于科普观光型的栽培架可升降草莓温室。

(3) 自动驾驶植保车　由于栽培架可升降种植系统在栽培架升起时，温室地面除了立柱外无其他任何障碍。这种生产环境尤其适用于硬化温室地面上作业车的行走作业，由此，本温室生产引进了一种自动驾驶的作业车（图 7b）。该作业车上可以搭载植保喷药机，即形成自动驾驶喷药车，按照电脑规划路径在室内无操作人员的条件下进行植保作业，可很好地保护温室作业人员的身体健康。如果在该作业车上搭载作物和环境信息自动感应器，则可以自动巡检温室内作物生长环境以及作物生长状态，处理获取的信息并将信息自动上传到中央处理器或发送到用户手机，能够使温室管理者随时随地了解和掌握温室中作物的生长条件和设备运行情况。

二、营养液供应与灌溉系统

本工程温室生产的营养液供应和灌溉系统分为三个部分：一是清水制备部分；二是草莓灌溉施肥系统；三是草莓种植的回液再利用系统（图 8）。这里将清水制备以及营养液配置的设备统称为灌溉首部，给作物供回水的设备称为灌水设备。以下分别介绍。

1. 灌溉首部

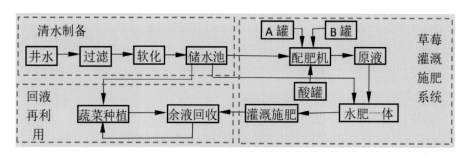

图 8　营养液供应与灌溉系统

灌溉水来源于井水。从井中抽出的水一般含沙较多，而且北方地区水质较硬，为此，清水制备设备一般应配置沙石过滤器除沙，配置水质软化设备除盐。经过过滤和软化的清水储存在储水池中备用。

营养液配置设备一般包括 A、B 两种肥料的原液罐和调节 pH 的酸罐三种原料罐，以及 1 套配肥机。运行时，将 A、B 罐和酸罐中的原液按照设定配方通过配肥机按比例配置混合后即形成营养液原液，通过配肥机配置好的营养液原液储存在原液储液罐中待用。

本温室工程的灌溉首部设备如图 9。由于温室面积较小，因此，灌溉首部选用的设备规格和容量也较小。其中，清水储水池设置在地下，采用地下水池对稳定水温也有很大的作用。

2. 草莓种植供回水系统

| a.原水软化 | b.原液与酸罐 | c.配肥机 | d. 储液罐 |

图 9　营养液配置设备

草莓种植的供回水系统采用在栽培槽一端集中供回水的方式。由于栽培槽采用可升降的吊挂方式，所以栽培槽的供回水管道采用两种形式：一种是固定不动的硬质管道；另一种为随栽培槽上下运动的柔性管道（图10a）。灌溉施肥期间，从清水池和原液储液罐中的供液按设定水肥比送入水肥一体机混合（简易的方法可采用比例施肥器，如文丘里等，可带动力，也可以不带动力）后，通过主供水管送到栽培吊架的顶端（主供水管沿温室跨度方向安装在温室桁架上），柔性橡胶软管从主供水管中将灌溉水引到每个栽培架的端头，再接入设置在栽培槽内的供水支管（图10b）。栽培槽内供水支管沿栽培槽长度通长布置，沿程按照栽培钵的布置位置接出滴箭毛管，通过滴箭将营养液滴入栽培钵栽培基质中（图10c）。从基质中渗出的多余营养液通过栽培钵底部的沥水孔排到栽培槽内并统一汇集到栽培槽底部的排液沟内，调整栽培槽的安装高度使之形成从一端向另一端一定的倾斜坡度，从栽培槽底部收集的灌溉回液将会顺坡最终汇集到栽培槽的末端。在栽培槽的末端设置开孔连接回液集流槽，在集流槽下连接回液管，将收集的回液最终收集排放到回液池中。本生产温室的回液池和清水池一样也设置在温室内地下，既可保证储液温度的恒定，也可节约温室的地面空间。

3. 回液利用

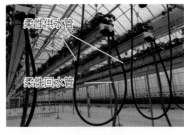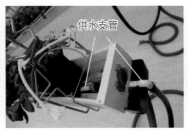

| a.供回水系统 | b.供回水管 | c.滴箭滴灌 |

图 10　灌溉供回水系统

传统的营养液闭环管理系统都是将灌溉回液回收后进行消毒处理，经过营养成分分析后再配入灌溉系统循环使用。这种营养液循环方式没有废液向外排出，是一种生态环保的生产方式。但这种系统，由于对回液消毒的设备投资和运行成本较高，回液成分定期测定和调整配方需要委托专门的专业机构进行，不仅成本高，而且检测周期长，对于规模较小的生产或展示温室，分摊到单位面积的建设和运行成本就更高。

为了减少建设和运营成本，本温室灌溉回液没有采用草莓生产系统的闭环循环运行，而是将草莓种植槽的回液收集后直接用于观赏蔬菜的种植（图11a）。在温室的四周边墙位置设置与草莓栽培相同的固定高度栽培槽，栽培槽内填充栽培基质种植观赏蔬菜。灌溉营养液直接用草莓灌溉回液，日常灌溉采用储水池中清水。这种设计满足了观赏蔬菜营养液供应的要求，同时也省去了草莓营养液循环需要消毒和成分检测的设备和运行成本（种植观赏蔬菜不需要对营养液成分进行精准控制），还有效处理了草莓栽培过程中排出的废液，达到了营养液循环使用保护生态的环保要求。此外，在栽培槽的供回水管道设计中将栽培槽的供回水口合二为一，在栽培槽内采用潮汐灌溉模式，在供水期间供水管阀门开启回水管阀门关闭，在排液期间供水管阀门关闭，排水管阀门打开（图11b）。这种灌溉方式省去了栽培槽内的灌溉供水支管和毛管，节省了投资，而且对观赏蔬菜生产基本没有影响。应该说这是一种观光休闲温室中资源节约利用的一个很好案例。

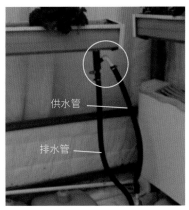

供水管

排水管

a.种植系统　　　　　　　　　　　　　　　　　　b.供回水系统

图11　利用回液种植观赏蔬菜

三、温室及配套设施

该温室于2017年从韩国全套引进。温室长47m，宽23m，总面积1 081m²。温室跨度7.00m，开间3.00m，檐高4.50m，脊高6.40m，共3跨、15个开间。为增强温室的保温性，在温室四周设置了1.00m宽的保温回廊，并设计了室内双层保温幕（图12a）。引进这种温室的初衷是想探索一条不加温或少加温条件下通过多重保温来解决北京地区叶菜冬季越冬生产的连栋温室建设模式。

通过 3 年的建设和运行表明，完全不加温种植耐低温叶菜进行越冬生产仍有很大风险。为此，2020 年建设单位决定对其进行改造，更新保温材料、配套加温设备、改变种植模式，由此形成了本案例展示和旅游相结合、更有经济效益的高架草莓栽培温室。

由于该温室采用吊架式草莓栽培生产模式，显著增大了原温室结构的作物吊挂荷载，因此在结构改造过程中，将原温室的跨间柱顶水平弦杆更换为桁架梁（图 12b），将文洛型玻璃温室的结构融进塑料温室中，一是为了提高温室结构承载能力；二是便于吊挂草莓栽培架和安装升降设备。

对温室保温系统的改造保留了温室原设计的屋面和墙面双层内保温的保温系统（图 13a）。但由于经过 3 年的运行，原配保温遮阳网局部老化破损，温室改造中将所有保温幕进行了更新，更换为国产的更轻便、更保温的腈纶棉保温被（图 13b、c）。从实际运行看，屋面保温幕之间接缝重叠（图 13b），墙面保温被与屋面保温被接缝搭接，整套保温系统密封严密。

为了保证作物生长的光照要求，温室改造中增设了补光系统。温室补光灯采用生物效应灯，每盏灯功率 50W，每跨布置 2 列，每列灯具的间距为 3m，总补光功率为 4.5kW，折合单位面积 4.61W/m²，1m 高位置补光强度可以达到 2 000lx 以上。

在安装补光灯的同时，每跨还安装一列 UVB 紫外灯，间距 2m，主要用于温室内空气的不定期

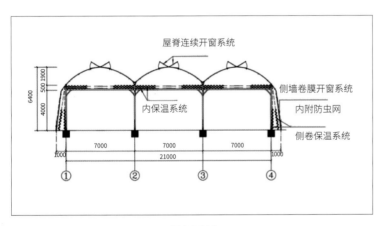

a.温室原结构

b.温室改造后增设桁架

图 12 温室结构

a.屋面双层保温幕

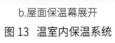

b.屋面保温幕展开

c.侧墙保温幕展开

图 13 温室内保温系统

消毒（图14a）。单盏紫外灯的功率为40W，总安装功率为4.36kW，折合单位面积4.47W/m²。

温室加温系统采用更环保的清洁能源空气源热泵，通过热交换器将热风送入温室（图14b）。温室配套空气源热泵总功率为210kW，室内均匀分散设置热交换风机38台，每台风机散热量为5.5kW，可以在北京最冷日室外温度−15℃条件下保证温室内空气温度在5℃以上，从而保证了温室草莓的安全生产。

为了保证温室内空气温度和湿度的均匀性，并能在室内造成一定的空气运动，温室还配套了水平空气循环风机（图14c）。循环风机布置在温室跨中，间距18m，单台风机功率为0.12kW。

a.补光与紫外线杀菌灯 　　　　　　b.加温设备 　　　　　　c.循环风机

图14　温室配套环境控制设备

一种叠层式人工补光叶菜生产栽培架

2021 年 10 月 17 日，在参加了中国农业工程学会设施园艺工程专业委员会在海南海口市举办的"2021 中国设施园艺学术年会"后，利用返京登机前的半天时间笔者参观了距离美兰国际机场直线距离不足 10km 的海口桂林洋国家热带农业公园。该公园由海南农垦投资建设，规划占地面积 770hm²，建设内容包括国家级热带农业示范区、热带农业休闲旅游体验区、农垦改革试验区和热带农业国际合作中心等"三区一中心"。一期工程农业梦工厂、生态热带新果园、美丽乡村高山村、共享菜园和共享农庄等项目于 2018 年 2 月 8 日正式对外开放。

由于经营主体的转移和交接工作尚未完成以及 2020 年以来新冠肺炎疫情的影响，公园当前不对外开放，内部的种植大多也处于撂荒状态。由于我的兴趣不在种植什么品种，而在种植的设施，所以我还是坚持想去看看，一是在疫情下来一趟海南实属不易；二是该公园内的温室设施可能代表了当今海南设施的"最高水平"，经过北京泓稷农牧科技有限公司经理李磊先生的再三联系，公园经理终于同意了我们的请求，并全程陪同给我们做了介绍。

进入农业梦工厂的游客中心（图1），穿过大厅，我们便看到了建设豪华的现代化玻璃温室。说"豪华"，不仅表现在温室的透光围护材料为玻璃（外观整洁、美观），而且更表现在对温室的环境控制上。由于海口毗邻热带气候区，常年高温高湿，温室建设除了配套传统的采光围护结构外，还必须配套可靠的遮阳降温设备。传统的风机湿帘降温系统由于室外空气湿度较高，降温效果有限，因此，本项目温室采用空调制冷的降温措施。此外，由于当地每年都有台风登陆，由于外遮阳系统会

图 1　海口桂林洋国家热带农业公园"农业梦工厂"游客中心大门

显著降低温室结构的整体抗风能力，所以温室遮阳系统用内遮阳替代了传统的外遮阳（图2）。

"农业梦工厂"总建筑面积达7.6hm²，分为育苗区、盆栽区、果蔬区等不同功能区。我们走进的第一站便是立体种植架叶菜生产展示区（图2c）。关于蔬菜生产的各种立体种植模式，笔者在中国（寿光）国际蔬菜科技博览会上以及其他场合也都有目睹，但这里的立体种植架似乎完全是植物工厂中的结构形式：多层叠式、人工补光、营养液种植。下面就让我来详细介绍一下这种栽培架的结构及其设备配置吧。

a.温室外景及制冷管道和风机　　　　b.温室走廊内遮阳与空调　　　　c.立体种植架在温室中的布置

图2　立体种植区温室的环境调控及栽培架布置

一、栽培架结构

栽培架单体宽约1 500mm，高2 500mm，由5层种植层组成，每层高度约600mm（图3）。栽培架的横梁和立柱均采用多孔组合杆，立柱固定在圆形独立钢筋混凝土基础上，横梁通过组合连接件与立柱相连，形成栽培架的整体承力体系。每层种植层用沿栽培架长度方向布置的圆管支撑。种植层为凹形盘，盘底用塑料薄膜做防水，盘内放置营养液和种植盘，营养液从沿栽培架长度方向的一端供给，另一端排出。

栽培架的最上层种植层作物生长采用自然光照，其他4层种植层均采用LED人工光照补光。

栽培架上各种植层上种植盘采用发泡聚苯乙烯穴盘，在其上的作物定植和收获均采用人工作业方式。

a.供水侧端部　　　　　　　　　　b.排水侧端部　　　　　　　　　　c.中部

图3　立体种植架结构

二、营养液供排系统

栽培架的营养液供排系统采用栽培架一端供液，另一端排液的设计方案（图4）。每个栽培架的供液主管从地下总供液管上引出（图4a），到达每个种植层后分出支管（图4b），支管上供液控制采用阀门手动控制，从支管水嘴流出的营养液直接进入栽培托盘内。

栽培托盘从营养液进入侧向排出侧不找坡，但在营养液的排出口有坡降（图4c）。进入栽培托盘的营养液从栽培架的进液端流向回液端，在流动的过程中向种植在定值盘内的作物输送养分。

每个种植层的营养液通过各层的排液管将经过作物吸收的营养残液集中回收到回液主管中（图4d），再统一回流到营养液处理池，通过消毒后与新的营养液按一定比例混合后作为新的营养液重新回流到作物种植盘内，实现营养液的循环使用。

营养液在种植托盘内的滞留时间视种植作物的生长阶段、种植季节等因素确定。为节约运行成本，营养液的循环可以是断续的，即在一定时间段内营养液循环一次。

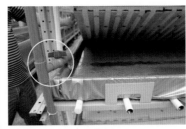
b.分层供液管

c.分层排液管

a.供液主管　　　　　　　　　　　　　　　　　　　　　d.回液主管

图4　营养液供排系统

三、补光与通风系统

栽培架除最上层可以充分利用自然光之外，其他各层由于采用叠摞的结构基本接受不到从种植层上方照射的自然光，从两侧侧面照射的自然光不仅光照强度不足而且光照均匀度很差，难以满足作物生产所需要的光照条件。为此，本设计采用植物工厂中使用的LED补光灯，沿栽培托盘的底面整体布置，形成每层作物独立的补光系统（图5）。LED的光配方也基本按照植物工厂中作物生长的光照条件进行配置。

温室生产所在地由于地处热区，虽然有统一的中央空调进行温室整体降温，但由于每个栽培层空间受高度所限，再加上补光灯的发热，栽培层内的热量难以排出，由此可能会造成作物冠层内的高温以及 CO_2 供应不足。为此，设计在每个栽培层的两侧安装了微型风扇（图5b），两侧风扇对吹，形成栽培层内一定的风速，从而将层间热量排出并引进栽培架外的冷凉和新鲜空气，为作物生长创造良好的生长环境。

a.整体　　　　　　　　　　　　　　　　　　　　b.微型风扇

图5　种植架每层的补光与通风系统

四、种植床与种植盘

作物的种植盘采用发泡聚苯乙烯材料制作，种植盘上按照作物定植的株行距开设种植孔，种植作物的根系通过种植孔深入托盘的营养液中。为了避免作物根系受压，在种植盘的下表面设计了支撑肋（图6a），当托盘内的营养液液位较高时，浮力作用可使种植盘漂浮在营养液液面上，作物的

a.种植盘结构　　　　　　　　　　　　　　　　　b.种植床结构

图6　种植盘与种植床结构

根系在营养液中处于完全的自由漂浮状态；当托盘内的营养液液位下降后，种植盘底部的支撑肋将直接支撑在托盘底板上，作物根系缓存在托盘底部相邻两支撑肋之间的空间内，从而有效避免作物根系受压。

五、栽培架综合性能评价

综合分析立体栽培架，可以看出其优点突出，但缺点也很明显。

1.优点

(1) **大大提高了温室的地面利用率**　本栽培架共有 5 层栽培床面，栽培床面面积与地面面积的比值可达到 3.0 左右。传统的平面栽培固定栽培床的地面利用率在 60% 左右，而采用活动苗床时可以达到 75% 左右，采用完全自动化移动苗床栽培时，温室的地面利用率可以达到 90% 以上。由此可见，采用空间立体栽培架后，与传统的平面栽培相比，温室的地面利用率提高了 3~5 倍。

(2) **显著提高了温室空间的能量利用率**　温室是一个相对封闭的空间，不论在平面方向还是在垂直方向，整个空间内的温度、湿度环境都非常适合作物的生长。传统的平面栽培模式，作物生长只利用了温室靠近地面层的温光环境（一些温室内采用吊挂栽培也能利用一部分空间资源），而大量浪费了温室的空间及其湿热环境资源。采用立体栽培架进行作物生产可充分利用温室在垂直方向的温度、湿度环境，从而有效开发利用即有资源，使作物单位生产面积的能源消耗大大减少。

(3) **科技展示效果明显**　立体栽培，采用 LED 补光，不仅向人们展示了现代温室的种植技术，而且还展示了植物工厂的科技水平，尤其是采用不同光配方生产不同作物以及采用优化光配方生产优质蔬菜的技术给人们展示了用人工光替代太阳光的科技潜力，使这种技术不仅能用于作物生产，更可用于广大群众和中小学生的科普教育，是集农业生产与观光旅游、科普教育等一体的现代农业与二三产业完美结合的有效载体。

2. 缺点

(1) **运行补光能耗高**　传统的温室作物栽培之所以采用单层种植，主要原因就是要充分利用自然光照而避免采用人工光照。本项目虽然用能耗很低的 LED 灯替代了传统温室补光所用的高压钠灯，使作物单位面积的能耗大大降低，但由于作物光合作用必须要保证足够的光照强度和光照时间，因此，即使采用低能耗的 LED 灯补光，作物光照的总能耗仍然很高，与传统的自然光照温室内生产作物相比，产品的成本将显著升高。在这种条件下，单纯依靠作物生产实现盈利难度很大。

(2) **设备投资高**　栽培架及其配套的补光、定植以及营养液循环系统是该种植模式中除温室及其环境控制系统之外的主要投资设备。传统的地面土壤栽培完全没有栽培架的需求，而单层的栽培架生产方式，栽培架的造价也远低于立体栽培架。除了栽培架自身的设备投资外，系统运行尚需要配套供电的动力设备以及供电外线，这部分隐形的投资在温室建设中占有很大比例，是温室设备折旧的重要组成部分。由于设备投资高，相应设备折旧费就高，摊销到单位产品的成本中，自然也就抬高了种植产品的销售价格，如果产品不能实现高价销售，生产经营中的亏损将不可避免。

（3）**作业管理不方便**　由于没有配套作业机具，所有的作业都需要人工完成，尤其是搬运种植盘和进行蔬菜定值、收获等作业时，一是相邻两个栽培架之间的操作走道空间较小，人员作业和交通不便；二是沿栽培架高度方向作业时由于没有升降车，垂直运输的作业劳动强度很大，由此造成作物生产过程中的作业很不方便。建议在今后的设计中，一是配置升降作业车，二是尽量配套自动化运输车，以便减少人工作业，提高生产管理效率。

下篇

综合温室
工程技术

甘肃日光温室的特色及改进建议

甘肃省地域狭长，气候和土壤多样。为适应当地气候和土壤特点，甘肃各地坚持就地取材、因地制宜的原则，设计建造了很多富有地方特色的日光温室。2020年11月26—29日，笔者随中国农业工程学会设施园艺工程专业委员会专家团，赴甘肃省对平凉市、白银市、武威市、张掖市、酒泉市的日光温室建设和生产情况进行调研。本次调研走访了9个日光温室规模生产园区，见证了地域穿越黄土高原和沙漠戈壁、气候横跨温带到寒带（年日照时数2 000~3 600h，年降水量80~480mm，采暖期平均温度从 −4.4~−1.7℃）的日光温室建设的特征与变迁。甘肃日光温室是全国日光温室的一个缩影，基本代表了当前国内日光温室的发展潮流和特征。笔者根据本次调研总结了甘肃省日光温室的结构特征，并提出日光温室建设中一些共性的问题和特殊的需要，以供业内同仁共同研究和探讨。

一、甘肃日光温室现状及特点

1. 日光温室墙体

甘肃各地的日光温室通常是根据当地的地质条件，因地制宜地采用当地材料建造日光温室墙体，主要墙体种类包括干打垒土墙、机打沙土墙、沙袋墙、混凝土槽砖墙、"砖包土"墙、浆砌石墙和护网挡板戈壁石墙等。

（1）干打垒土墙　平凉市和白银市地处黄土高原，土壤黏性较好，日光温室墙体采用传统的干打垒土墙(图1)，墙厚约2m，墙体强度高、建造土方量小、建造成本低(每667m² 7万 ~ 8万元)、保温储热性好。针对这种墙体结构，当地还发明了干打垒土墙的机械施工方法，从而大大提高了温室墙体建设的效率。

（2）机打沙土墙　武威市古浪县地处腾格里沙漠的边缘，土质为沙漠土，沙粒柔细、无黏性，不适合采用干打垒和机压土墙，为此当地温室建设者创新发明了机打沙土墙：将表层沙土剥离，挖出深层黏土，与表层沙土按比例拌和，形成一定黏性的混合土，再用山东寿光机打土墙的方法垒筑墙体，墙底厚4m，墙顶厚1m（图2）。由于土墙加厚，温室的保温性能也相应增强，但施工取土的工程量较大，造价也相应提高，每667m²造价约10万元。

（3）沙袋墙　张掖市高台县地处荒漠戈壁，土质为沙粒土，温室建设者创新使用了沙袋墙体，其做法是将沙土盛装在塑料编织袋中，采用类似码垛的方式，逐层错缝堆砌成墙体，码垛成型后再

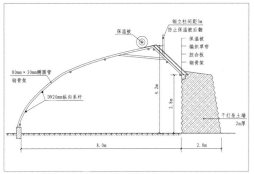

a.温室剖面图　　　　　　　b.温室内景　　　　　c.墙体机械化施工

图1　干打垒土墙日光温室

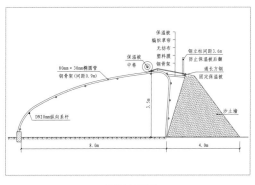

a.温室剖面图　　　　　　　b.温室结构内景　　　　c.温室墙体

图2　机打沙土墙日光温室

在墙垛表面涂抹草泥浆或张挂无纺布，从而对沙土袋进行表面防护，并形成温室的围护墙体。墙体沙袋部分厚1.5m，沙袋外堆沙土，沙土底部厚1.5m，顶部厚0.7m(图3)。这种墙体结构由于装袋、"码墙"以及墙后培土、表面防护需要的人力和材料成本较高，每667m²温室的造价为15万～16万元，但墙体保温性能好，基本可以实现当地果菜安全越冬生产。

(4)混凝土槽砖墙和砖墙夹沙石墙("砖包土"墙)　在甘肃张掖和酒泉地区，由于黏土少、戈壁沙石多，且颗粒大小不一，温室建设者发明了用钢筋混凝土板槽盛装沙石和砖墙夹沙石("砖包土")的墙体筑造方法。钢筋混凝土板槽砖墙的做法：事先预制1面（上底面）开口、其他5面封闭的开口钢筋混凝土板槽（简称"混凝土槽砖"）。混凝土槽砖通常长1.0m，高0.5m，宽与墙体厚度一致（一般为1.0～1.2m）。施工时，将混凝土槽砖像砌筑黏土砖墙一样错缝砌筑，每砌筑一层混凝土槽砖，即刻向槽砖内腔中灌注戈壁沙石，墙顶最后一层砌筑完成后，在槽砖顶面做水泥抹面或在其上浇筑钢筋混凝土圈梁封口，并预埋埋件做好与屋面拱架连接的准备（图4）。这种墙体结构由于预制钢筋混凝土板槽的成本较高，而且施工必须使用吊车作业，增加了温室的建设成本，一般每667m²造价为20万元以上，而且由于钢筋混凝土槽及内部填充沙石的导热性能比黏土强，所以与同厚度的土墙温室相比，其保温性能略差。

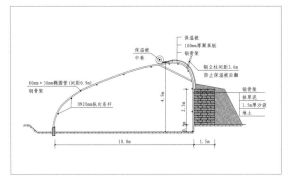

a.温室剖面图

b.温室实景图

图 3　沙袋墙日光温室

图 4　混凝土槽砖墙体日光温室

图 5　"砖包土"墙体日光温室

　　砖墙夹沙石墙实际上就是"砖包土"的复合墙体（图 5），即在两侧围护砖墙内填筑戈壁沙石。由于沙石的侧压力较大，为减少两侧砖墙的厚度（一般砖墙按 240mm 厚砌筑），在砖墙内设置了钢筋混凝土构造柱或承力柱，并在相邻立柱之间设置水平拉梁（包括墙体表面和纵深两个方向），使所有立柱形成框架承力体系。这种墙体由于需要现浇墙内钢筋混凝土立柱及连系梁，砌筑砖墙也费时费力，所以施工速度慢，建设成本同样较高，每 667m² 一般为 20 万元左右。其保温性能与墙体厚度有关，同等厚度条件下，其保温性能一般比上述混凝土槽砖墙体好。

　　（5）浆砌石墙和护网挡板戈壁石墙　　酒泉市地处河滩戈壁，卵石多、沙粒大，针对这个特点，温室建设者设计了两种墙体。一种为浆砌石墙，即用水泥砂浆砌筑卵石作为温室承重墙体，石墙厚 1.2m，石墙外堆卵石，卵石堆底宽 3.0m，顶宽 1.5m（图 6）。这种墙体结构强度高、保温性好，但施工劳动强度大、建设效率低，建设成本也相应较高，每 667m² 多为 25 万元左右。另一种是护网挡板戈壁石墙，包括双侧挡板的"三明治"石墙和单侧挡板的"堆石挡板"石墙（图 7）。所谓"三明治"石墙就是在双层护网挡板墙中间填充戈壁石形成的三层结构墙体，类似"砖包土"墙的做法，只是将砖墙换成了护网挡板，墙体厚度多为 1.5m。"堆石挡板"石墙是在墙体的内侧设保护挡板，外侧堆砌戈壁石而形成的墙体，结构类似浆砌石墙，用护网挡板替代了浆砌石墙，墙体底宽约

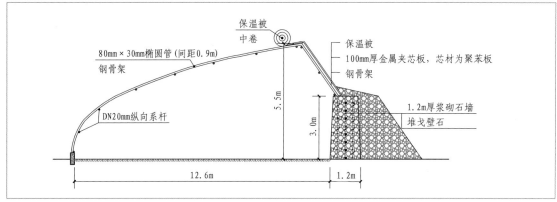

a.温室剖面图

b.温室内后墙　　　　　　　　c.温室外山墙　　　　　　　　d.温室外后墙

图6　浆砌石墙体日光温室

3.0m，顶宽约1.5m，大大减小了墙体建设用地，加快了墙体的建设速度。与"三明治"石墙相比，"堆石挡板"石墙节省了一面护板，从而也节省了温室建设造价，一般每667m²建设成本在20万元以内。从节约成本、提高温室保温性能和增加温室美观性方面考虑，可将上述两种墙体结合在一栋温室中，温室山墙建造采用"三明治"石墙，温室后墙建造采用"堆石挡板"石墙。

护网挡板石墙的结构是钢骨架立柱及纵向系杆构成的1.5m×1.5m椭圆管方格网，其内侧再焊接0.2m×0.2m钢筋方格网，钢筋网内贴10mm×10mm钢丝网并固定无纺布，防止戈壁沙石洒漏。对于"三明治"石墙，两侧挡板墙立柱之间要设置拉杆，以保证挡板柱能够承担内部填充石料的侧压力；对于单侧挡板墙，提高挡板柱对外侧石料侧压力承压能力的方法一般是在外侧拉斜杆，并将其锚固到地基。温室的保温性能主要取决于墙体的厚度，"堆石挡板"石墙温室由于后墙为下大上小的结构，最薄处厚度1.5m左右，所以其保温性能优于双侧护板墙体厚度一致的"三明治"石墙，而"三明治"石墙由于厚度与内填沙石的混凝土槽砖墙基本相同，所以二者保温性能也相差无几，但要比同厚度的砖墙夹沙石的"砖包土"墙温室的保温性能略差。

本次调研的9个规模园区合计日光温室29 538栋（不包括保温被围护装配结构墙温室），其中干打垒土墙温室1 855栋，占比为6.28%；机打土墙温室24 057栋，占比为81.44%；沙袋墙温室136栋，占比为0.40%；浆砌石墙及戈壁沙石填充墙（包括混凝土槽砖墙、"砖包土"墙和护网挡板石墙）温室2 790栋，占比为9.45%（表1）。虽然这些温室中的97.17%都是被动储放热结构的厚重墙体，但也不乏当前国内超前研究的组装式日光温室，尤其针对河西走廊的沙漠戈壁条件创新性

表 1　甘肃省部分地区日光温室调研基本情况

基地	日光温室／栋	被动储放热温室／栋	主动储放热温室／栋	后墙类型
平凉市柳湖镇永红村蔬菜基地	211	211	0	干打垒土墙
白银市靖远县北湾镇移民新村	1 629	1 629	0	干打垒土墙
白银市靖远核心区光合育苗基地	15	15	0	干打垒土墙
白银市靖远县东湾高科技农业示范园区	17 000	16 797	21	机打土墙
武威市黄花滩移民区五道沟、六道沟	6 828	6 828	0	机打土墙
张掖市甘州市党寨镇雷寨村	229	229	0	机打土墙
张掖市临泽县现代丝路寒旱农业示范区	700	0	700	保温被围护装配结构墙
张掖市高台县新绿达戈壁农业示范园	136	30	106	沙袋墙
酒泉市肃州区东洞戈壁生态农业产业园	2 790	2 780	10	浆砌石墙及戈壁沙石填充墙

地设计建造了戈壁沙石材料墙体温室，为当地日光温室建设开辟了独特的发展道路。

2.日光温室骨架

长期以来我国日光温室骨架以"琴弦"结构和桁架结构为主流承力结构。近年来，随着日光温室结构向轻简化、组装式方向发展，单管结构逐步开始发展，并有替代琴弦结构和桁架结构的趋势。椭圆管骨架是近年来推广面积较大的一种日光温室轻简化单管骨架结构类型，其构件截面积小，与钢桁架相比骨架挡光少；室内无立柱，便于机械化作业和种植布局；闭口截面，截面模量大，平面外稳定性好，杆件承载能力强，因此各地日光温室都有应用。本次调研的日光温室骨架几乎均为椭圆管材料，但其所用的结构形式却各有不同。

传统的日光温室结构包括前屋面、后屋面和后墙，其中前屋面和后屋面各自为一个独立的弧面或坡面，二者通过屋脊连接为一个整体。日光温室骨架按照承力的范围可分为屋面承力骨架和一体化承力骨架两类。

屋面承力骨架只承载前屋面和后屋面的荷载（统称为屋面荷载），并将屋面荷载传递到后墙和骨架基础。这种结构主要用于后墙为承重墙的温室结构体系，如干打垒土墙、机打沙土墙、混凝土槽砖墙、"砖包土"墙和浆砌石墙日光温室（图1、图2、图4至图6）。

一体化承力骨架是在上述屋面承力骨架的基础上结合后墙立柱，形成温室屋面承力骨架和后墙柱一体化的承力体系，温室后墙不再参与结构承力。这种结构主要用于后墙非承重的温室结构体系，如沙袋墙（图3）、护网挡板石墙（图7）和装配结构日光温室。

在考察中还发现了一种后屋面为双折面的温室（图8），后屋面与屋脊连接部分保留传统后屋面的形式，呈坡面（图8a）或弧面（图8b），但与后墙相连接的部分则采用坡面或平面，以便于操

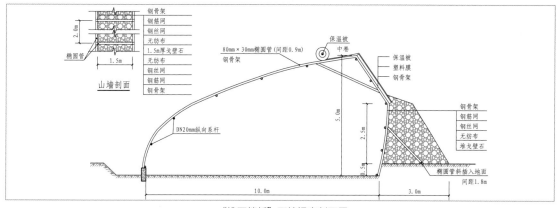

a."堆石挡板"石墙温室剖面图

b.护网挡板石墙温室内后墙

c."三明治"石墙温室外山墙

d."堆石挡板"石墙温室外后墙

图7 护网挡板戈壁石墙结构日光温室

作人员在后屋面上行走和作业。在温室骨架结构上，双折面后屋面温室前屋面、后屋面的上半部分以及温室立柱形成与上述一体化骨架相同的承力体系，但温室后屋面连接后墙的部位前部连接在一体化温室骨架上，而后部则直接支撑在后墙上或后墙立柱上。这种结构主要用于完全组装结构和机打沙土墙结构的日光温室。机打沙土墙结构日光温室的后墙虽具有一定的承载力，但不足以承担全部屋面荷载，因此其采用了后墙钢柱和后墙共同承担屋面荷载的承力方式（图8c）。

a.斜坡后屋面

b.弧面后屋面

c.后墙与立柱协同承力

图8 双折面后屋面日光温室

二、甘肃日光温室存在的问题

1.温室建设重后墙而轻保温被

平凉市和白银市干打垒土墙平均厚度为 2.0m，武威市机打沙土墙平均厚度为 2.5m，张掖市沙袋墙平均厚度为 2.6m，酒泉市浆砌石墙体平均厚度为 3.7m，"三明治"石墙平均厚度为 2.2m。酒泉市冬季温度最低，"三明治"石墙的保温效果已经足够当地番茄等喜温茄果类蔬菜越冬生产。与之相比，武威市机打沙土墙、张掖市沙袋墙和酒泉市浆砌石墙日光温室的后墙则过厚（大于 2.2m），易造成温室地面下沉。甘肃河西走廊地区虽气候干旱，但仍有暴雨灾害，地面下沉的温室易被淹。张掖市高台县曾发生过温室被淹 1 周的案例，导致前屋面矮墙塌陷，钢骨架前移（图9）。

以长度为 60m，跨度分别为 10m 和 15m 的日光温室建筑参数计算，二者前屋面散热面分别是山墙、后墙和后坡面积之和的 2.5 倍和 1.7 倍，因此前屋面保温被的保温性至关重要。调研发现，大部分日光温室保温被仍为传统的针刺毡保温被（图10），并且较薄，不能防湿，一旦下雨雪保温被吸湿后会显著降低其保温性，从而影响温室的保温性能。

图9 温室被水淹后骨架倾斜　　　　图10 温室覆盖针刺毡保温被

2. 温室骨架锈蚀普遍

调研发现，甘肃省部分新建 2 年的日光温室钢骨架表面已经局部锈蚀，说明部分钢管镀锌层厚度不达标，或者加工安装过程中热镀锌层表面被破坏。骨架杆件之间的连接方式有焊接和抱箍两种，其中焊接易破坏热镀锌层，所以焊接处需要做防锈处理。在调研现场发现，部分温室内没有经过防锈处理的钢骨架焊接点已经锈蚀，另外，日光温室前屋面底部和后坡底部的易积水位置骨架锈蚀也比较严重。

3. 温室保温构造不完善

甘肃省日光温室保温构造不完善，导致局部冷风渗透或形成"冷桥"，影响温室的保温性，主要体现在以下3方面：①干打垒土墙日光温室墙体在施工过程中受模具长度限制，长度方向有垂直缝隙，需要用柔性材料密封封堵，但调研过程中发现部分温室并没有进行封堵（图11a）；②沙袋墙日光温室后坡底与后墙顶连接处也有较大缝隙，封堵不严（图11b）；③调研中发现多个基地均在日光温室钢骨架屋脊处焊接竖直钢管，以防止保温被及卷轴后翻至后坡滑落，但竖直钢管穿出后坡面处的缝隙未封堵，而钢管为中空结构，本身也会形成"冷桥"，出现冷风渗透现象（图11c）。

a.干打垒土墙垂直缝隙　　　　　b.后屋面与后墙间水平缝隙　　　　　c.后屋面卷被挡杆

图11 日光温室保温构造缺陷

4.日光温室通风系统不完善

大部分日光温室采光面只有屋脊通风口，而无底部通风口。正午时分，日光温室内光照强度最强，温度最高，也是作物光合作用最强的时候，如果只有脊部通风口，不设底部通风口，则不能形成有效热压通风，温室内 CO_2 浓度会迅速降低，作物光合作用强度明显下降从而影响其生长。大部分日光温室屋脊通风口采用手动卷膜或手动扒缝，通风系统的机械化、自动化水平较低，有的屋脊通风口甚至不设开窗控制设备，而是将保温被压在通风口上，通过调整保温被的卷起位置来调控屋脊开口大小。与电动卷膜器相比，用保温被位置调控通风口大小时，由于控制卷帘机的动力输出大，易造成保温被卷轴弯曲，从而使通风口开启程度大小不一，甚至有的地方完全不能打开，直接影响温室的通风效果。

三、建议

1.继续探索适宜戈壁地区的日光温室墙体做法

甘肃戈壁滩上因地制宜建造出的沙袋墙、浆砌石墙和戈壁石填充墙(混凝土槽砖墙、"砖包土"墙、护网挡板墙）等新型墙体，冬季保温效果好，基本可以实现果菜越冬生产。但从保温要求看，这些墙体厚度都偏大，不仅影响建设造价，而且也影响建设速度。应针对各地气候条件，提出适合各地的墙体厚度，避免墙体过厚而增加非必要施工难度及施工成本。

不断尝试日光温室新型墙体做法，例如机压大体积土坯墙、整体钢筋笼内填石料墙体和小钢筋笼石料码垛墙体等被动储放热墙体。对完全组装结构日光温室，为增强温室的储放热能力、保证作物正常生长温度，建议配套如后墙水箱等主被动储放热系统设备，也符合日光温室轻简化发展方向。

2.加强温室标准化设计和规范化建设

针对不同地区气候特点和建材供应条件，研究设计标准化定型温室及环境调控设备标准化配置方案，尤其要重视温室构件的加工和工程施工过程中的标准化，避免由于加工和施工不规范而引起温室出现"冷桥"或不合理构造，影响温室的整体性能。温室的整体设计尺寸及温室整体保温性能设计参数应根据各地的地理纬度和冬季室外温度，按照农业行业标准《日光温室设计规范》（NY/T 3223—2018）要求进行合理选取。

3.提高保温被性能

戈壁地区冬季温度较低，日照较强，应选择保温性能好、抗辐射、耐老化的保温被。建议采用自防水保温被，其保温性能与针刺毡保温被相比有显著提高，尤其抵抗风雨的能力更强。在冬季比较寒冷的河西地区也可以采用双层棉被或内保温温室的做法。保温被幅与幅之间的连接尽量采用粘接的方式，避免两幅保温被的接缝处漏风或漏雨。探索温室保温被自动控制方法和设备，有效降低劳动强度，实现温室环境的精准控制。

4. 提升日光温室通风设施建设水平

为形成有效的自然通风，日光温室应增设底部通风口。顶部和底部通风口均由卷膜电机替代手动扒缝，通过环境自动控制形成智能通风设施，不仅可以节省人工管理成本，并且可以提供更适合作物生长的温度、湿度及 CO_2 浓度。采用后屋面活动通风窗结合前部通风可充分利用后屋面的采光，提高温室内光照的均匀度，而且彻底解决了屋脊通风窗兜水的问题。

甘肃省张掖市温室设施
发展现状调研

2021 年 6 月 25—29 日，借《张掖市绿色蔬菜产业发展规划》和《张掖市现代设施农业发展规划》两个规划编制之机，笔者和规划编写组一行 4 人赴甘肃省张掖市对全市 5 个区县的温室设施进行现场调研。

张掖位于河西走廊中段，辖 1 区 5 县，即甘州区、高台县、临泽县、民乐县、山丹县和肃南裕固族自治县，其中肃南裕固族自治县为牧业县，温室设施很少，本次调研没有涉足。

张掖南枕祁连山，北依合黎山、龙首山，黑河贯穿全境，整个地貌自南向北分为祁连山山地、中部走廊平原、北部山地三大区域，地形自南向北倾斜，形成张掖盆地，中部平原海拔高度 1 410~2 230m，是农业生产的主要区域。盆地两侧为戈壁，形成了对盆地农业生产的自然隔离带。

张掖是典型的大陆性干旱气候，气候干燥，降水稀少，蒸发量大，光照充足，夏季凉爽，冬季寒冷。全年平均气温 7.7℃，1 月份日均最低气温 −18℃，7 月份日均最高气温 31℃，年平均日较差 14℃，＞ 10℃积温 3 234.3℃，共计 199d，≥ 5℃积温 3 800℃，共有 240d；全年无霜期 115~155d，年平均降水量 130mm 左右，蒸发量 2 000~2 700mm；四季云量少、太阳辐射强，太阳总辐射量为 148.42kcal/cm^2，年平均日照时数 3 000h 左右，日照百分率 70% 以上，由东南向西北递增。日照时间长、昼夜温差大、大气透明度好，是各类农作物生长发育得天独厚的光热条件，由此，张掖是全国规划的玉米制种优势区，也是重要的全国高原夏菜生产基地。

围绕蔬菜的育种和繁种以及高原夏菜的育苗和生产，当地通过引进学习和自主研发，建设了包括日光温室、钢架大棚以及连栋玻璃温室等多种形式的温室设施。结合露地种植，可满足周年不同季节、不同茬口各类蔬菜和瓜果的生产。在此，笔者带你一同穿越河西走廊，走进张掖，去系统探究一下这里温室设施的建设概况吧。

一、日光温室

日光温室是我国北方越冬生产温室设施的主要形式。在日光温室的建设方面，张掖不仅有自主特色的干打垒土墙结构日光温室，更有从寿光引进的机打土墙结构日光温室，还有贯彻国家土地政策、紧跟全国日光温室发展趋势研究开发的柔性保温材料全组装结构日光温室。

1.干打垒土墙日光温室

干打垒土墙是黄土高原建筑的一大特点，著名的万里长城就是采用干打垒的方式建造，至今千年不倒即说明了这种墙体结构的强度和耐久性。用这种墙体建造方法建设日光温室的后墙和山墙，自然也就成为当地日光温室建设的一种选择。

将具有一定黏性的土壤加水拌湿后填入墙体模板内，用杵或夯压机分层夯实即形成温室墙体（图1）。墙体的高度和厚度可根据温室设计要求建造，一般墙体厚度为1.5~2.0m，后墙高度3.0m左右。

这种墙体，建筑材料可就地取材，自然环保、节省投资；墙体建造不需要大型施工机械设备，现场施工人工用量少；墙体结构承重能力强，除自承重外还可承担温室屋面荷载；墙体具有较强的被动储放热能力和一定的湿气"呼吸"能力，可调节温室内的空气温度和湿度，因此是日光温室建设中一种价廉物美的建筑墙体。

但这种墙体施工速度慢，每一层施工完毕后需要等待一定时间待下层固化干燥后方可进行上层的施工。此外，施工的劳动强度大，尤其用人工夯杵方法施工时建造效率极低。从国家耕地保护政策看，在基本农田上动用大土方的土层来建造温室墙体，对土壤的破坏比较严重，即使采用耕作层剥离的施工方法，仍然难以满足"不破坏耕作层"的原则要求。因此，从长远发展看，土墙结构温室在基本农田上建设将会受到越来越多的限制，但随着机械化施工技术的发展，在一般农田上建设干打垒墙体结构日光温室在西北地区仍然有较大的发展空间和发展潜力。

a.温室内景　　　　　　　　b.后墙外景

图1　干打垒墙体结构日光温室

图2　典型的寿光五代
机打土墙结构日光温室

2.机打土墙日光温室

机打土墙日光温室是山东寿光农民发明创造的一种温室墙体建造方法（图2）。这种墙体建造方法直接用铲车或钩机将墙体两侧的土壤堆积在墙体上，用链轮车或压路机碾压土层将其压实即形成温室墙体。

由于墙体是大型车辆滚压成型，考虑到施工的安全性，墙体的厚度一般底部在6~7m，顶部也不小于3m，所以，温室的保温性能很好，但墙体建设的土方量也很大，为了取土，温室一般都建设成半地下式。此外，这种结构基本采用屋面"琴弦"结构，用钢丝纵向布置形成纵向承力的"琴弦"，"琴弦"布置在沿温室跨度方向的承力拱架上，承力拱架再用室内立柱和后墙及前墙基础支撑，由此形成纵、横和竖向的三维承力结构体系。这种结构承力体系与机打土墙相结合即形成典型的"寿光五代"日光温室。

这种墙体具有和干打垒墙体相同的承重、被动储放热和湿气"呼吸"能力，而且施工速度快，对施工土壤的土质黏性要求不高，建造成本低，因此深受各地温室建设和生产者的青睐。张掖市引进这种形式的温室后将其命名为"甘州模式"，进行较大规模的推广，在推广的过程中还不断对这种形式温室进行改进和创新。

首先，减少温室内立柱和增大温室的跨度（图3a）。将传统的10m左右跨度干打垒结构日光温室的跨度加大到14m以上，取消室内种植区内的立柱，采用设置在走道边的斜立柱来减小温室屋面拱架的支撑长度，这种做法极大地方便了室内机械化作业和种植布局，应该是未来日光温室发展的主流和方向。但考察中也看到有的温室由于过分强调加大跨度、取消立柱致使屋面结构发生变形，为此，在工程建设中应精确分析结构承载能力，通过力学强度验算确保结构的安全性。

第二，抬高日光温室的屋脊（图3b）。在保持温室后墙高度不变的条件下加大温室跨度势必会使温室屋面的坡度减小，不仅影响温室屋面的采光，而且影响屋面的排水和结构承载，为此，当地在温室建设中在原有屋面拱架的基础上，在屋脊位置再附加一段支杆将温室屋脊局部抬高，从而有效解决了上述问题。当然，如果在初始设计时就将温室屋脊抬高，或许还能有效节约钢材用量，降低温室建设投资。

第三，在后墙上张挂反光幕布（图3c）。在后墙上张挂银灰色幕布不仅可以反射照射到温室后墙上的太阳辐射，增加温室靠后墙部位作物的光照，而且幕布遮盖了温室土墙，也装饰和美化了室内环境。但由于张挂幕布没有紧贴温室墙体，在幕布与墙体表面之间形成的空气间层可能会影响墙体的吸热和放热，从而影响温室的温度性能，因此，建议在张挂墙面幕布时，一是不一定全墙面张挂，可节约用材；二是要紧贴墙面张挂，以保证墙体的吸热和放热性能。

a.加大温室跨度，减少立柱　　　　b.提高温室脊高　　　　c.增设后墙幕布

图3　对机打土墙结构日光温室的改进

3. 装配式保温被日光温室

用轻质的刚性或柔性保温材料作墙体和后屋面围护材料，用全组装的钢架结构承重，不仅可以显著减小上述土墙温室墙体的占地面积，而且温室墙体建造不再破坏耕地的土壤耕作层，在温室使

用若干年后还可以根据需要拆除或搬迁。在目前国家严格保护耕地的条件下，这种形式的温室已经成为业界研究的焦点和未来发展的重点。

张掖市也紧跟国内研究热点和发达地区日光温室建设模式，自主研究开发并建设了这种装配式保温墙日光温室（图4）。这种温室采用柔性保温被作温室墙体围护材料（图4a），用C形钢做桁架弦杆现场组装承力结构，实现屋面和后墙立柱一体化。为节约结构用材，温室结构体系采用主副梁结构，即用桁架结构作主梁，在相邻两主梁之间用单管骨架作副梁，形成轻简化的完全组装结构（图4b）。

a.外景　　　　　　　　　　　　　　　　　　　　b.内景

图4　装配式日光温室

从现场温室建筑的总体尺寸看（图4a），温室前部基本直立，非常有利于机械化作业和室内高秧作物种植，应该是目前日光温室建筑适应机械化作业和高秧作物种植的一种客观需要和发展方向，但温室的跨度偏小，在保证结构强度的条件下应尽可能加大温室跨度，以提高温室建设和生产的土地利用率。

从室内种植垄的布局看（图4b），种植作物采用东西垄种植模式，这也追随了当前日光温室机械化耕种的发展要求，耕种、起垄、覆膜作业量小，机械化作业更便捷，是日光温室种植模式的一种未来发展方向，尤其适合于相互不挡光的低矮作物生产。

二、钢架大棚

1. 简易结构塑料大棚

简易结构塑料大棚主要用于春提早和秋延后种植，是露地种植的一种补充。相比露地种植，一般可提早或延后生产期各1个月左右时间。大棚内可种植高原夏菜、西甜瓜，也可用于蔬菜或马铃薯的育苗以及经济作物的育种和繁种（图5）。

从大棚的建筑形式看，跨度一般控制在6~8m，脊高2~3m，大棚屋脊有尖顶和圆拱顶之分。种植高原夏菜或西甜瓜的大棚，主要采用比较低矮的结构，脊高2m左右，由此大棚结构基本采用单管拱架（图5a、b），这种结构是生产中大量使用的结构形式。根据生产季节的室外温度，大棚可以覆膜保温、防虫或防雨栽培（图5a），也可以揭膜露地生产（图5b）。对于马铃薯育苗及经济作物育种和繁种的大棚，由于对室内光照和温度要求较高，防护隔离的要求也不低，一般均覆膜生产，而且大棚的空间高度也更高（图5c）。

a.覆膜尖顶单管结构（种植西瓜）　　b.不覆膜尖顶单管结构（种植西兰花）　　c.圆拱顶组装结构（马铃薯育苗）

图5　小跨度单拱大棚

2. 大跨度塑料大棚

在临泽县考察中，笔者见到了一种在戈壁荒滩上种植葡萄的大跨度塑料大棚（图6）。采用塑料大棚种植葡萄可有效提高棚内温度，避免葡萄枝条冬季埋地越冬的劳作以及对枝条可能造成的损伤。采用30m跨度的大棚还可显著集约利用土地，提高土地的生产效率。

从大棚的结构看，棚面拱架采用单管椭圆管，有效减少了结构构件对作物采光的遮挡。由于大棚跨度大、屋脊高，屋面单管拱架的承载能力有限，所以设计采用室内多柱的结构承力体系（图6a），其中在大棚跨中设立中立柱（局部采用了双柱组合柱），并在中立柱的柱顶设计V形通风口（图6b），在中立柱两侧分别设置两排立柱，其中靠边一侧短立柱采用竹材（图6a），可有效降低大棚的建设成本。

a.内景　　　　　　　　b.主体结构　　　　　　　c.通风窗

图6　种植葡萄的大跨度塑料大棚

大棚的屋脊外设计了凸出的通风窗（图6c），不仅有效增加了大棚通风口的高度，从而增大了大棚的通风能力，而且有效防止了室外雨水的倒灌，采用卷膜通风的方式还可降低设备的建设成本，对屋面覆盖塑料薄膜不会造成因卷膜造成的损害。

该大棚是针对当地条件和种植作物特殊设计的一种大棚形式，虽然在结构抗风以及构造和连接节点方面还有很多需要改进和标准化的地方，但种植者根据生产需要独立创新设计的精神和胆略仍然是值得肯定的。

3. 保温大棚

保温大棚就是在传统塑料大棚的基础上增设活动保温被的一种大棚形式。由于增设了屋面保温被，相应大棚的山墙也应做成保温结构，可以是刚性保温材料，也可以是柔性保温材料。

采用全范围的保温，使得大棚的保温性能进一步提高，在种植作物的茬口安排上可介于日光温室和无保温塑料大棚之间，由此可进一步丰富蔬菜种植的茬口，不论是提早栽培还是延后栽培，都能延长作物种植季节和产品供应时间，提高土地的利用率，增加农民种植的收益。

考察中发现，张掖保温大棚的形式有两种：一种是在传统单体大棚的基础上形成的标准大棚尺寸的保温大棚（图7），另一种是大跨度保温大棚（图8）。

标准跨度保温大棚，山墙采用彩钢板保温板（图7a），配双侧中卷卷帘机和手动卷膜器保温和通风（图7c），大棚骨架采用椭圆管单管结构，室内无柱（图7b），操作方便。从外形看，大棚的两侧直立带肩，便于种植和机械化作业，但屋面过于扁平，不利于排水和积雪滑落（或许因为这里降水量少，扁平的屋面似乎也不会对结构强度造成多大影响）。

标准跨度的保温大棚除了按照传统的大棚南北走向布置种植作物外，还可以东西向布置，利用两侧卷帘机的分别控制实现南侧保温被卷起、北侧保温被展开，类似于日光温室的保温运行方式。其温光性能可接近装配式日光温室，但造价却要远低于同类日光温室。到了夏季，打开双侧保温被和通风口，保温大棚又成为传统的塑料大棚，可实现夏季生产的良好通风和降温，避免了传统日光温室夏季生产降温负荷大，难以越夏生产的问题。

大跨度外保温塑料大棚其形式和做法基本和内地的做法相同，中部双排立柱支撑屋面，并形成中间作业走道（图8a），中柱两侧各设置1排侧立柱（图8b），屋面拱杆为椭圆管单管，大棚整体上

| a.外景 | b.内景 | c.卷帘机与卷膜通风 |

图7 标准跨度保温塑料大棚

| a.中柱及走道 | b.屋面拱杆及支撑立柱 | c.山墙及斜支撑 |

图8 大跨度保温大棚

比较轻盈，屋面拱杆遮光少。

保温大棚的两侧山墙采用与屋面保温被相同材料的柔性保温材料保温。为了增强结构的抗风能力，在大棚内山墙柱上还增设了加强斜撑柱（图8c），有效提高了大棚的抗风能力。

大跨度大棚室内操作空间大，采光量大，室内环境缓冲性强，便于机械化作业，可种植高秧吊蔓作物（如番茄等）。

从现场看到的保温大棚，不论是标准跨度大棚还是大跨度大棚，山墙都采用永久固定的保温墙体。这种做法保温材料的密封性好，但山墙的遮光也是一个不可忽视的因素，尤其是当保温大棚南北走向布置时，南侧山墙的遮光影响更大。为了增大大棚采光，减少南侧山墙的遮光，可以将南侧山墙的保温做成活动保温帘，白天采光时段收起保温帘，夜间保温时段展开保温帘，保温与采光两不误。

三、连栋温室

1. 连栋塑料薄膜温室

与单栋的塑料大棚相比，连栋塑料薄膜温室节约用地，便于集中管理，而且由于外墙占比小，相对边际效应影响也小，室内环境更稳定，因此，在经济条件允许的情况下应尽可能用连栋塑料温室替代单栋的塑料大棚，尤其在企业化经营的园区内建设大棚时。

考察中看到在张掖建设的连栋塑料薄膜温室结构基本和国内外其他地区建设的连栋塑料薄膜温室相同：圆拱顶结构，配套屋面和侧墙卷膜通风系统（图9）。从设备配套看这种温室的性能基本和无保温的塑料大棚相当，只能用于春提早和秋延后的蔬菜育苗和种植。

由于建设成本较单栋的塑料大棚高，而且连栋建设的用地面积大，一般农户生产基本不用这种温室。

2. 连栋日光温室

连栋日光温室是当地温室设施中的一种创举。这种温室从温室屋面的形式和保温方式上看类似日

a.外景

b.内景

图9　连栋塑料薄膜温室

a.侧墙外形

b.标准跨内景

c.南跨内景

图10　连栋日光温室

光温室，但从温室平面上看又是连栋温室，实际上是一种变形的锯齿形连栋塑料薄膜温室（图10）。

这种温室的最南侧一跨完全类同于日光温室结构，南侧采光面为弧形结构，北侧后屋面为保温结构；最北侧跨后墙和全部山墙采用保温板围护，并在墙体上开设通风窗。温室所有跨后屋面采用永久保温被覆盖保温，南侧采光面采用活动保温被白天卷起夜间覆盖，当保温被夜间覆盖采光面后卷被轴正好落位到连跨温室的天沟中，与温室后屋面的保温被形成温室屋面保温的全覆盖。保温被采用侧卷摆臂式卷帘机驱动，手动控制保温被的卷放。

这种温室形式，与传统的日光温室相比，显著提高了土地利用率，其保温性能与装配式保温结构日光温室基本相当；与保温塑料大棚相比，温室的采光量显著增加，由此，室内温度和光照强度也将相应提高。

该温室在当地主要用于夏季的蔬菜育苗，事实上，用于春提早和秋延后的蔬菜栽培也是完全可行的。

3. 连栋玻璃温室

大规模连栋玻璃温室是张掖近年来发展并引起国内外行业内重点关注的工程。2017年，张掖引进海升集团在民乐生态工业园区投资建设"海升现代农业智能温室工业化栽培生态示范项目"。目前，一期20hm²、二期23hm²已建成投产，三期3个20hm²温室已启动建设，全部工程建成后可形成100hm²的产业基地。每个20hm²温室为一个独立的运营单元，包括育苗区、生产区、分级包装

a.温室内景   b.正压送风调节室   c.包装车间

图 11 大规模连栋玻璃温室（种植番茄和辣椒）

区以及冷藏等冷链物流区。温室主要种植番茄和彩椒，产品主要针对高端市场，销往全国各地。

温室采用文洛型屋面结构，散射光钢化玻璃覆盖温室屋面和墙面，作物种植采用岩棉基质无土栽培，全营养液灌溉，吊架式无限生长种植模式，温室环境控制采用半封闭正压送风，湿帘降温，天然气加温并回收利用燃烧尾气进行温室 CO_2 施肥，水肥供应和环境控制均实现自动化控制（图 11）。

这种类型温室代表了现代温室的技术水平，高投入、高产出，在戈壁荒滩连片建设不占用耕地，但温室建设和运行成本高，温室生产技术要求高，对管理和经营者的要求更高，尤其是大规模生产单一品种产品时开拓和稳定市场并保持产品的高价位是保证这种设施安全可持续发展的基本要求。

四、对张掖温室设施发展的建议

1. 根据用途分类设计和建设温室

温室大棚形式不同，性能各异，设计建设应根据其用途合理选型和设备配置。温室大棚的用途一是看种什么；二是看用什么方式种植；三是看在什么季节种植。

就蔬菜的育苗来讲，冬季育苗，为早春塑料大棚供应苗应选择日光温室，为保证育苗的安全生产，一般应配套加温系统，至少应有临时加温系统；为降低投资，可用地面穴盘育苗，但对于专业的工厂化育苗场建议采用更高效的活动苗床育苗。同样的育苗，如果是为夏季露地种植供苗，则可以选择使用保温大棚或者连栋塑料薄膜温室进行生产。

对于蔬菜生产而言，如果周年生产喜温果菜，农户种植应选日光温室，大型企业可选择大规模连栋玻璃温室；如果是春提早、秋延后生产，可选择保温塑料大棚或简易塑料大棚。

对于日光温室建设应积极响应国家号召，尽量避免或减少对耕作层土层的破坏。为此，不建议大量建设和推广山东寿光五代机打土墙结构日光温室，在可能的情况下可以建设干打垒土墙结构日光温室，在戈壁滩建设日光温室可采用塑料袋装土"码垛"筑墙或采用护板／护网中间夹戈壁石的砌筑方法建造墙体。在保温围护材料全组装结构日光温室能够满足生产要求的条件下，尽量不采用任何形式的土墙结构温室。

温室工程
实用创新技术集锦 3   Wenshi Gongcheng
Shiyong Chuangxin Jishu Jijin 3   270

2. 注重温室的抗风设计和日常管护

张掖年均大风日数 14.9d，大风风力 8 级以上，塑料薄膜吹裂、保温被吹翻、温室结构吹塌或吹变形的案例司空见惯，给设施安全生产带来很大隐患。为此，建议在温室大棚设计时，一是要充分分析当地风雪荷载，按照国家标准《农业温室结构荷载规范》（GB/T 51186—2016）的要求，以 3s 瞬时风速为依据按照温室结构设计使用寿命，准确计算和确定温室结构设计基本风压；二是在设备配套上建议在大风地区的塑料薄膜温室和大棚应加装防风网，对日光温室保温被应配套压被绳（图 12），在一个温室设施集中区域，为节约建设成本，至少应在迎风口的几栋温室大棚上安装上述设施；三是在日常管理中要注意大风预警，有天气预报大风时应关闭温室通风口，保证温室处于密封状态，以提高温室大棚的抗风能力。

图 12 日光温室防风网和压被绳

3. 因地制宜园区化发展戈壁日光温室

日光温室具有保温储热、高效节能的独特优点，尤其在光照资源丰富的冷凉地区是解决蔬菜周年生产和供应设施的不二选择。张掖是传统的农业生产区，土质肥沃、水源充足，因此现有的 533 万亩耕地中 417 万亩已经被划分为永久基本农田，按照国家对永久基本农田用途的要求，这些土地只允许种植玉米、小麦和水稻，虽然玉米制种也具有较高的经济效益，但大量经济效益更高的高原夏菜需要转移出永久基本农田，留给设施建设的一般耕地数量也有限。但张掖尚有 300 多万亩的国有未利用土地，采用无土栽培技术，发展戈壁设施农业大有空间，而且可实现真正的"不与粮争地"的设施农业发展路径。

但在戈壁滩建设和发展日光温室，一是建设投资大；二是水源供应不足；三是可能破坏生态。为此，在开发利用戈壁滩、发展非耕地设施农业时，应充分考虑水源供应条件，尽量避免点状分散开发，集中力量在耕地边缘组团式、集约化、园区式开发，以便土地统一整理、基础设施集中建设、产品集中运销，实现设施建设和运营的节本增效并有效保护环境。

4. 谨慎发展大规模连栋玻璃温室

在民乐县已经建设和正在计划建设的大型连栋玻璃温室规模已经达到 $100hm^2$，在一个集中园区发展如此规模的连栋玻璃温室生产茄果类蔬菜在国内也算是首屈一指。这种形式的温室虽然能节约建设用地、生产效率高、科技水平高，代表了世界现代温室发展的水平，但相应温室建设的一次性投资高、运营成本也高，投资回收期长，尤其对电力和天然气的依赖性更高，对温度和营养液的管理技术要求高，产品的市场销售渠道和价格直接影响企业的效益和生存。大规模发展这种温室应充分考察产品市场，组建专业的运营和管理团队，尤其要进行可靠的技术经济可行性分析，以保障温室建设后的正常安全运营。我们要学习这种现代温室的技术和管理，但不一定要照搬建设这类温室形式。研究中国的日光温室和保温大棚，与蔬菜市场供应和种植茬口紧密结合，应该是经济运行和可持续发展的主要途径。

丰富多彩的
冬枣栽培设施

——陕西省大荔县冬枣栽培设施考察纪实

2017年，笔者在给陕西省鄠邑区做一个企业的田园综合体规划时系统考察了那里的各种葡萄种植设施，并撰写了"丰富多彩的葡萄栽培设施"。2020年5月15—17日，笔者在陕西省大荔县进行现代农业产业园规划的考察中，又见到了以冬枣为种植对象的各种设施栽培模式。这些种植设施将冬枣传统的露地种植由10—11月的上市时间拓展到了5—11月，不仅大大提早了上市时间，也极大地延长了冬枣的上市时期，使冬枣成为当地农业生产中的一个支柱产业，为当地农民的增收致富创造了一个新兴产业。

总体而言，冬枣种植设施几乎囊括了各类温室设施，有简易的防雨保温冷棚、保温塑料大棚、日光温室、连栋塑料温室，还有现代化的玻璃温室。文章就考察看到的大荔县种植冬枣的各类温室设施及其配套环境控制设备做一全面系统的总结和梳理，以期为其他地区冬枣种植提供借鉴，也为当地设施建设与管理水平的不断提高总结经验。

一、防雨冷棚

大荔县露地种植冬枣成熟季节在10—11月，而这个季节又恰恰是当地秋雨连绵的时节。冬枣果实受到雨水淋渍后容易发生裂果并很快腐烂，因此，在果实成熟季节对枣树的防雨是保障冬枣果实质量和产量的重要工程措施之一。

葡萄种植设施中的防雨措施是在葡萄种植垄上设置条带形雨棚，而冬枣由于整枝方式不同（包括心形、Y形、直立株形等），枝条不能集中固定在一个条带中，而是满散在整个栽培空间区域内，所以冬枣的防雨措施必须采用冠层整体覆盖的方式，也就是用塑料大棚的方式整体覆盖冬枣全部种植区域（图1）。

为了在防雨的同时还能增强保温性能，在防雨冷棚用塑料薄膜覆盖屋面的同时也在冷棚的四周围护塑料薄膜，需要保温的季节可将四周围护塑料薄膜放下，使冷棚起到塑料大棚的作用。不需要保温的季节将四周围护塑料薄膜收起，保证棚内通风和降温，同时起到防雨、防鸟和保湿的作用。

从结构上看，防雨冷棚大都采用竹木结构，钢筋混凝土立柱支撑屋面拱杆，屋面拱杆支撑塑料薄膜，压膜拱杆（这里没有采用压膜线）从塑料薄膜的外表面压紧塑料薄膜。屋面拱杆和压膜拱杆

| a.山墙侧 | b.侧墙侧 | c.内景 |

图1　防雨冷棚

基本都采用竹竿。为了能够压紧塑料薄膜，在压膜杆的两端连接绳索，并将绳索的另一端连接到埋设在地中的地锚上（图1b）从而牢固固定压膜杆，绷紧塑料薄膜。

从防雨的要求看，这种结构屋面覆盖塑料薄膜，能够完全实现周年防雨的要求，但从保温性能看，由于屋面和四周围护均为单层塑料薄膜，虽然白天晴朗天气能够显著提高室内温度，但到了夜间室内最低温度基本和室外温度持平，设施的保温性能较差。这种设施内冬枣的成熟期比露地种植至多能提早1个月左右，虽然有效解决了防雨裂果的问题，提高了冬枣的产量、品质和商品率，但对冬枣的提早上市贡献不大。大量冬枣集中上市也直接影响了产品的价格和种植者的经济收益。为此，当地种植者在防雨冷棚的基础上，研究开发了保温大棚。

二、保温大棚

保温大棚就是在传统的单层塑料薄膜覆盖的塑料大棚基础上，通过增设保温设施，使其提早升温，以使其种植冬枣比露地和防雨冷棚提早上市，从而抢得上市早期的超额效益，同时也与露地和防雨冷棚种植配合拉开冬枣上市时节，均衡满足市场供求。

从结构上看，保温大棚大都采用单跨结构，并以"琴弦"结构为主（图2）。值得说明的是：①由于冬枣种植的株高多为2m左右，为提高大棚种植地面的土地利用率，大棚的侧墙应至少有2m的直立面（图2a）；②由于冬枣种植的密度低（株行距多在1~2m），为避免屋面"琴弦"在大棚山墙外占地以及与山墙通风和卷帘设备相互干扰，这里的屋面"琴弦"直接从室内紧邻山墙第二道拱杆上下拉后连接到室内地锚上（图2b、c），这是当地保温大棚设计和建设的一种创新。

大棚屋面的保温采用日光温室用针刺毡保温被，采用山墙端摆臂式卷帘机从大棚的两个侧面分别卷被(图2a)。对大棚山墙面的保温，生产中有两种模式：一种是采用彩钢板等刚性硬质保温板(图3a)；另一种是采用与屋面保温被相同的柔性保温被材料（图3b、c）。柔性保温被材料覆盖大棚山墙一般设置在室内，围护保温大棚山墙的材料仍然是透光塑料薄膜。在需要保温的季节和夜间，保温被展开保温（图3b），而到了白天需要采光的时候则可以将保温被打开（图3c），使大棚尽可能采光，一可以增加大棚采光量提高室内温度；二可以提高室内光照均匀度，避免由于山墙不透光（图3a）而造成的山墙附近长期的阴影（这将直接影响阴影区冬枣的成熟时间和产量）。一般在南北走向

a.外景　　　　　　　　　　b.内景　　　　　　　　c.端部"琴弦"内置

图2　单体保温大棚

a.刚性保温板　　　　　b.柔性保温被（关闭保温）　　　　c.柔性保温被（打开采光）

图3　单体保温大棚山墙保温

的塑料大棚建设布局中，可将北侧山墙做成永久保温山墙，而南侧山墙最好做成活动保温山墙，这一点在当前的大跨度蔬菜生产保温大棚设计和建设中也值得学习和借鉴。

　　保温大棚的通风，基本都采用手动卷膜通风的方式，在大棚的两侧侧墙分别设侧墙通风口（图2a、图3c），在大棚的屋脊一侧设屋面通风口（图2a），并在屋面通风口处加密"琴弦"钢丝，防止通风口处形成水兜。屋脊单侧设置通风口基本不影响大棚的通风换气，但可以节约一套通风设备，也节省了通风口设置的安装成本。

三、日光温室

　　日光温室是北方地区蔬菜种植的重要设施类型。为了最大可能提早冬枣上市时间，大荔县不少农户进行了利用日光温室种植冬枣的尝试，并获得了成功。目前日光温室种植的冬枣最早可在4月下旬成熟上市，早期的售价可以达到300元/kg以上，而且供不应求。

　　为了实现早开花、早结果，日光温室冬枣生产采取12月蓄冷、1月份升温的管理模式。蓄冷期间日光温室白天覆盖保温被，隔断室外热量进入室内，夜间打开保温被吸收室外冷气，以满足低于5℃连续400h以上的低温春化要求。经过春化作用后的冬枣在日光温室中快速升温，到2月中上旬即可开花，开花期一般在40d左右，从开花到结果一般70~80d，这样，最早在4月底、5月初第一批冬枣即能成熟。

冬枣在日光温室中的成熟时间除了与管理技术密切相关外，还与温室自身的温光性能直接相关。因此，大荔县的冬枣种植者也通过引进和创新开发了多种形式的日光温室，并在温室环境控制技术上进行了大量探索性的生产试验。

1.日光温室建筑结构

从经济投资和建设的角度看，从山东寿光引进的下挖式机打土墙结构日光温室目前仍然是这里冬枣种植的主流温室(图4)。这种结构墙体采用机打土墙，屋面采用"琴弦"结构，由于地面下挖(图4c)，正好满足了冬枣植株种植的空间高度，所以温室的前屋面避免了保温大棚要求直立侧墙满足植株种植高度的农艺要求，使温室的整体高度显著降低（图4a），温室整体造价低，保温性能好。

但这种形式温室由于建造土墙破坏耕地，而且地面下挖也会造成场区地面整体下降，给夏季的场区排水带来困难，此外，下挖地面也容易造成室内通风不良、湿度过大，因此当地的种植者在生产中还在不断研究和开发新型日光温室结构，以更好地满足冬枣种植对设施环境的要求。

对传统机打土墙结构日光温室改进的第一条路径是减少或取消种植区内立柱，以方便作业（图5）。传统的10m跨机打土墙结构日光温室内设置2排立柱（图5a），为了取消种植区室内立柱，一种做法是将2排立柱缩减为1排，并将该立柱设置在走道南侧边沿（图5b），直接支撑温室后屋面；另一种做法是完全取消室内立柱或将室内立柱进一步后移到后墙内(图5c)，不仅使种植区变得开阔，而且室内走道也基本没有障碍。应该说，无立柱日光温室是今后发展的方向，当然与其相伴的也是屋面拱架的加强。

a.外景　　　　　　　　　　b.内景　　　　　　　　　　c.下挖地面

图4 传统的下挖式机打土墙结构日光温室

a.多排立柱　　　　　　　　b.单排立柱　　　　　　　　c.无立柱

图5 日光温室室内立柱的改进

日光温室改进的第二条路径就是墙体材料的革命。这种改进完全摒弃了以土为墙体建筑材料的理念。从保护耕地、保护生态的角度看，这种改进应该是未来主要的发展方向。

由于摒弃了就地挖土建设温室墙体的思想，一是温室由地面下沉的半地下式建筑变成了室内地面与室外地面齐平的地上式建筑，由此可显著改善温室的通风和排湿性能；二是使用工业化的建筑材料使温室建设的标准化得到显著提高，为冬枣种植技术的标准化打下了基础；三是不同种类的建筑材料带来了建筑结构形式的变化，由此温室建筑向多样化、个性化方向发展，可满足不同种植要求与不同建设水平的特性化要求。

对日光温室墙体材料的革命，首选的建筑材料是传统建材黏土砖（图6）。这种材料自身强度高，墙体结构不仅可自承重，还能承载来自屋面结构的荷载，温室建设无须设置墙体立柱（用砖壁柱替代钢筋混凝土或钢立柱），甚至圈梁（用独立的梁垫替代连续的圈梁并与后屋面骨架连接）。此外，砖墙材料的热惰性大，对被动储放热日光温室，墙体自身可兼具储放热功能，无需附加主动储放热设备或供热设备，改变墙体的厚度可在一定范围内调节墙体的储放热量。砖墙结构日光温室，承载能力强，耐久性好，设计使用寿命至少在20年以上，是永久性日光温室建设的主要建筑形式。

a.外景　　　　　　　　　　b.内景　　　　　　　　　　c.后墙

图6　砖墙结构日光温室

黏土砖是由黏土烧结而成，一是取土破坏耕地，影响生态；二是烧结需要大量的燃料，燃烧尾气对大气造成污染严重。所以，中国早在20世纪90年代就开始倡导限制使用黏土砖，进入21世纪更是从源头上清理黏土砖厂，使黏土砖的来源越来越少，价格也越来越高。因此，研究和开发新型建筑材料，替代土墙和黏土砖墙，是日光温室建设未来的重点发展方向。

EPS空心砖是用聚苯乙烯发泡成型的一种建筑材料，在工业建筑上已经得到了广泛应用，近十年来在日光温室建设中也开始应用。在大荔县冬枣种植的设施中也发现了应用这种材料的日光温室（图7）。这种建筑材料重量轻、热阻大、隔热性能好，尤其是利用其内部空腔安装立柱（不论是钢筋混凝土柱还是钢管柱）完全不会出现"冷桥"，每块型砖四周都压制有连接契口，砖块之间连接方便、快捷且密封性好，是轻型化日光温室建设的一个发展方向。

从图7的EPS空心砖墙体日光温室还可以看到，除了日光温室的墙体材料更换外，温室的通风降温形式也进行了很多改进。一是将传统的屋面卷膜通风系统改为屋脊齿轮齿条开窗系统（图7a），

a.外景

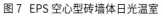

b.内景

c.后墙

图7 EPS空心型砖墙体日光温室

a.东南立面

b.西北立面

图8 无后屋面完全组装结构日光温室

使通风系统的控制更加方便和精准；二是在温室的后墙增设风机通风（图7c），增强了温室的通风能力，在自然通风不足的条件下开启通风机可大大增强温室的排风能力，从而可保证温室内适宜的环境温度。温室前部电动卷膜通风、屋脊天窗齿轮齿条开窗通风以及后墙风机通风均可实现自动控制，大大节省了人工控制通风机构启闭的人力，更能按照设定要求精准控制室内温度。自动化、轻简化是未来温室生产的必由之路。目前物联网技术已经应用在温室的日常管理中，通过手机移动端控制，不仅可以随时监测和观察温室内环境条件，更可远程无线控制设备，在管理人员不在现场时根据温室运行情况远程调整设置和排除故障，由此可大大提高管理效率，降低温室管理的劳动强度和管理成本。在这方面，图7的EPS空心型砖温室为大家开启了一条探索和实践之路。

　　对日光温室墙体材料的革命除了硬质建材（如黏土砖、EPS型砖、彩钢板等）外，近年来柔性的保温材料也开始应用于温室墙体，由此完全组装式日光温室结构应运而生。图8是这次调研中看到的柔性保温材料做后墙围护的无后屋面全组装结构日光温室。这种温室的山墙采用彩钢板做围护（也可以用柔性材料替代），为了防水在后墙柔性保温材料的外侧覆盖了一层塑料薄膜。这种无后屋面的日光温室压低了温室的高度，从而也降低了温室的造价。由于后墙采用柔性保温材料围护，其厚度可根据温室的保温要求确定，也可根据气候变化在管理中随时增减。对于保温要求较低的温室，后墙围护材料的厚度可以适当减薄，由此也可以通过调整后墙围护材料的保温层厚度或者保温热阻来调节冬枣的上市时间。一些地区采用柔性保温材料做后墙围护时，还可以把保温材料做成如前屋面保温被一样的活动式固定方式，夏天当室外温度稳定升高后，可卷起后墙保温被，日光温室又形同保温大棚，使其通风降温的能力得到进一步提升。

2.日光温室环境调控设备

生产中对日光温室的环境控制主要表现在对室内温度的控制上。围绕室内温度控制的环境控制设备包括卷帘机、通风机以及加温设备等。

卷帘机是操作前屋面保温被的主要设备，白天卷起保温被温室采光，夜间展开保温被温室保温。卷帘机的应用大大减轻了人工卷放保温被的劳动强度，而且由于机械操作缩短了卷放保温被的作业时间，从而大大延长了温室的采光时间（每天至少可延长半小时）。日光温室常用的卷帘机有多种形式，此次在大荔县冬枣种植温室的调研中主要看到两种形式：一种是侧置摆臂式（图6a、图8），另一种是中置二连杆式（图4a、图9a），但对中置二连杆卷帘机则有新的改进（图9b）。传统的中置二连杆卷帘机的固定支点都是放置在温室前屋面外的地面上（图9a），但在此次考察中发现其将二连杆卷帘机的固定支点放在了温室屋脊上（图9c）。这一改进彻底释放了相邻两栋日光温室之间的露地空间，使这一区域的露地种植更加灵活方便，一是不用在温室前部预留走道；二是完全消除了露地机械作业障碍。应该说是一种非常积极的改进措施。

通风是日光温室白天控制温度、排除湿气、引进 CO_2 最重要的环境控制手段。日光温室通风的方式主要依靠在温室前部和屋脊两个位置开设通风口来实现（图4a、图7a、图10a）。在大荔县冬枣种植设施的考察中发现，除了图7的新材料组装结构温室的屋脊通风采用齿轮齿条开窗外，其他温室基本都采用手动卷膜通风，应该说在通风的机械化和自动化方面还有很多可做的工作。

a.传统地面支撑二连杆中卷方式　　b.改进的屋脊支撑二连杆中卷方式　　c.屋脊支撑点

图9 日光温室卷帘机形式

a.屋脊通风口　　b.后屋面通风口（打开）　　c.后屋面通风口（关闭）

图10 日光温室通风形式

考察中发现，除了传统的前屋面和屋脊通风口外，大荔县的冬枣种植日光温室中还有一种后屋面可通风与保温相互转化的温室形式（图10b、c）。这种温室后屋面采用活动保温被覆盖（图10c），需要保温的时节和夜间，保温被覆盖后屋面，形成温室的保温结构，而到了温度比较高的夏季则可以打开后屋面（图10b）。一方面增加从温室后屋面的采光，增大温室采光量的同时，提高温室内光照的均匀性；另一方面打开后屋面后和温室前屋面通风口之间可以形成沿温室跨度方向的"穿堂风"，从而有效提高温室通风降温的效率。虽然这种温室结构在蔬菜生产温室中也有应用，但在枝叶比较茂密的冬枣种植中，这种通风形式可能更加适用。

为了尽可能使冬枣提早上市，以获取更多利润，有的种植者在温室中还增加了加温设备（图11）来人为地根据种植季节的室外温度变化主动提高室内温度，尤其是在夜间低温时。据种植者介绍，这种空调加热的方法，在提高室内温度的基础上还可有效降低室内空气湿度，可使冬枣提早10d左右时间成熟上市。加温的成本完全能够在提早上市的利润中得到回报。

根据专家的意见，日光温室的加温与人工补光相结合效果会更好。在花芽分化阶段（日光温室冬枣种植主要在2月）当地室外的光照强度不足，在此期间光照是控制坐果的主控环境因子，单纯依靠主观的提高温度来促进花芽分化是不科学的。建议在今后的生产实践中增加人工补光设备，辅助人工加温，或许能取得更好的经济效益。但就目前的温室生产区而言，由于早期建设的基础设备不配套，对全部温室配套加温和人工补光设施将会显著增大用电负荷，设施生产区的变压器容量和电力外线都捉襟见肘，配套人工光温设备还需要加大基础设施改造和建设的力度。

a.室外机

b.送风口

图11 日光温室加温设备

a.外景

b.内景

c.屋面

图12 连栋塑料薄膜温室

四、连栋温室

连栋温室包括连栋塑料薄膜温室和连栋玻璃温室。在大荔县冬枣栽培设施的考察中，两种类型的设施都有应用，其中玻璃温室主要用于科研，而塑料薄膜温室则已大量应用于生产，尤其是在连栋塑料薄膜温室保温技术上的创新也非常值得同类蔬菜生产温室技术人员学习和借鉴。

1.连栋塑料薄膜温室

从建筑形式上看，连栋塑料薄膜温室就是将单栋的保温大棚通过立柱和天沟连接为一体的建筑（图12）。连栋塑料薄膜温室较单栋保温大棚土地利用率高，室内环境更稳定也更均匀。两者在透光覆盖材料、屋面保温方式，甚至"琴弦"结构形式等方面都基本相同，其最大的不同在于连栋温室需要配置排水天沟，并在天沟下设置支撑双侧屋面的立柱。

由于天沟、立柱和屋面拱杆所用的材料、截面不同，或者由于温室制造厂家的技术能力不同，连栋温室在立柱、天沟和屋面拱杆连接节点的处理上也有很大的差异（图13）。目前国内在蔬菜和花卉种植温室中这一连接节点基本都实行了标准化，但从对大荔县冬枣种植设施的调研中发现，对这一节点的处理尚处于国内温室建设的起步阶段，一是节点处理不规范、不标准（图13a立柱上随意焊接构件）；二是连接节点螺栓和焊口锈蚀严重（图13b）。不规范的连接节点将直接影响温室结构的承载能力和使用寿命。在今后的建设中应尽量选用正规温室企业的产品，保证温室结构的安全性和温室结构的正常使用寿命。

除了温室结构外，保温连栋塑料薄膜温室屋面外保温被的驱动方式，也与单栋保温大棚有异同。安装在侧墙的单侧摆臂卷帘机对两种结构都可以通用（图14a），但这种卷帘机由于受动力的限制和卷被轴变形的影响，单机卷被的长度不能过长，一般多控制在60m以内，这样实际上就限制了连栋温室在开间方向的长度。为了解决这一问题，有的种植者将上述日光温室固定支点安装在温室屋脊的中卷二连杆卷帘机移植到了保温连栋塑料薄膜温室上（图14b）。为了解决双侧卷帘机固定支点支撑的问题，在温室屋脊中部焊接了一个支撑架平台（图14c），有效减轻了卷帘机运行中对屋面拱杆的局部推力。

采用屋脊支点的中卷二连杆卷帘机后，连栋温室在开间方向的长度可以延长到100m以上，由

a.立柱直接连接天沟　　　　　b.立柱通过托板连接天沟　　　　c.双立柱通过支杆连接天沟

图13 连栋塑料薄膜温室立柱、天沟与屋面拱杆的连接节点

a.传统的单侧摆臂式

b.改进的二连杆中卷式

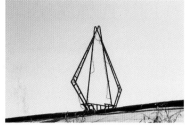
c.中卷二连杆固定支座

图14 保温连栋塑料薄膜温室卷帘机形式

a.双层骨架外景

b.双层骨架内景

c.双层膜实际运行状况

图15 双层骨架内保温连栋塑料薄膜温室

于卷帘机不需要地面支撑，温室在跨度方向上的连跨数也可根据地形大小随意确定，由此大大增强了温室设计的灵活性，也有效提高了温室建设的土地利用率。应该说卷帘机的这一改进，彻底改变了传统连栋温室内保温的保温方式，也更有效地提高了温室的保温性能，是国内日光温室外保温技术在连栋温室上应用的一个巨大创新。

除了上述的外保温技术外，大荔县的冬枣设施种植中还使用了内保温技术。图15是调研中发现的一种双层骨架的内保温连栋塑料薄膜温室。这种温室在传统连栋温室骨架的基础上又增设了一层内拱杆，而且内拱杆为落地杆，在其表面覆盖塑料薄膜或保温被可以实现室内保温材料的密封。实际上在内保温的基础上根据需要再增加外保温还可进一步提高温室的保温性能，可视冬枣的上市期规划进行选配。

传统的连栋温室内保温大都采用平拉幕的方式，保温材料基本采用遮阳网、保温幕等热阻较小的材料。近年的温室保温中也有采用腈纶棉等热阻较大的轻质保温材料的案例，保温幕的覆盖方式有平铺式，也有卷铺式，这些内保温方式完全可以在今后的冬枣栽培设施中使用和实践。

图15的内保温连栋温室在结构上采用完全独立的单拱大棚对接安装的结构形式，可以将传统的单栋保温大棚结构直接移植而来，通过天沟连接即可，由此可节省温室结构制作的加工模具，温室结构构件的标准化水平高，所有构件均采用热浸镀锌构件，现场安装无需焊接作业，结构整体抗腐蚀能力强。由于冬枣种植大棚双侧直立墙体的特殊需要，这种拼接式连栋温室中间立柱自然也形成了直立拼靠的连接方式，与传统的斜立侧墙大棚骨架形成的"互插式"连栋温室相比具有鲜明特征，基本达到了直立柱连栋温室的效果，土地利用率高，立柱遮光面积不大，从建筑空间上看也更适合冬枣等高杆或高秧作物的种植。

2.连栋玻璃温室

连栋玻璃温室由于投资较高，在冬枣生产性设施中基本不可能选用。本次调研在一个科研基地见到了一栋标准的文洛型玻璃温室（图16）。温室配套了风机湿帘降温系统、室内遮阳保温系统、内循环风机和屋面通风系统，由于没有配套加温系统，其实际的生产效果基本和防雨冷棚相近，保温效果尚不能达到保温大棚的效果，由此也再次说明这种温室不会是今后冬枣种植中的主力设施形式。

a.外景

b.内景

图 16 玻璃温室

几种光伏食用菌
设施模式

曾几何时，光伏农业的概念叫响了祖国的大江南北。笔者曾调研过多个光伏农业生产园区，但基本都是以种植蔬菜为农业生产目标。由于蔬菜生产对光照强度要求高，而光伏发电为获得更多的发电量需要截获一定量的光照，因此农业生产和光伏发电因为光照资源产生竞争关系，在实际生产中通常是牺牲农业生产而保全光伏发电，一是因为光伏发电一劳永逸，基础设施建设完成后基本可以坐收盈利；二是光伏板实际上阻截了阳光，直接影响了农业生产的产量和质量，农业生产效益不高或者说基本没有效益。尽管园区生产者们在想办法保全农业生产，如选用耐弱光的作物、光伏板设置在日光温室的后屋面、采用具有一定透光率的非晶硅光伏板、减小光伏板在温室采光面上的布置密度、改变光伏板在温室屋面上的布置方式等，但光伏发电和作物生产争光、争地的矛盾一直没有得到妥善解决。

食用菌生产仅需要极弱的光照或不需要光照，工厂化食用菌种植是在完全人工补光的厂房中生产，而一些喜光的食用菌一般也是在强烈遮光的温室或大棚内种植，用光伏板遮光不仅满足了食用菌生产遮光的要求，而且光伏发电额外创造了工业的经济效益，使土地生产的效益向空间延伸，大大提升了土地开发利用效益，是真正意义上的光伏农业。

早期光伏食用菌种植设施是将光伏板满铺在设施屋面上，将其作为设施的屋面板，四周设置保温围护墙，形成封闭的食用菌种植设施（图1）。这种设计使设施处于全封闭状态，设施的保温性能

图1 屋面覆盖光伏板四周保温板围护的食用菌生产设施

图2 安龙县平坝区内的光伏食用菌设施

好，但通风和降温性能较差，尤其到了夏季，由于光伏板背板的热辐射将光伏板吸收的大量热量直接释放到设施中，使设施内长期处于高温环境，增设通风降温设施又增加了建设投资和运行费用，因此设施的建设成本和运行费用较高，大大降低了农业生产的实际收益。

2020年8月，笔者在贵州省黔西南苗族布依族自治州安龙县调研时发现在群山林立的平坝区内建设了大片的光伏设施（图2）。在贵州这种山多地少的地区，难得有如此宽阔的平坝面积，怎么能够建设如此规模的光伏发电厂呢？带着这个疑问笔者走进了光伏设施的现场，原来这是在光伏板下安装塑料大棚，并在塑料大棚中种植香菇的大面积光伏种植设施。

贵州在"十三五"期间提出发展"十二大产业"，食用菌产业位列其中。利用光伏板下塑料大棚种植食用菌，可在光伏板下形成敞开空间，有效降低了光伏板背板辐射传热在塑料大棚内的集聚，塑料大棚依靠自然通风解决了夏季的通风降温问题，塑料大棚又保证了冬季的保温问题，而且大棚建造的成本还不高，由此实现了在较低投资的条件下获得光伏发电和食用菌生产的双重经济效益，在不破坏耕地和符合国家耕地政策的前提下，实现了经济效益和生态效益的最大化，因此这是一种真正意义上的光伏农业模式。在此，笔者将这种设施形式做一介绍，供业界同仁们研究和借鉴。

一、连栋双坡面光伏支架下的设施模式

为保证光伏板之间互不挡光，传统的光伏板都是坡面向南、南北间隔布置。光伏板向南的倾斜坡度主要取决于建设地区的地理纬度，以单位面积光伏板周年截获最大太阳辐射为目标，根据太阳光的周年辐射强度和辐射角度，按照太阳能理论进行计算确定。南北相邻光伏板之间的间距以当地时间冬至日9:00以后南侧光伏板不遮挡后侧光伏板采光为原则，按照该时刻的太阳高度角计算确定。

传统的地面光伏发电站都是采用单柱支撑光伏板，为了最大限度降低工程造价，光伏板的架设高度一般距地面1m左右。由于光伏板架设比较矮，在光伏板下安装塑料大棚的高度将受到限制，大棚内的种植空间小，不仅不便于种植操作，而且环境调控的难度也较大。为此，园区的建设者在建设光伏支架时，将光伏板的下沿提高到了距离地面3.5m的高度，保证了光伏板下塑料大棚的建设空间。为了使光伏板的布置完全不影响板下塑料大棚的建设和生产，设计者将支撑光伏板的支架设计成了连栋双坡面门式钢架结构（图3、图4），将光伏板布置在门式钢架结构的南侧屋面，北侧屋面镂空（图5），一是不影响北侧屋面的散射辐射进入大棚；二是在热压和风压的自然作用下，南侧屋面上光伏板背板的辐射热将会很快散失，不会在光伏板下集聚大量的热量而造成下部塑料大棚内的热量集聚，从而有效降低了塑料大棚运行的降温负荷。

在连栋双坡面门式钢架光伏支架下一般建设单栋的塑料大棚（图5），每个门式钢架下建设一座塑料大棚。这种建设模式保证了种植塑料大棚之间的通风间距和安装或更换塑料薄膜以及遮阳网的操作空间。为了保证食用菌种植对遮光的要求，在塑料大棚外表面还进一步覆盖了黑色遮阳网。由此可以看出，光伏板对塑料大棚内食用菌的种植完全没有影响，在"光"这一共需资源上最大限度将其用于光伏发电，不会给农业生产造成任何影响，农光互补是完全可行的。

和没有光伏支架的传统塑料大棚设施生产区一样，单栋的塑料大棚由于大棚栋与栋之间需要留

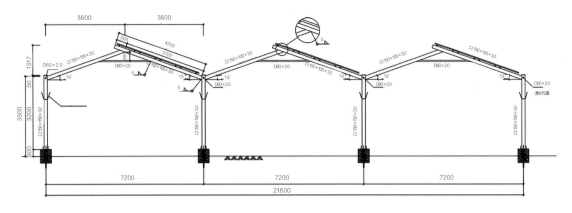

图 3 连栋双坡面光伏支架结构图（单位：mm）

图 4 连栋双坡面光伏支架实景图

a.外景

b.大棚内景

c.大棚内种植情况

图 5 连栋双坡面光伏支架下的单栋塑料大棚

有一定的通风和作业空间，从土地高效集约利用的角度来讲，还存在一定的土地浪费现象。为提高土地利用率，设计者采用连栋温室的设计思想，直接借用连栋双坡面光伏支架的立柱，在立柱上设天沟，用天沟支撑大棚屋面，即形成土地面积高效利用的连栋塑料温室（图6）。从外形看（图6a），这种结构是一种双层屋面的连栋温室，其中上层屋面南侧铺设光伏板，北侧镂空，下层屋面为温室屋面，用塑料薄膜覆盖保温遮雨，用遮阳网遮阳进一步降低温室内的光照强度。和传统的连栋塑料薄膜温室一样，温室通风采用屋面卷膜通风，在温室天沟两侧屋面设置手动或电动卷膜开窗，可有效降低温室内的空气温度，保证室内种植作物的正常生长。

a.外景　　　　　　　　　　b.内景　　　　　　　　　　c.天沟节点

图6　连栋双坡面光伏支架下的连栋塑料温室

二、单栋单坡面光伏支架下的设施模式

无论是连栋双坡面光伏支架下单栋塑料大棚还是连栋双坡面光伏支架下连栋塑料薄膜温室，都需要连片的平整且规则的土地，但在山区或丘陵地带，找到大片的平整土地并不容易，或者虽有平整土地但也不一定很规则。为了有效利用每一寸土地，弥补连栋双坡面光伏支架不能充分利用零碎、边缘或不规则土地的缺陷，建设者设计了一种单栋单坡面的光伏支架（图7）。这种支架只有一个朝南的屋面，上铺光伏板，光伏板下和连栋双坡面光伏支架下单栋塑料大棚一样布置一栋塑料大棚。为了避免光伏板过多遮光，设计者在本应布置4块光伏板的屋面上有意少铺了1块，即在光伏屋面

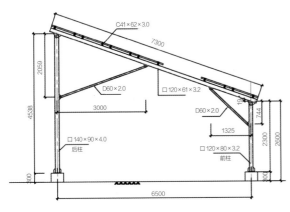

a.结构图（单位：mm）　　　　　　　　　　b.实景图

图7　单栋单坡面光伏支架及其塑料大棚

的中部开设了一个窗口，可使部分直射阳光照射到光伏板下部的塑料大棚，从而有效保证了塑料大棚的采光。

对于种植如香菇等食用菌而言，这种屋面天窗的设计是否有意义笔者似有一定的保留，但如果塑料大棚内种植相对喜光的作物，这种对光伏发电的牺牲却非常有利于保障农业生产的功能，为今后改变种植作物的品种留出了一定空间。至于大棚内光照的不均匀性以及适合哪些作物生产还有待不断的探索和实践。

三、独立柱光伏支架下的设施模式

笔者在调研中还发现，尽管有大量的光伏支架采用门式钢架结构，下面可根据需要建设单栋塑料大棚或连栋塑料温室，但仍有不少的光伏支架采用独立柱支撑的地面光伏电站的结构形式（图8a）。这种光伏支架支撑光伏板的空间高度较低，光伏板下沿距离地面的高度为2.0m。这是为种植羊肚菌而专门设计的。羊肚菌为地面种植，适宜生长温度为5~20℃，按照安龙县的气候资料，这里10月至翌年4月室外温度基本在这个范围内。为了充分利用自然条件并尽量减少建设投资，羊肚菌的生产选择在室外气温适宜的每年10月至翌年4月完全依靠室外自然条件种植。种植期间的大部分时间内只需要在光伏支架的相邻立柱上设置纵向和横向的钢丝，并在钢丝上搭设遮阳网即可满足基本生产要求（图8b）。遇到极端气候条件时，可在种植床面上临时搭设小拱棚（图8c），覆盖塑料薄膜保温即可安全越冬生产（因为当地冬季基本没有低于0℃以下的天气条件），同时搭设小拱棚覆盖塑料薄膜还可防止夏季的降雨，不会影响作物的有效灌溉和施肥。

2.0m高的光伏板檐口基本不影响操作人员的作业。前后两排光伏板支柱的间距为5.0m，按照1.2m宽种植床面（两边操作），两排光伏板支架下可铺置3条种植床面。床面上的小拱棚可采用竹条作拱杆；也可以采用标准化的镀锌钢筋或钢管作拱杆。塑料薄膜可采用一侧固定、另一侧活动的安装方式；也可以采用顶部固定、双侧可卷起的安装方式。在需要通风降温时将塑料薄膜卷起，需要保温时将塑料薄覆盖即可。

a.光伏板实景

b.配遮阳网内景

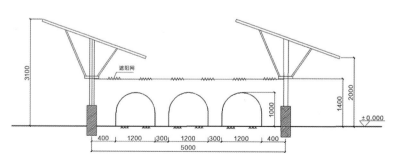

c.结构图（单位：mm）

图8 独立柱光伏支架及其种植设施

四、大棚内香菇种植模式

大棚内的香菇种植采用菌棒直立地面栽培模式（图9）。菌棒为15cm×55cm（直径 × 高度）的聚乙烯筒袋。大棚的跨度为6m，标准种植床分为宽面和窄面两种宽度(图9b、c)，宽面宽度为1.4m，窄面宽度为0.7m，香菇棒之间净距为5cm，即每个菌棒的占地面积为20cm×20cm。种植床上每20cm间距拉一根钢丝，菌棒靠立在钢丝上即形成种植床。宽面床共靠立9列菌棒，窄面床共靠立5列菌棒，6m跨大棚共2个宽面床和1个窄面床，每跨共靠立23列菌棒，60m长大棚共靠立6 900个菌棒。

大棚外表面覆盖塑料薄膜和遮阳网用于大棚的保温、保湿和遮阳，两侧安装手动或电动卷膜器用于温室的通风。大棚内安装2列喷头用于降温和增湿。需要指出的是，在大棚的两侧山墙也应覆盖黑色遮阳网，避免早晨和傍晚太阳东、西斜射时大棚内光照过强。

a.总体状况

b.窄床面

c.栽培床头拉筋

图9 大棚内香菇种植情况

马铃薯种薯
繁育设施

——"中国马铃薯之乡"甘肃定西考察纪实

马铃薯既是蔬菜，又是主粮，是人们生活中不可或缺的食物原料。马铃薯富有营养，所含维生素是胡萝卜的2倍、大白菜的3倍、西红柿的4倍，维生素C含量更是蔬菜中的佼佼者。马铃薯营养成分全面，营养结构比较合理，含有丰富的碳水化合物和大量优质的膳食纤维素，配合全脂牛奶（弥补马铃薯营养成分中偏低的蛋白质、钙和维生素A），可完全满足人类生命和健康的需要，被称为人类"十全十美的食物"。

马铃薯在世界各地都有种植，是人类农业生产中的重要种植作物。"十三五"以来，中国推行马铃薯主粮化政策，各地高度重视马铃薯的种植，也产生了多个具有规模效应的"薯都""薯乡"和"马铃薯地理标志"，为中国马铃薯产业的发展起到了积极的带动作用。

伴随着全国马铃薯产业的迅猛发展，各地对马铃薯种薯的需求也与日俱增。马铃薯种薯包括原原种、原种、原种一代和原种二代，其扩繁的方法包括块茎无性繁殖和子球播种繁殖两种方法。块茎无性繁殖由于切口容易传染病毒，引发环腐病等，现代的马铃薯种薯繁育大都选用直径3~3.5cm的健康种薯进行整薯播种生产。繁育的场所有露地大田，但更多的还是采用保护地设施。

马铃薯性喜冷凉，是典型的低温作物。其地下薯块形成和生长需要疏松透气、凉爽湿润的土壤环境。块茎生长的适温是16~18℃，当地温高于25℃时，块茎停止生长；茎叶生长的适温是15~25℃，超过39℃停止生长。

定西市位于甘肃省中部的黄土高原，海拔高度在2 000m左右，气候冷凉、空气干燥、阳光充足，夏季气温不超过30℃，非常适合马铃薯的种植和繁育，全市马铃薯种植面积在2 500万亩（约166.7万hm²）左右，是中国重要的马铃薯育种基地，也是中国特产之乡组委会审定命名的"中国马铃薯之乡"。

2020年9月3—5日在做《甘肃省定西市安定区关川流域现代农业发展规划》的现场考察中，笔者系统地考察和学习了甘肃定西在马铃薯种薯繁育中使用的各类设施及配套装备。作为考察的总结，介绍给广大的读者，供大家学习和参考。

一、露地大田繁育

马铃薯种薯在露地大田繁育的方法从形式上与商品薯种植方法相同（图1），但为保证种薯繁育的安全性，除了铺设地膜保墒外，灌溉和施肥是不可或缺的保障条件。在考察中发现，这里对马铃薯种薯繁育基地的灌溉施肥设施不仅做到了"有"，而且做到了"优"。所谓"有"，就是基地配套了从水源到田间供水完整的供水系统（图2）；所谓"优"，一是供水首部都配置了备用管路和设备，在一条线发生故障后备用管路可保证不间断的灌溉供水（图2a中的水源供水管是三备一，图2b中的过滤和施肥系统是二备一）；二是灌溉系统配套了水肥一体化设备（图2b），在灌溉的同时实现了自动供肥，不仅节约了施肥的劳动成本，提高了施肥的均匀性和有效性，还通过测土配方实现了施肥的精准性，从而有效节约了施肥成本，实现了"节水节肥"的"双节"目标；三是田间灌溉的输水管网全部采用管道输水，主管和支管采用地埋方式铺设，田间毛管则采用微喷软管，前者有效解决了输水渗漏或蒸发的问题，后者则将灌溉水精准输送到马铃薯种植垄，使灌溉用水的有效利用率得到显著提升。这种灌溉系统的输配送管网系统非常适合于如定西这种水资源不丰富的干旱地区。

图1　马铃薯种薯大田繁育

a.水源及供水主管　　　　　　　b.过滤与水肥一体化　　　　　　　c.田间输水与喷灌带

图2　马铃薯种薯大田繁育配套灌溉与水肥一体化设备

二、塑料大棚繁育

塑料大棚建设投资成本低，与露地大田繁育相比可提早和延后种植时间1个月以上，既可以单独进行马铃薯种薯繁育，也可以与露地大田结合进行马铃薯繁育。

塑料大棚是设施种植中应用最广泛的设施，也是标准化程度最高的设施，虽然各地对塑料大棚在结构用材上有所改进，但大棚的跨度、脊高等主体结构参数基本都在定型尺寸范围内，一般大棚的跨度在8~10m，脊高3~3.5m。马铃薯种植的株高低矮，所以大棚可采用落地拱或肩高较低(1.0m以下）的带肩拱（图3a）。

塑料大棚在当地进行马铃薯繁育的种植季节为从春季到秋季，冬季休闲，由此，塑料大棚不配套加温系统，其环境控制设备主要为侧墙卷膜通风的自然通风系统（图3b），有条件的可以选配电动卷膜器，根据室内温度实现自动控制，经济条件差时也可选配手动卷膜系统，人工控制卷膜器的启闭。为避免夏季过强阳光，可在大棚外表面覆盖遮阳网，采用与侧墙卷膜通风相同的手动或电动卷膜器控制遮阳网的启闭，条件不具备的地区也可以采用人工手动拉拽的方式控制遮阳网的启闭。

灌溉系统是大棚马铃薯种薯繁育必不可少的配套设备。按照常规育苗的要求，灌溉设备基本都是以喷灌为主。在参观考察中看到的灌溉系统是从大棚山墙处引出支管，沿大棚山墙引到喷灌线高度后将其分为2条喷灌线，喷灌线沿大棚长度方向通长布置(图3c)。从喷灌线上间隔引出喷头毛管，末端安装喷头，即可实现吊挂式喷灌。

对于灌溉的水源，考察发现这里采用与马铃薯繁育相同结构的塑料大棚作田间储水和泵房（图4）。在大棚内挖池用土工布防水即形成储水水池（图4a），过滤器、加压水泵以及水肥一体化设备等灌溉首部设备均集中布置在大棚内山墙一端（图4b），主管将灌溉水输送到每个大棚后再用支管连接到大棚喷灌系统。每个大棚的支管上安装旁通和过滤器（图4c），在保证供水安全的条件下进

| a.大棚 | b.侧墙电动卷膜通风系统 | c.喷灌系统 |

图3 大棚及其配套设施

| a.水池水源 | b.过滤系统 | c.大棚内供水首部设备 |

图4 塑料大棚马铃薯种薯繁育的水源系统

一步提升供水水质，并确保灌溉水不堵塞喷头。

为了保证大棚内相对恒定的温度，水源大棚采用固定式外保温的方式（图4a）。这种做法有效阻挡了室外自然光的进入，从而避免了大棚内储水在光照作用下可能形成藻类的问题，也降低了后续过滤系统的动力负荷，减少了清洗恢复过滤系统的频次，更降低了喷头堵塞的风险。

这种用塑料大棚替代砖混结构水泵房（图2）的做法有效解决了田间工程破坏耕地的问题，也有效破解了田间工程建设需要建设用地的限制。设施的建设成本低，未来耕地恢复的难度小，是一种值得学习和推荐的建设方案。

大棚内的种植方式全部为基质栽培，基质以草炭为主，通气性和保水性兼顾，基质的深度在10cm左右。盛装基质的容器有两种方式：一种是用基质盘盛装基质后平铺在大棚地面上（图5a）；另一种是在大棚地面上搭建固定栽培床（图5b）。前者布置灵活、地面利用率高、成本低，但管理作业的劳动强度大；后者地面利用率较低但标准化程度高。

不论是基质盘种植还是栽培床种植，种植床都可以直接铺设在地面上，也可以架空地面设置，后者种植床不受地面温度的影响，而且基质的沥水性更好，在条件允许的情况下，可尽量将种植床架离地面。

a.地面盘式栽培　　　　　　　　　　　　　b.架空固定苗床栽培

图5 塑料大棚种植方式

三、连栋塑料薄膜温室繁育

连栋塑料薄膜温室较塑料大棚土地利用率更高，环境调控能力更强，室内作业空间更大，生产的技术水平也更高。

用连栋塑料薄膜温室繁育马铃薯种薯，在设施温度控制上分别采用室外遮阳系统、侧墙卷膜通风系统、屋面卷膜通风系统等自然通风降温系统（图6）和湿帘风机强制通风降温系统（图7）。外遮阳系统除了具有遮阳降温作用外，在马铃薯种薯生产中主要起降低室内光照强度的作用。湿帘风

a.屋面卷膜通风

b.侧墙电动卷膜通风

c.外遮阳系统

图 6　连栋塑料薄膜温室配备的自然通风与外遮阳系统

a.湿帘

b.风机

图 7　连栋塑料薄膜温室配备的湿帘风机强制通风降温系统

机降温系统则可以满足夏季高温期间的降温需求。侧墙和屋面的卷膜自然通风系统运行成本低、设备投资省，是一种廉价而高效的通风降温系统。联合配套这些设备，可根据室内外气温的变化灵活启动不同的设备，在保证种植作物需要的温光条件下实现温室的最经济运行。从环境控制的水平来看，全部设备实现了自动控制。

　　温室的种植设备配置，沿用塑料大棚的喷灌系统（图 8a、b），但同时又采用活动苗床（图 8c）。

a.吊挂喷灌

b.吊挂喷头

c.活动苗床

图 8　连栋温室繁育马铃薯的苗床与灌溉系统

与塑料大棚用的地面栽培床相比，活动苗床的地面利用率更高，而且随着活动苗床床面的提高，也更便于操作人员作业，从而大大减轻了作业人员的劳动强度。活动苗床除了进行马铃薯种薯繁育外，还可以用于蔬菜、花卉育苗，也可以用作盆栽作物的种植，更拓展了温室的用途，为温室企业未来的改行转型或非马铃薯种薯繁育季节的扩大再生产提供了基础条件。

四、日光温室繁育

日光温室以其经济、高效和节能的性能而成为中国北方地区应用和推广面积最大的一种种植生产设施，尤其在蔬菜的越冬生产中更是无可替代。在补充供热的条件下，日光温室也被广泛应用在蔬菜和花卉育苗中（在一些冬季温度相对温暖的北方地区，日光温室不配采暖系统也能安全进行育苗生产）。

在定西的马铃薯种薯繁育中，笔者也看到了日光温室的身影（图9）。其种植模式保留了塑料大棚和连栋塑料薄膜温室中马铃薯种薯繁育的基本模式：一是采用喷灌进行灌溉；二是采用草炭作为栽培基质；三是采用栽培床进行栽培。但在日光温室中的栽培床做成了固定式半高架床，虽不及连栋塑料薄膜温室中活动苗床那样高的地面利用率，但却借鉴了其栽培床架离地面的安装形式，较塑料大棚内地面栽培床更方便作业。

对日光温室的结构选型，早期的结构采用土墙结构（图10a），后屋面采用彩钢板保温，从运行

图9　日光温室繁育马铃薯种薯

　　　a.传统日光温室　　　　　　　　　　b.土墙结构日光温室　　　　　　　　　c.新型组装结构日光温室

图10　马铃薯种薯繁育用日光温室

看，后墙结构不结实、侵蚀严重（图10b）。最新的建设采用完全组装的轻型结构（图10c），骨架采用椭圆管单管结构，后墙和后屋面围护采用柔性保温材料。这种结构基础牢固（采用条形基础），拱架工厂化生产，所有金属构件表面热浸镀锌，构件连接采用装配结构，完全避免了现场焊接作业，不仅加快了温室施工安装的速度，也完全避免了由于焊接而对金属构件表面镀锌层的破坏。单管骨架遮光少，室内光照更加均匀。温室冬季生产安装室外保温被保温，可实现安全越冬生产（在冬季室外温度较低的地区可适当补充加温）；夏季生产安装遮阳网遮阳降温，结合前屋面和屋脊通风可实现安全越夏生产。因此，采用日光温室进行马铃薯种薯的繁育可实现周年生产，其生产的时节比塑料大棚和连栋塑料薄膜温室显著增加，完全避免了设施生产的冬闲。在种薯繁育中，尤其是原种代扩繁中，采用日光温室周年生产能够显著提高扩繁的效率。

一种"蜗牛"平面造型的异型展览温室

2020年11月21日，在重庆市召开的"中国温室2020"年会结束后，会议主办者组织了一天的现场考察活动。由于参会人数较多，主办者将参会人员分为二组，一组参观梁平的重庆数谷农场，另一组参观位于铜梁区的空中有机草莓智能化生产中心和璧山区国家科技农业园区。在二选一的条件下笔者选择了去参观重庆数谷农场。

重庆数谷农场位于重庆市梁平区金带镇双桂村二组。从重庆市区出发到数谷农场大约有200km路程，在蒙蒙细雨中我们的大巴车大约开了3h多才到达目的地。为了消除旅途的疲劳，我们先吃午饭再参观。简单的午饭过后，农场场长亲自给我们讲解了数谷农场的建设和运营情况。

农场于2019年9月23日正式开园，既是迎接新中国成立70周年的献礼，又是当年"农民丰收节"的活动现场。农场占地面积400亩，现已建成高端智能温室3.5hm^2，包括"一厅、一馆、四场"，各功能区面积和主要展示内容如表1。

温室总体布局分为三个区。大门入口为云腾田园馆和乡村振兴展厅，一座建筑两个功能，中间为大跨度异型玻璃温室，两侧为标准的文洛型温室（图1）；荷兰·番茄工场和以色列·花卉工场为一个区域内的两座并排的独立建筑，均为标准的文洛型玻璃温室（图2）；西南大学·草莓工场和重

表1 数谷农场主要温室设施建设规模及展示内容

序号	名 称	面积/m^2	种植和展示内容
1	中国农科院·云腾田园馆	8 100	展示各种无土栽培技术（基质栽培、水培、雾培、立体种植等）；设有"五子登科、五谷丰登"等农特产品展示营销中心
2	乡村振兴展厅	770	乡村振兴相关成果图片
3	荷兰·番茄工场	9 792	展示无限生长番茄高架无土栽培周年生产技术，包括环境自动控制、营养循环利用、轨道车作业与采收等
4	以色列·花卉工场	10 560	展示果类蔬菜工厂化种植技术、工厂化育苗技术以及花卉生产技术（包括蝴蝶兰、大花慧兰及多肉植物）
5	西南大学·草莓工场	3 200	主要展示立体草莓种植技术
6	重庆市农业科学院·瓜果工场	1 800	主要展示新奇瓜果品种，工场内设置了造型各异的各类瓜果架，用以培育葫芦瓜、蛇瓜、金锤瓜、砍瓜、小米冬瓜、金瓜、鼎瓜、鸳鸯梨等多个品种

图 1 云腾田园馆

图 2 荷兰番茄工场和以色列花卉工场

庆市农业科学院·瓜果工场为第三个区域,也是本次考察最吸引笔者的一个区。

远远望去这个区的两栋温室恰似一个展开的"蜗牛壳"(图 3),一条弧带在围绕一个圆柱展开。当笔者第一眼看到这种布局后,立刻想到了蜗牛壳造型。怀着好奇的探索心情,笔者快步走进了这一区域。当置身区域内环绕一周后发现,这个"蜗牛壳"并非一栋连体的建筑体,而是两栋独立的温室,一栋为平面圆形温室,另一栋为平面弧形温室。设计师巧妙的平面布局给游人造成了一种视觉上的错位,笔者的第一感觉恰恰就被这种视觉错位误导,这或许也正是建筑设计师平面布局想要达到的真实效果吧。

既然是两栋独立的异型温室,那就让我们来分别看看这两种温室的建筑风格吧。

一、弧形平面温室

弧形平面温室为西南大学·草莓工场,总建筑面积 3 200m²,由西南大学提供技术支持,主要展示草莓立体种植技术。草莓采用 3 层 A 字形结构立体栽培架栽培(图 4),是目前比较流行的一种草莓栽培形式。栽培基质以草炭为主,配比珍珠岩以调节基质空隙结构;基质表面覆盖塑料薄膜,

图 3 "蜗牛"温室全貌

图 4 草莓工场中草莓种植模式

减少基质表面水分蒸发；每个栽培槽沿长度方向设一道滴灌带进行灌溉供水，并在栽培槽下部设置了回水管，可回收营养液残液。草莓生产还配套了熊蜂授粉以及物理和生物病虫害防治设施，管理中不打农药，从而保证了草莓生产过程中的观赏性与食用性，游客可在观光游览的过程中即采即食，实现了游览、观光、休闲、采摘、品尝以及科普的统一。

由于是平面弧形建筑，如果温室内栽培架的布置是沿着弧线方向（温室长度方向），则栽培架也必须是弧形或多折式，而且每个位置上栽培架的弧形或尺寸都不一样，这给栽培架的制作和安装增加了很大难度，相应也将会提高建设造价。为统一栽培架的设计参数，设计者采用沿温室跨度方向布置栽培架的形式，在温室中部沿长度方向设置弧形的中央走道，在走道两侧设置沿温室跨度方向且与中央走道垂直的栽培架（图5a），在中央走道下埋设供回水管，由此可实现主供回水（液）管路的经济配置。

温室外墙采用玻璃作围护材料，透光率高、美观（图5b）；温室屋面由于是拱形结构，覆盖材料采用塑料薄膜，价格便宜、安装方便（图5a）。温室墙面立柱和屋面拱架均采用平面桁架结构（图5c、图6c）。由于温室跨度较大，为减小屋面桁架构件的截面尺寸以及对墙面立柱的推力，增强结构的整体承载能力，温室屋面结构除了屋面拱架采用桁架外，还在拱形桁架上增设了悬索式下弦拉索和垂直吊索（图6b）。

为保证温室的通风和降温，温室配套了风机湿帘降温系统以及遮阳和开窗系统（图6）。风机和湿帘分别安装在温室两侧侧墙上，湿帘连续安装在内弧面墙面，风机间隔一个开间安装在外弧面墙面（图5、图6），其安装高度均在墙面高度的上部，不会给游人造成影响，也不影响温室的通风和降温。

a.内景

b.外景

c.屋面桁架

图 5 草莓工场温室建筑结构

a.湿帘与开窗（外景）

b.湿帘与遮阳网（内景）

c.风机与遮阳网（内景）

图 6 草莓工场温室配套通风降温设备

在温室两侧侧墙的风机和湿帘安装位置的下部，每个开间安装一扇外翻式上悬窗（图5b和图6a），在室外温度不高湿帘风机不开启的条件下可用于温室的自然通风，由此，可降低温室的运行成本。由于温室屋面没有设置通风窗，温室自然通风主要依靠两侧墙上的通风口形成沿温室跨度方向上的穿堂风，在无风条件下的热压通风能力较低。

除了风机湿帘和开窗通风来解决温室的通风换气和降温问题外，温室还设置了屋面室外遮阳系统和墙面室内遮阳系统（图5a，图6b、c）来阻挡室外过强光照进入室内，从而降低温室室内光照强度和进入温室的热负荷。温室平面为弧面形式，标准规格的齿轮齿条无法适应尺寸不规则的弧形屋面遮阳拉幕，为此，该温室的屋面室外遮阳系统采用钢索拉幕系统，遮阳幕沿温室开间方向每个开间一幅，同时沿跨度方向再分为若干幅，拉幕系统沿温室跨度方向行程，可一次同时收拢或展开跨度方向的所有遮阳幕布。对于较长的温室，可沿温室长度方向设置多个拉幕分区，每个分区可独立控制，也可以联合控制。

温室墙面上的内遮阳全部采用卷膜电机控制启闭的方式，沿温室侧墙垂直方向卷放，每个开间设置一幅遮阳网，采用管道电机驱动卷膜轴，可独立控制也可以联合控制。

二、圆形平面温室

圆形平面温室为重庆市农业科学院·瓜果工场，总建筑面积1 800m²，由重庆市农业科学院提供技术支持，主要展示新奇瓜果品种。工场内设置了造型各异的各类瓜果架，用以培育葫芦瓜、蛇瓜、金锤瓜、砍瓜、小米冬瓜、金瓜、鼎瓜、鸳鸯梨等多个品种，游客置身其内，仿佛进入了一个奇妙的瓜果王国。

该温室从平面布局看是一个完全的圆形平面，室内的参观走道也是从大门进入后直通室内中部的圆环通道，绕场一周可以看遍温室内所有的种植品种和种植模式。

和草莓工场温室采用的围护结构透光覆盖材料一样，瓜果工场温室也采用墙面玻璃、屋面塑料薄膜的做法，透光覆盖材料的选择兼顾了温室的美观和适用要求，在满足观光展示要求的同时，显著降低了温室建设成本。为了保证屋面塑料薄膜始终处于紧绷状态，工程中采用在每个屋面拱架上设置双卡槽固膜的方式（图7）。

图7 温室屋面塑料薄膜固定方式

仅从平面布局和透光覆盖材料看温室并没有什么特色，但抬头看温室的屋面却有很多创新。温室的屋面整体上采用一种倒锥体（图8a），而到了屋面中部的锥底则又采用隆起的圆柱结构，圆柱结构顶面又采用半球穹顶（图8b），温室屋面与侧墙之间连接还采用曲线过渡（图8c），由此形成了一种由圆球体与圆柱体相结合的三维空间结构，不仅创造了一种美观的造型，而且也融合了多项生产和使用的功能。

温室的倒锥体屋面形成了自然的集雨面，可以将屋面上的天然降水全部收集利用。温室室内地面中央设置了雨水收集池，温室屋面中部倒锥体与圆柱体结合部位安装了集雨槽，集雨槽下安装了落水管（图9a），落水管直接通向温室内的集雨池，从而将屋面雨水全部收集到集雨池中，通过过滤处理后可用于温室灌溉以及湿帘降温系统的补水和其他用水。

屋面倒锥体底部设计的圆柱体直立面不仅有效阻挡或汇集了屋面雨水，而且在立面上可直接安装湿帘，与安装在温室立墙面上的风机（图8c）形成温室的湿帘风机负压通风降温系统。为了封闭安装湿帘圆柱墙面的顶面，设计者采用半圆球的穹顶结构（图9c），不仅严密封闭了屋面中央锥孔，而且在温室内形成了形似"天井"的结构，在全部遮阳系统展开后又能给温室带来一束中央光明，给游客一种通向光明的感觉。

为了解决温室的通风和降温，除了在温室屋面安装湿帘（图9b）和温室墙面安装风机外（图8c），和草莓工场温室一样，瓜果工场温室也安装有屋面外遮阳（图8a）和墙面内遮阳系统（图8c）。

墙面内遮阳系统的驱动系统与草莓工场墙面内遮阳系统一样，采用管道电机上下卷膜启闭，遮阳网每一开间为一幅。

a.倒锥体屋面

b.锥底中央采光穹顶

c.墙面与屋面的圆滑过渡

图8 圆形平面温室结构造型

a.落水管

b.湿帘

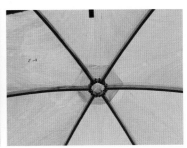
c.穹顶

图9 穹顶结构

屋面外遮阳网的幅面也是按照屋面上拱架的间距裁剪并在沿温室圆周平面直径方向分为若干幅（图 8a），但与草莓工场温室屋面遮阳幕的拉幕系统不同，该温室屋面遮阳幕的拉幕行程采用屋面拱架之间开启。

　　由于在墙面与屋面的过渡带没有覆盖遮阳网，所以，在所有遮阳网展开后会沿温室外墙形成一个圆环采光带，与屋面环形遮阳幕之间形成的采光带共同构成了温室内多条圆环采光带，再加上屋面中央的穹顶采光井，整体上形成了温室屋面的自然采光窗，即使所有的遮阳网展开温室内也有一定的光照，不至于造成温室内光照过低。此外，由于温室屋面覆盖材料为散射光塑料薄膜，在一定程度上也能散射进入温室内的光线，不会形成强烈的光带和阴影带。

　　整体来讲，上述两种形式的温室，不论从造型还是从功能上都有很多设计创新，值得观光展览的异型温室设计中学习和借鉴。

海南温室抗风
措施二则

海南省地处海岛，每年都有多次台风登陆。每到台风季节，或轻或重都有温室大棚被风吹倒或损坏，给当地温室生产带来很大隐患。因此，在海南岛建设温室，结构抗风是保证安全生产的第一要务。国家标准《农业温室结构荷载规范》（GB/T 51183—2016）中10年、15年和20年一遇的基本设计风压海口分别为 $0.79kN/m^2$、$0.88kN/m^2$、$0.95kN/m^2$，三亚分别为 $1.03kN/m^2$、$1.19kN/m^2$、$1.30kN/m^2$，与北京的 $0.37kN/m^2$、$0.39kN/m^2$、$0.41kN/m^2$ 相比基本是其2~3倍，由此也可以看出海南台风的威力和危害。

按照《农业温室结构荷载规范》中的基本风压设计温室的主体结构，从设计的角度满足国家规范的要求，但由此造成构件截面增大的结果往往使用户难以接受，一是结构构件截面增大会引起构件在温室中的阴影面积增大，影响温室作物的采光；二是结构构件截面增大将直接导致温室建设单位面积用钢量增大，从而使温室的建设成本显著提升，不仅影响温室建设者的一次性投资能力，而且也由于折旧成本高而长远地影响温室的生产成本。

为此，从理论和实践中找到一种可增强温室结构抗风能力的方法，在保证温室结构安全运行的前提下尽可能减小温室结构构件的截面尺寸是温室设计者和生产者共同的关注和需求。

2021年10月在参加中国农业工程学会设施园艺工程专业委员会在海南海口举行的"2021中国设施园艺学术年会"后，笔者分别到海南陵水国家现代农业示范基地和海口桂林洋国家热带农业公园进行温室工程专题调研。在这里笔者看到了两种不同的温室抗风措施，包括温室的整体抗风技术和局部抗风技术，留下了深刻的印象，在此分享给广大的读者，供各位温室工程设计者和温室生产者在抗风地区温室设计和使用中借鉴和参考。

一、风障

风障，就是设置在温室外围，用于阻挡或减弱强风、降低风速的设施。为了节约建设投资，同时又能保证温室结构的安全，风障一般只设置在大风季节主导风向温室的上风侧，但如果温室建设地区周年无固定主导风向，或者不同季节的主导风向不同，则风障必须在温室的四周设置。

风障的主要作用是降低温室立面墙体直接承受强风的强度，也就是说，在设置风障后，温室墙面所受的风力可大大降低，由此，可显著降低温室墙面立柱的风荷载，进而减小其截面尺寸并影响温室整体结构构件截面向减小的方向发展。设置风障一般可降低温室迎风墙面的风荷载20%~80%，具体挡风效果取决于风障挡风材料对气流的通透率、风障高度以及风障与温室之间的距离。风障的挡风作用越大，对风障结构的强度要求也就越高，建设风障的投资也会越大。在适度降低温室结构抗风等级的基础上为最大限度降低风障的建设投资，一般风障多做成半通透性，因此，在风障选材上可选择多孔材料，或者将风障结构做成封闭带和开口带上下间隔设置的形式，这种风障称为半通透结构风障。半通透结构风障既可以减弱强风对温室结构的风压，又可以节约风障的建造成本，是温室建设中降低总体投资的一种有效方法。风障对气流的通透率一般控制在30%~70%。

设置风障，除了控制风障对气流的通透率外，风障高度及其与温室之间的间距是非常重要的设计参数。距离过近，一是可能会给温室采光造成阴影；二是如果风障受到强风吹袭后整体或局部破坏，其破坏的构件可能会倾倒或砸落到温室结构，不仅失去削减风力的功能，而且直接成为温室结构的偶然破坏荷载。但如果风障距离温室过远，其防护效果将会大大减弱甚至消失。一般风障保护建筑物的距离为风障高度的2~3倍。

在考察海口桂林洋国家热带农业公园时，进入大门首先映入眼帘的是一条宽阔的大道，大道的一侧为并排的数座连栋玻璃温室，另一侧则是一条连续的波浪状绿色长廊（图1a）。听公园负责人介绍，这条绿色长廊平时是作为科普、销售和游客驻足休憩的场所（图1b），同时也是温室的防护风障。走廊为圆拱屋面，可充分提高走廊的空间，避免游客游览的空间压抑感，同时也增大了温室抗风的防护范围。走廊屋面和外墙面采用绿色防风网覆盖，选择绿色一是体现公园的绿色理念；二是给游客一种安静舒适的视觉环境。选择透风的网材，一是可以提高走廊的通风能力，避免走廊内热量积聚而形成高温，给游客创造一个适宜的环境；二是可以减轻走廊结构的风压，减小走廊结构构件的用材，降低走廊的建设成本；三是响应了温室风障部分挡风的要求。防风网在走廊结构上的固定采用薄膜温室大棚常用的卡簧卡槽固定方式（图1c），不仅节约投资，而且更换网材也很方便。由此可见，这是一个考虑了多重因素，具有综合功能的温室风障。稍感缺憾的是防风走廊与温室之间的距离过大，作为风障保护温室的范围可能不够（图1a）。

笔者一行沿着笔直的大道走到尽头转弯一看，又见到了另一种结构的防风风障（图2）。这种风障采用直立平面结构(这应该是传统意义上的防风风障结构)，防风网也更换成为钢板网材。整体看，风障整洁、美观，占地空间小，节约用地。钢板网材采用热浸镀锌表面防腐，使材料的使用寿命更长，风障的耐久性更强。考虑到处于海边的防风风障，除了潮湿和氧化引起材料的腐蚀外，空气中的盐分对金属结构的腐蚀也很严重，所以，在海南等沿海地区金属构件进行表面防腐处理时除了要

| a.风障外景及与温室的关系 | b.回廊内景 | c.防风网固定方式 |

图1 回廊式风障

图2 平面钢板网风障

加厚镀锌层的镀层厚度外，还应附加如喷塑等其他防腐措施，以延长结构和材料的整体使用寿命。

该防风风障所用钢板网的网孔采用疏密间隔的结构形式，每个条带宽约20cm。与均匀网孔结构风障相比，这种做法由于气流通过不同疏密度网孔的流量发生变化，由此扰乱了气流透过风障的风场，形成更多上下扰动的湍流，从而显著降低气流的径向速度，有效提高风障对温室的防护效果。

从图2还可以看出，在风障的内侧栽种了相对比较低矮且稠密的树木。这些树木对提高风障下部的风阻具有积极的作用，作为风障功能的重要组成部分同时还绿化和美化了公园环境。此外，风障安装在公园的外围，在起到提高温室抗风能力的功能外，还替代了公园的围墙，由此又节约了建设围墙的工程费用，一举两得。

二、卷膜轴固定卡

通风口是温室排湿降温和引进室外 CO_2 的重要通道，是各类温室大棚的标准配置。但如果通风口设置或管理不当，则会对温室结构的抗风造成非常不利的影响。大风来临时，如果不能及时关闭并密封通风口，大风通过通风口进入室内会在温室结构上形成额外的附加内压力，这一压力与温室外表面的风压叠加将会大幅增加温室屋面和下风向墙面结构的表面风压，由此显著降低温室结构的抗风能力。为此，在台风来临之前，温室管理要求应紧闭窗口，避免这一附加风压的产生（没有台风的大风地区，温室也应按照这一原则管理）。

连栋塑料薄膜温室通风口大都采用卷膜启闭的方式。卷膜轴缠绕通风口活动边塑料薄膜卷起或打开，从而实现对通风口启闭的控制。对于这种通风口，在大风来临之际紧闭通风口的措施主要是在关闭通风口的基础上张紧并扣死压膜线，对卷膜轴基本不做固定。事实上，在强风作用下，尤其在不规则风力的震动力作用下，通风口的塑料薄膜虽然在压膜线的限位下限制了其在温室墙面或屋面平面外的运动，但却无法限制塑料薄膜在通风口平面内的运动。一旦发生通风口塑料薄膜在通风口平面内的上下运动，也就类似卷帘窗一样，温室的通风口将处于一种无阻挡的启闭模式，压膜线密封通风口的措施实际上已经失效。为此，在大风地区，针对卷膜通风口，很有必要在扣紧压膜线的基础上设法固定卷膜轴。这是解决此类问题的核心。

在考察海南陵水国家现代农业示范基地的温室中，笔者正好看到了这种卷膜轴的固定技术，非常值得温室设计和建设企业学习和借鉴。

海南陵水国家现代农业示范基地位于海南省陵水县英州镇高峰温泉景观大道 88 号，总规划面积 11 000 亩，由"四区一带"组成，即科研培训展示区、生产试验区、生产示范区、国际农业论坛区及休闲农业观光带。其中，科研培训展示区占地 86 亩，是现代农业科研与展示、科技孵化与创新的中心；生产试验区占地 305 亩，主要引入世界先进农业科技和包装技术进行区域适应化试验，提升整个示范基地科技竞争力；生产示范区占地 8 565 亩，进行农业科技成果转化、新技术、新品种推广，辐射带动项目区域农业产业发展；国际农业论坛区占地 414 亩，围绕"科教农业"主题，创建农业新型业态，搭建高科技农业服务交流平台；休闲农业观光带全长 3.8km，占地 1 630 亩，以"农旅融合"为发展理念，打造别具农趣风情的热带休闲农业观光胜地。

示范基地采用露地与设施相结合的形式规划布局，其中的设施基本都采用造价不高的圆拱屋面连栋塑料薄膜温室，屋面和侧墙通风均采用卷膜开窗的方式，电动控制。

示范基地由于临近三亚，每年都有数次台风经过，而且风力较大，温室建设对抗台风的要求更高，为此设计者专门开发了这种固定卷膜轴的固定卡（图 3）。该固定卡实际上是一个 6 连杆结构。手柄是 6 连杆的主动力臂，用 2 个支点分别与 2、4、5 号连杆的一端相连，3 号连杆固定在立柱上并分别与 2、4 号连杆的另一端相连，5 号连杆的一端分别与 1 号手柄连杆和 4 号连杆相连，另一端则与固定卷膜轴的 6 号连杆相连。6 号连杆的另一端连接一个半圆形且具有一定柔性的抱卡，该抱卡环抱在通风窗的卷膜轴上实施对卷膜轴的固定。1、2、3、4 号连杆之间的连接以及 5 号连杆与 1、4 号连杆之间的连接均为铰接，运动过程中各连杆之间的相对位置都可能会发生变化（图 3），但 5 号连杆与 6 号连杆之间的连接则是固结连接，二者处于相对垂直位置，不随连杆的运动发生任何相对位置的变化。从机械原理分析，该结构实际为一种 5 连杆结构，5 号和 6 号连杆实质上为一体运动的一个构件。

整个连杆机构通过 3 号连杆用 2 根 U 形抱箍固定在立柱上，保证连杆机构在立柱上的位置不发生变化。操作时，水平搬动手柄连杆（1 号连杆），可带动卷膜轴固定臂（6 号连杆）水平运动，从

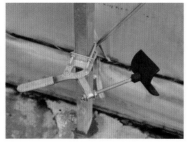

a.锁死状态　　　　　　　　　　b.半打开状态　　　　　　　　　　c.全打开状态

1.手柄；2、4、5.连杆；3.抱箍；6.动力臂　　**图 3　卷膜轴固定卡及其不同位置状态**

而打开或固定卷膜轴的抱卡，实现对卷膜轴的松开和固定。使用这种连杆机构在台风来临时可以将通风口卷膜轴牢牢固定在通风口封闭位置，结合通风口塑料薄膜压膜线，可有效保证通风口的整体严密密封。

具体安装中，可沿通风口长度方向每隔10m左右设置1根竖直的立杆，立杆的下端通过基础固定在地基上，另一端固定在温室通风口上沿之上的温室骨架结构上（图4）。卷膜轴固定卡安装在立杆上关闭卷膜通风口时卷膜轴所在的位置。

在海南建设温室，由于长期高温对温室的通风要求较高，所以园区的温室侧墙都采用双层卷膜通风窗，由此每根立杆上根据上下卷膜通风口的位置安装了2组卷膜轴固定卡（图4）。

这种卷膜轴固定卡在温室侧墙和山墙的立面墙面上对通风窗卷膜轴的固定是成功有效的，但用于温室屋面通风窗的卷膜轴固定是否也能直接采用尚需要大家的实践，主要的问题是立杆没有地方固定，或许要在天沟上找固定卡的固定方式，这样连杆3或许要进行改进。利用外遮阳的立柱来固定固轴卡或许是另一条路径。

此外，由于温室结构在山墙和侧墙的墙面转角处局部风荷载会加强，玻璃温室常用的做法是在这个区域内将单块玻璃的宽度减小，或者说是加密固定玻璃的铝合金条，而对于塑料薄膜温室而言，常用的做法是在转角的两个侧面上分别附加一个保护板。为了减少保护板对室内作物采光的影响，保护板的材料应选用透光材料（图4）。该保护板对温室结构具有一定的抗风和导流作用，从这个角度讲，该保护板也可以视为温室抗风的另一种措施。但这种保护板对卷膜通风口的塑料薄膜以及卷膜轴的固定和抗风效果实际上并没有实质性的作用。

图4 卷膜轴固定卡的安装位置

非金属材料
温室骨架

　　除温室基础和日光温室墙体外，目前商业化的温室结构用材大都采用钢材或铝合金等金属材料，其中钢材是最基础的结构用材，而铝合金材料主要用于连栋温室天沟和镶嵌玻璃的框架并承载玻璃面传递的风雪荷载。金属材料材质均匀，强度高，韧性强，加工性能好，标准化和工业化水平高，适合远距离运输，因此在全世界范围内得到广泛应用。

　　但金属材料也有缺点：一是资源不可再生；二是防腐要求高（钢材生产和热浸镀锌表面防腐对环境都有一定的污染）；三是热胀冷缩变形大；四是传热速度快（不仅增大了温室的冷热负荷，而且与其接触的塑料或橡胶等有机材料容易被烫伤或老化）；五是造价相对较高。非金属材料正好能弥补金属材料的上述缺陷，而且也具有一定的承载强度，因此，一些地方资源丰富的地区或对温室造价要求较低的农户，也会大量采用非金属材料做温室承力结构，更有一些专业化企业专门开发和推广非金属材料温室结构。本文系统梳理了当前在塑料大棚、日光温室以及连栋塑料薄膜温室结构中使用的各种承力结构用非金属材料（不含温室基础和日光温室的墙体材料）及其结构形式，包括钢筋混凝土材料、竹木材料、塑料管材、玻璃钢材料以及回收塑料二次加工材料等，供业内同行研究和交流。

一、混凝土材料

　　混凝土材料是最基础的建筑工程用材，工业与民用建筑、道路桥梁、水坝乃至农田排水沟等无处不有混凝土的影子。作为温室结构用材，除了基础垫层外，一般均以钢筋混凝土材料的形式出现。

　　与同类结构构件（梁、柱、檩条等）相比，钢筋混凝土构件截面面积要远远大于金属材料构件，而且由于钢筋混凝土材料的抗压强度远较抗弯和抗剪强度高，所以用钢筋混凝土材料替代钢材做温室立柱，具有构件长细比小、承压能力强的特点。因此，无论是简易的塑料大棚，还是现代的日光温室和连栋塑料温室都大量使用钢筋混凝土材料做立柱（图1）。

　　抗腐蚀性能好是钢筋混凝土材料相比金属材料的另一个突出优点。温室生产由于长期处于高温高湿环境，金属材料构件必须经过表面防腐处理才能保证其较长的使用寿命，而高温高湿环境对混凝土材料不仅不会造成表面腐蚀而且还有利于混凝土前期的固化和养护，如果不是刻意追求表面美观，混凝土材料构件可以不做任何表面处理就能直接用于温室结构构件，大大节约构件表面处理的成本。

　　混凝土材料除了用在高温高湿的温室室内空气环境中具有良好的抗腐蚀性能外，在高湿、高盐

a.塑料大棚立柱   b.日光温室立柱   c.连栋塑料薄膜温室立柱

图1 钢筋混凝土材料用作温室立柱

a.防护塑料大棚钢结构立柱   b.防护日光温室前屋面金属拱架   c.防护连栋塑料温室木立柱

图2 钢筋混凝土材料用作温室基础短柱防护易腐蚀材料构件

碱、高地下水位的土壤中也具有同样优异的抗腐蚀性能（盐碱土或地下水位比较高的地区应在配方中添加相应的抗剂）。这一特性正好可以弥补金属材料和竹木材料与混凝土或土壤接触易生锈腐烂的缺点。在生产实践中，作为温室结构承力构件的一部分，将钢筋混凝土材料做成基础短柱，下部埋入地基与基础相连（或者本身就是基础），上部伸出地面与室内立柱或落地拱架相连（图2），彻底消除了与土壤接触钢材或木材立柱／拱架的腐蚀问题，使温室结构的使用寿命得到大大延长。一般钢筋混凝土构件的使用寿命可达50年以上。

除了作为立柱或基础短柱使用外，在塑料大棚和日光温室等单跨结构的温室设施中也有大量使用钢筋混凝土材料做屋面拱架的案例（图3）。用钢筋混凝土材料做温室屋面拱架，由于材料本身的热惰性大，即使在炎热的夏季，也不会对其表面覆盖的塑料薄膜产生任何的烫伤，这是非金属材料相比金属材料最大的优点。

用钢筋混凝土材料做屋面拱架，由于屋面构件的长度较长，为了运输和制作方便，经常将一根拱杆分为若干段预制，运输到施工现场后再用螺栓将其连接在一起，即形成完整的拱架结构。

钢筋混凝土构件由于截面大、抗弯和抗剪强度低，作为温室屋面拱杆，相比金属材料构件对室内地面的遮光面积大，尤其是连接构件各分段的螺栓在温室高温高湿的环境中易生锈，给温室结构的安全造成很大隐患。此外，钢筋混凝土屋面拱架由于构件长度长、自身长细比大，运输和安装过程中很容易发生开裂或扭断，降低了构件实际使用的成品率，也相应增加了温室结构的工程造价。

a.塑料大棚拱架　　　　　　　　　　　　　　　　b.日光温室拱架

图3　钢筋混凝土材料用作温室屋面拱架

工程实践中应充分分析这种材料的利弊和优劣，挖掘材料的特点，合理选择和使用，在保证结构可靠的前提下，实现材料使用的最优性价比。

二、竹木材料

竹木材料是一种古老的建筑材料，至今在我国的各类建筑中仍有大量使用。虽然近年来中国从保护生态的角度出发加强了对林木的保护，作为原木承重的木结构在民用建筑应用中几近消失，但作为经济林发展的竹材却大量应用于各类建筑中。

竹木材料，不仅可以用作温室的屋面拱杆，而且也可以用作温室的立柱。作为温室立柱使用，主要采用原木形式，而且要求原木的截面较大；作为温室屋面拱杆使用，可以是截面面积较小的原木形式或剖开大截面原木的竹片形式。

竹木材料，尤其是竹材，喜潮湿、耐高温，非常适合于高温高湿的温室环境。虽然竹木材料自身强度较钢材和钢筋混凝土材料低，但竹材韧性好、易弯曲，尤其适用于温室大棚的屋面拱杆，可以是竹材原木使用，也可以将原木竹材剖开后按竹片使用；既可以用作结构的承重构件，也可以用作结构中支撑和固定塑料薄膜的非承重构件。竹材用于温室屋面构件支撑和固定塑料薄膜时也同样具有与钢筋混凝土屋面拱架不烫伤塑料薄膜相同的特性，因此在当今的塑料大棚和日光温室中被大量使用。

代表中国设施农业起步的塑料大棚和早期的日光温室，其承力体系几乎全部是竹木构件（图4a、b），在广西、云南等竹材丰富的地区，甚至也有用竹材做连栋塑料薄膜温室全部承力构件的案例（图4c）。这种立柱、屋面拱杆、构件支撑、纵向系杆等承力构件全部为竹木材料的温室称为纯竹木结构温室或简称竹木结构温室。

竹木材料的承载强度较金属材料和钢筋混凝土材料低，这直接影响了纯竹木材料温室结构的整体承载能力。为了进一步提升竹木结构温室的承载能力，在后来的技术改进中，重点利用竹材韧性好、易弯曲、不烫膜的特点，将其作为全部或部分屋面承重构件，一是用承载能力更强的钢筋混凝

a.塑料大棚	b.日光温室	c.连栋塑料薄膜温室

图4 纯竹木材料温室结构

a.竹拱-钢筋混凝土立柱混合结构	b.钢木混合悬梁吊柱结构	c.钢木混凝土混合"琴弦"结构

图5 竹木－钢筋混凝土－钢混合结构

土材料构件来替代竹木立柱（图5a、c）；二是采用主副拱结构，用承载能力更强的钢结构材料做主承重拱架，用承载能力较弱的竹材做副承重拱架（图5b）；三是采用悬索结构，用沿温室大棚开间方向通长布置的纵向钢丝来分担部分屋面荷载（图5b、c），通过减小对竹木材料的承载要求来提高温室大棚的整体承载能力。

悬索结构根据钢索在屋面拱杆上的布置位置不同，又分为悬梁吊柱悬索结构（图5b）和"琴弦"结构（图5c）两种形式。悬梁吊柱悬索结构的钢索布置在屋面拱杆的下部，二者通过支撑短柱连接；"琴弦"结构的钢索布置在屋面拱杆的上部或紧贴屋面拱杆的下部，二者一般通过上顶拱杆下接弦索的钢丝捆绑连接。悬梁吊柱悬索结构由于钢索布置在屋面拱杆下部且远离屋面拱杆，给压紧屋面覆盖塑料薄膜留出了足够空间，因此这种结构容易压紧塑料薄膜，而且纵向钢索也不会形成对屋面排水的阻挡。"琴弦"结构纵向钢丝布置间距小，并省去了悬梁吊柱结构中的短柱，所以只要在安装过程中将钢丝绷紧，实际运行中也不会造成对屋面排水的阻挡。因此，从节省材料和安装成本的角度出发，目前生产中更多还是使用"琴弦"结构。

竹木材料最大的缺点是纵横截面的承载力不同，而且构件个体之间差异较大，竹材还存在大小两个端头，中间为渐变直径，因此，构件的标准化程度低，结构用材必须精挑细选。此外，竹木是有机材料，未经过表面防护的构件容易遭受虫蛀，在干湿循环的环境中（生产季节覆盖薄膜温室内高湿；休闲季节或揭开薄膜后温室内干热）竹木结构容易开裂，影响其使用寿命，一般温室竹木结构构件的使用寿命多为5~10年，但经过表面碳化处理（图6）或热浸涂覆沥青的竹木构件使用寿命也可达到20年以上。

图 6 经过表面碳化处理的竹材作温室立柱

三、塑料管材

塑料管作为温室的骨架材料，笔者曾报道过将其用于日光温室采光面替代竹竿的做法。用塑料管替代竹片或竹竿后，屋面上不再出现由于单根竹竿长度不够而搭接的现象。用塑料管替代竹竿做日光温室采光面辅助支撑拱杆，具有构件标准化程度高、温室屋面平整光洁、便于屋面开窗和排水等优点。

塑料管由于自身强度低，作为非承重构件替代竹竿是完全可行的，但是否能用于温室主体承力结构构件呢？生产实践中，确有民间工匠设计建造了完全用塑料管做结构构件的连栋塑料温室，而且结合塑料管材的特点，用标准的管材连接件设计了各构件的连接节点（图 7）。虽然笔者无法考证这种温室结构的承载能力及其使用寿命，但这种大胆冲破传统建材约束的设计构想还是非常值得科研人员思考和借鉴的。

该设计在同一平面垂直交叉的两根杆连接统一采用三通连接（图 7b 中的屋脊梁与吊杆、图 7e 中的吊杆与弦杆、图 7f 中的弦杆与柱顶梁），长杆穿进三通的直管中，短杆穿进三通的旁通中，用自攻自钻螺钉固定即可；拱杆和与之相交叉的构件，则采用拱杆穿进交叉管的连接方式，十字交叉的节点拱杆完全穿透交叉管（图 7b、c），丁字交叉的节点拱杆端头插入交叉管（图 7f），在重要的屋脊梁部位还特别采用四通管（图 7b）以加强连接。

立柱与基础的连接采用一种特殊的连接管件，管件的中部为圆孔供圆管插入，从中间圆管上相隔120° 伸出 3 个翅，每个翅上开圆孔用以插入螺栓，从基础预埋件上伸出的 3 根预埋螺栓分别从 3 个翅孔中穿出加垫片后用螺母拧紧，即实现立柱与基础的牢固固定（图 7d）。

这种设计构件标准化水平高、材料来源丰富、构件不需要做表面防腐处理，温室建设的总体造价不高，但由于使用管材的截面不大，整体承载能力或许不高，而且管材在长期的室外环境暴露中容易老化，也会直接影响结构的使用寿命，因此，这种结构的温室更适合用作临时性建筑或作为承载要求不高的网室使用。

a.温室结构全貌

b.屋脊梁与吊杆和拱杆的连接

c.拱杆与屋面纵向系杆的连接

d.立柱与基础的连接

e.吊杆与弦杆的连接

f.柱顶梁与拱杆和弦杆的连接

图 7 塑料管材连栋塑料温室结构及其连接节点

四、玻璃钢

玻璃钢是用高分子树脂材料在高温下熔化包裹细小的玻璃丝后制成的材料。根据不同的模具形状，可做成片材、板材、棒材以及各种用途和造型的材料。温室设施中，用玻璃钢材料的设备有盛水的容器、风机的叶片和边框，20世纪80年代我国还曾从日本和美国引进过用玻璃钢作温室透光覆盖材料的连栋温室。由此可见，玻璃钢材料在温室设施中的应用早已司空见惯。

玻璃钢材料通过调整玻璃丝的直径和密度以及树脂材料的成分可制成满足各种强度和耐久性的材料。相比金属材料，玻璃钢材料表面防腐性能好，在室外高温下对其表面覆盖的塑料薄膜也不会发生烫伤，材料强度高、韧性好、变形能力强。基于上述特点，有企业专门研究开发了一套用全玻璃钢材料做温室主体承力构件的连栋塑料薄膜温室，包括圆拱屋面温室和锯齿屋面温室（图8）。温室的立柱、屋面拱杆、屋架腹杆、弦杆、屋面系杆、天沟等承力构件全部采用玻璃钢材料，而且连接各构件的连接件也经过特殊设计全部采用玻璃钢材料（图9）。

相比钢材，玻璃钢材料不论抗压、抗拉还是抗弯的强度都较低，因此，同规格尺寸的构件玻璃钢的承载能力较低，或者在同等承载能力条件下玻璃钢材料的构件截面将更大。此外，玻璃钢材料表面的玻璃丝容易剥落，沾染到工作人员皮肤会造成皮肤瘙痒；玻璃钢材料在长期紫外线照射下会造成玻璃丝断裂，影响结构的强度和使用寿命（一般使用寿命为5~10年），但在紫外线弱或无紫外线照射的环境中抵抗自然风化和微生物分解的能力很强，因此这种温室更适合在如重庆等周年光照强度较弱的地区使用。不过与之相伴的是构件破坏后无法再利用，在自然界中自我分解的速度也很慢，对废旧构件处理不当会造成环境污染。选择使用这种材料时，应综合分析其性能特点，趋利避害，优化选择。

a.圆拱形温室外景   b.圆拱形温室内景   c.锯齿形温室内景

图8 玻璃钢材料温室结构形式

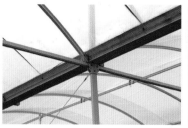

a.连接系杆、拱杆、吊杆节点   b.连接天沟、立柱、拱杆、弦杆节点   c.连接立柱与基础的节点

图9 玻璃钢材料温室结构构件连接

除了上述玻璃钢材料温室骨架外，20世纪90年代国内还推广应用过用镁菱土材料作粘结剂，内部配玻璃丝或竹丝作骨料的有机复合材料做塑料大棚骨架的案例。由于这种材料属于脆性材料，承载能力不很强、破坏无征兆，而且破坏后的废旧材料难以回收利用，在辽宁、海南等地推广一段时间后就销声匿迹了。

五、回收塑料

废旧塑料材料不能开发利用是垃圾，有效开发利用后就是资源。塑料材料大都是石油产品，原料属于有限、不可再生资源，如果将废弃塑料材料弃置于自然环境，被自然分解的时间很长或者根本分解不了，又会对生态和环境造成污染。随着社会对塑料制品用量的不断增大，为节约资源、保护环境，回收和利用废旧塑料已经成为当今生态保护和社会发展的一种必然要求。

废旧塑料材料的形式多样，成分复杂，给其回收利用带来很大困难。目前大量的用途是粉碎制粒再掺加调理成分后熔铸或挤压成各种线材或板材。将其熔融挤压成"工"字形截面线材，可用于温室和大棚的承重骨架。图10a是用废旧硬质塑料材料粉碎、配料、热熔、挤压成型后制作的塑料大棚骨架；图10b是用回收塑料薄膜为原料制成的日光温室前屋面承力骨架。相关的详细制作工艺和温室性能笔者在相关文献中已经做过报道，这里不多赘述。

总之，非金属材料是一系列传统或新型的建筑材料，有些材料已经使用数百年，有些材料可能刚刚开始开发使用。不论是古老的传统材料，还是新型的创新材料，只要具有一定的承载能力，都

温室工程
实用创新技术集锦3   Wenshi Gongcheng
Shiyong Chuangxin Jishu Jijin 3   ▷   **314**

a.回收硬塑材料制成的塑料大棚骨架　　　　　　　　b.回收塑料薄膜制成的日光温室骨架

图 10　利用回收塑料制成的温室骨架

有可能成为温室整体或局部部位的结构构件。广大读者可以挖掘身边的资源，期冀未来能像日光温室墙体材料一样，开发出更多、更经济和更适合温室结构用途的新型非金属建筑材料，为中国温室工程建设增添新的选择。

大规模连栋温室
生产自动拉秧机

盛夏 7 月是连栋温室长季节种植作物拉秧的时节。每当这个时候，温室的管理者们都在发愁劳动力的问题。高秧作物拉秧，不仅劳动强度大，而且作业者的工作环境比较恶劣，室内作业环境温度高、空气湿度低、粉尘弥漫、飞虫乱舞，为了防护，作业者必须穿着严实，还要佩戴口罩，一垄秧从头拉到底 1h 多，作业者早已大汗淋漓。

拉秧作业，除了劳动强度大和作业环境差之外，茎秆收拢后的体积大，存放占地面积大，后续处理的难度更大。目前的处理办法大都是露天堆放、自然晾干或堆积沤肥，消化时间长、环境污染严重。

2019 年 7 月初，网上一则自动拉秧机工作的视频，吸引了笔者的注意。仔细看过，原来是北京宏福 5hm² 玻璃温室中的番茄正在拉秧。只见一条茎秆输送带从栽培番茄的垄间走道运载着番茄茎秆与落叶，缓缓输送到位于温室中央作业通道上的一台自动拉秧机（实际上更是一台茎秆粉碎机），经过粉碎的茎秆通过风送管吹送到停在拉秧机旁边的运输车中。简单的过程、轻松的操作、高效的作业，转眼间一垄原始茎秆被拉起粉碎成粉末装载到了运输车厢。多么简单的作业过程啊！有了它，从此拉秧将不再发愁。

为了一睹这台拉秧机的庐山真面目，2019 年 7 月 13 日下午，笔者邀约这台设备的作业管理者薛镔先生来到了位于北京市大兴区宏福集团农业温室的作业现场，亲眼目睹了拉秧机作业的全过程，并就这台拉秧机的相关技术细节与薛镔先生进行了现场交流。

在和薛镔先生的交流中得知，这台拉秧机是北京瑞莱星光电科技有限公司刚刚从荷兰引进的，也是国内首次引进，在宏福温室中作业也是边运行、边调试、边熟悉设备，设备运行的效果和成本核算还在摸索和积累中。

出于防护的需要，薛镔先生让我们戴上了口罩，并带我们走进了设备作业的现场。这就让我们随着薛镔先生的指引来认识一下这台设备及其操作要求吧。

一、拉秧机的组成与工作原理

拉秧机以柴油机为动力，输出动力主要用于卷拉茎秆输送带、粉碎研磨茎秆、风送茎秆粉末以及缠卷回收茎秆输送带和牵引拉秧机自行走。整个拉秧机承台坐落在履带轮上，可以将拉秧机自牵引到温室内作业走道上任意作业位置。拉秧机主要部件包括千斤顶、喂料辊、粉碎刀、研磨辊、风送管以及动力系统（柴油箱、液压箱、发动机）、控制系统、安全防护系统和履带行走系统。配套拉秧机作业的设备主要包括茎秆输送带（类似地布的一种材料）及其卷轴和粉碎后茎秆的装载运输车。

拉秧机开机前，人工将装载茎秆和落叶的茎秆输送带卷轴安置在喂料辊上。启动喂料辊转动后首先对进料进行金属探测，当发现茎秆输送带中夹杂金属质地的绑蔓器、放蔓器等物件后，拉秧机自动停机，以保护后续作业中粉碎刀和研磨辊的安全。待人工清理完金属物件后重新启动拉秧机卷拉茎秆输送带，将茎秆送入粉碎机进行切割和研磨，粉碎后的茎秆粉末经过风送管吹入装载运输车的车厢。承送茎秆的输送带将茎秆和落叶吹入粉碎机后自动滚卷收拢在拉秧机操作承台下部的喂料辊上，一行茎秆粉碎完毕后，茎秆输送带也自动卷成一卷，人工卸下后可用于后续作业。运输车车厢装满后，更换运输车，并将装满物料的车辆驶离工作现场，将粉碎的茎秆运送到指定堆放或处理位置。从茎秆输送带喂料到茎秆粉碎后运离作物种植现场的全流程主要作业环节如图1（扫描二维码，可观看粉碎作业全过程视频）。

粉碎作业

整个生产作业6人一组，其中2人负责装卸茎秆输送带、启动拉秧机运行、寻找并清理机器识别出的金属物件；1人负责调整茎秆输送带的方向并捡拾输送带运行过程中洒落到地面上的茎秆和杂物；1人负责操作风送管，调整角度和方向，将粉碎后的茎秆准确吹送到运输车辆的车厢中并均匀填满；2人驾驶运输车，负责粉碎茎秆的运送，2辆运输车轮流装载（在运送距离较短时也可用1名驾驶员，但会降低工作效率）。

a.人工装载传送带

b.开机正常工作

c.停机挑拣金属物件

d.人工操控风送管

e.人工卸载传送带

f.回收传送带备用

图1　茎秆粉碎作业全流程主要环节

二、主要技术参数

设备供应商提供的设备主要技术参数见表 1。其中，作业的效率主要取决于茎秆输送带上混杂金属物件的量，混杂过多的金属物件将造成设备频繁停机和操作人员花费大量时间寻拣金属物件。

表 1 拉秧机主要技术参数

参数名称	技术参数
适用范围	西红柿、辣椒、黄瓜、茄子、草莓 或树莓等茎秆
理论作业效率	2 500~5 000m²/h
茎秆输送带最大长度	200m
粉碎机喂料口物料入口宽度	44cm
粉碎前后茎秆的体积比	20%~25%
柴油机总动力	55kW
柴油油箱容量	85L
液压箱容量	125L
拉秧机行走速度	
正常模式	2.1km/h
快速模式	3.8km/h
设备总重量	3 100kg
设备总体尺寸（长 × 宽 × 高）	2 480mm×2 035mm×2 395mm

为此，要求在剪断吊蔓线时尽量避免将金属材料的绑蔓器、吊蔓器等从水平吊蔓线上脱钩，或将茎秆收拢堆铺在输送带上时作业人员应注意观察并及时发现分拣出金属物件。

三、拉秧作业前的全程准备

拉秧机粉碎作业只是整个拉秧过程中结尾部分的一个环节。事实上，在茎秆粉碎之前，将作物茎秆和落叶铺放到茎秆输送带上的工作更是时间长、劳动强度大的一个重要环节。虽然后续的粉碎环节实现了机械化作业，但目前前期的准备工作却仍然停留在人工作业的水平。

茎秆粉碎前将其铺放到茎秆输送带上一个完整的工艺过程如图 2。首先应将茎秆上成熟的果实全部采收并停止灌溉。果实采收后的茎秆应在温室中高温晾晒 3~5d，使叶片和茎秆完全脱水。叶片

a.摘果备秧

b.剪断吊蔓线

c.从栽培床攀蔓架卸下茎秆

d.茎秆全部收拢到传送带

e.收拢日常落叶到传送带

f.晾晒茎秆

图2 茎秆准备工艺过程

和茎秆含水量越低，进入拉秧机粉碎的速度越快，对刀刃的损伤也越小，设备的工作效率也将越高。

茎叶晾晒完成后，正式开始茎叶在输送带上的铺放。铺放的流程为：在作物垄间平铺输送带→剪断吊蔓线→将茎秆从栽培床攀蔓架上卸下并收拢到输送带上→将日常管理中收集的栽培架下的落叶和烂果等一并收拢到传送带上，即完成全部的茎叶收拢铺放作业。全部茎叶收拢铺放到传送带上后，即可进行后续粉碎作业，也可根据情况继续晾晒数日后再进行粉碎作业。

四、思考

1.粉碎秸秆后续处理的问题

采用拉秧机将高秆作物拉秧粉碎后，虽然使作物的茎秆体积压缩到原体积的约1/4，大大节约了茎秆存放空间，但粉碎后的秸秆进一步处理的问题并没有彻底解决。目前宏福温室的处理办法是将粉碎后的茎秆撒在本园区的果园内，作为果园绿肥使用。但如果温室生产企业没有配套足够的露地种植面积来消化这些粉碎的茎秆，甚至没有足够的场地堆放这些茎秆，则后续处理的问题将凸显出来。为此，不论学术研究还是技术开发，解决粉碎秸秆的最终处理问题才是圆满解决问题的出路。希望在这方面有技术储备的企业或个人能尽早提出有效的解决方法并配套相应的处理设备。

2.社会化服务的问题

拉秧机是农业机械的一种，因此也具备农业机械的共同特性，主要表现为作业的季节性强，拉秧季节集中使用，生产季节则闲置，设备的利用率较低，尤其是生产企业种植面积不大时，设备的闲置率更高。为了解决这种困局，拉秧机也应该像跨区作业的农机服务模式发展，将温室内作物的拉秧变成一种社会化服务模式，专业的服务企业或合作社拥有拉秧机，根据温室种植者的茬口安排，哪里需要往哪里走，拉长拉秧机的作业时间，提高使用率，缩短回收周期，提高拉秧服务企业的经济效益。

3.日光温室和塑料大棚内茎秆拉秧问题

此次看到的拉秧机是专门为大型连栋玻璃温室配置的。从中国设施蔬菜种植的现实情况看，连栋玻璃温室内专业化种植番茄等高秧蔬菜的企业还不多，种植总面积也不大，目前北京地区的总面积不过 $100hm^2$，作为专业化的作业农机，其服务的市场似乎并不大。同时我们也应该看到，中国有大面积的日光温室和塑料大棚种植蔬菜，而且种植茬口多样，拉秧季节分散，拉秧机作业的市场空间巨大，但这种拉秧机无法进入日光温室和塑料大棚进行室内作业。为此，开发适合中国国情的日光温室和塑料大棚内作业的拉秧机需求量大、市场更广阔。

ZnStrong Top Service
中农实创 卓·悦服务

■ 实创公司2020年宿迁田洼EPC项目实景

初心不忘共成长
凝心聚力谱新篇

中农实创（北京）环境工程技术有限公司落户于海淀区高新区，实创公司在加强设施农业领域科研力度的同时依托农业农村部领先的科研成果和强大的专家队伍，依靠专业的技术力量、先进的设计理念、丰富的现场管理经验和完善的售后服务，在农业规划、温室建设、园艺管理等农业专业领域形成自己的核心力量，为设施农业产业的健康发展不懈努力。

 园区规划

 智能温室

 园艺运营

136 0139 3455 | 139 1096 3151

北京市黄平路19号龙旗广场D座16F

S E V E N J O Y

柒久园艺科技（北京）有限公司，
致力于打造为国际一流的高端玫瑰产业综合服务平台。
以玫瑰切花生产与销售为契机，联合全国玫瑰生产基地，
整合玫瑰产业数据分析，汇聚行业优势，
为玫瑰产业园的建设运营提供全程解决方案。
是您身边的，玫瑰产业一站式解决专家。

专业方案规划设计

专业种植管理流程

专业建设团队保障

专业力量市场营销

SEVEN JOY GARDENING

柒久园艺科技(北京)有限公司

T:010-82967423　E:385184003@qq.com
W:www.znstrong.com
A:北京市黄平路19号龙旗广场D座16F

M:136 0139 3455　Ｉ　139 1096 3151

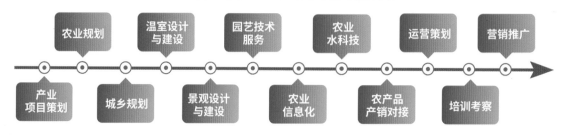

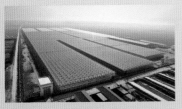

北京丰隆
温室科技有限公司

BEIJING FENGLONG
GREENHOUSE TECHNOLOGY CO.,LTD.

对自己严酷
让用户放心

创 新 *Innovation*

尽 力 *Dedication*

信 赖 *Reliability*

可 靠 *Credibility*

北京丰隆成立于1999年，拥有4万多米^{2}现代化工厂，200余名员工，全国设有三大研发中心、四个办事处、五个配货中心，产品主要出口到以日本、美国、以色列为主的64个国家。

北京丰隆长期与日本三井化学（株）、日本协和（株）、日本理研维他、中国科学院化学研究所、中国农业科学院保持战略合作关系。同时建立了一套近乎苛刻的质量检验及跟踪体系，让用户满意、放心。

丰谷®膜
TOYOTANI

原料虽贵，必不敢添回料一粒；品管虽繁，必坚持十年如一日。

使用丰谷®膜的农户反映：

　　在条件相同的情况下，使用丰谷®膜种植的番茄比同期作物早熟4~5天，棚内平均温度比普通薄膜要高出2~3℃，冬天作物产量明显增加。

信息栏 农户栏

---

1 丰谷®高透膜　长寿命 高透光 高强度 高保温 流滴消雾

型 号	厚度（mm）	透光率	质保	拉伸强度（纵/横）	断裂伸长率（纵/横）	直角撕裂强度（纵/横）	北京总部裁膜幅宽（m）
TM290A	0.06	91%	14 个月	32MPa / 34MPa	600% / 650%	90kN/m / 110kN/m	0.5/1.8/2/2.2/2.5/4/5.2 /6/7/7.5 7.7/8/9/9.2/10/11/12/13/14
TM390A	0.08	91%	18 个月	30MPa / 32MPa	600% / 650%	90kN/m / 100kN/m	0.5/0.8/1/1.5/1.8/2/2.2/2.5/3/3.5/4/5/5.5 6/6.5/7/8/8.5/9/9.5/10/10.5/11/11.5/12/13 14/15/16
TM490C	0.10	90%	24 个月	30MPa / 32MPa	650% / 700%	90kN/m / 100kN/m	0.5/0.8/1/1.2/1.5/1.8/2/2.2/2.5/3.5/4/4.5 5/5.5/6/6.5/7/7.5/7.7/8/8.5/9/9.5/10/11/12 13/14/15/16
TM590E	0.12	90%	36 个月	28MPa / 30MPa	650% / 700%	90kN/m / 100kN/m	0.5/0.8/1/1.2/1.5/1.8/2/2.2/2.5/3/3.5/4 4.5/5/5.5/6/6.5/7/7.5/7.7/8/8.5/8.8/9/9.2 9.5/10/11/12/13/14/15/16
TM690H	0.15	90%	48 个月	28MPa / 30MPa	700% / 750%	90kN/m / 100kN/m	0.5/0.8/1/1.2/1.5/2/2.5/3/3.5/4/4.5/5/5.5 6/6.5/7/7.2/7.5/8/8.5/8.8/9/9.5/10/11 12/13/14/15
TM890J	0.20	88%	60 个月	24MPa / 26MPa	700% / 750%	90kN/m / 90kN/m	0.5/1/2/2.5/2.8/3/3.5/4/4.5/5/6/6.5 7/7.5/8/8.5/9/9.5/10/11/12/13/14

---

2 丰谷®散射膜　增产显著 着色更好 透光率高 防止灼伤

型 号	厚 度（mm）	透光率	散射率	质 保	拉伸强度（纵/横）	断裂伸长率（纵/横）	直角撕裂强度（纵/横）	北京总部裁膜幅宽（m）
CM493C	0.10	90%	50%	24 个月	30MPa / 32MPa	600% / 650%	90kN/m / 100kN/m	0.5/0.8/1/1.8/2/2.2/2.5/4.5/5 6/7/8/9/10/11/12/13/14/15/16
CM594E	0.12	90%	60%	36 个月	30MPa / 32MPa	600% / 650%	90kN/m / 100kN/m	0.5/0.8/1/1.8/2/2.2/7/8/9 10/11/12/13/14/15/16
CM686H	0.15	89%	60%	48 个月	28MPa / 30MPa	650% / 700%	90kN/m / 100kN/m	0.5/1/1.5/2/2.5/3/3.5/4/5/5.5/6 6.5/7/7.5/8/9/10/11/12/13/14/15
CM886J	0.20	87%	70%	60 个月	24MPa / 26MPa	650% / 700%	90kN/m / 90kN/m	0.5/1/3/4.2/4.5/5.5/6/7/7.5/8 8.5/9/9.5/10/10.5/11/12/13/14

---

3 丰谷®膜的特点

◆ 配　　　方：日本引进 | 性能独特　　　◆ 耐药长寿：批批检测 | 长寿保障

◆ 100%新料：不添回料 | 十年如一　　　◆ 严酷管理：日式管理 | 全程品控

FLC 北京丰隆　　北京东都　　　　　　☏ 010-62161238 / 9　　⊕ www.bflc.cn

北京京鹏环球科技股份有限公司

北京京鹏环球科技股份有限公司是由北京市农业机械研究所成功孵化的集研发、推广于一体的设施农业高新技术企业，拥有 100 多项国家专利和技术成果，目前已发展成为国内、国际知名的设施农业综合服务商。

京鹏科技倡导"民族品牌、服务世界"的企业发展理念，积极推进国际化发展战略。多年来，国内累计完成 3000 多个项目，拥有 2000 多个客户，南到南沙，北到漠河，产品遍布 31 个省（自治区、直辖市），国际业务已出口美国、日本、俄罗斯、沙特阿拉伯等 60 多个国家和地区，其中涉及"一带一路"国家 24 个，获得了国内外客户的广泛认可。

咨询规划：

京鹏科技拥有丰富的咨询、规划设计经验，实施完成了诸多国家级农业园区的规划设计及施工建设。

研发设计：

拥有国家专利 100 余项，完成国家科技部、农业部以及北京市科研课题和科技开发项目 80 余项，荣获各级奖励 50 余项。其中"高光效低能耗 LED 智能植物工厂关键技术及系统集成"荣获国家科技进步二等奖。

安装建设：

京鹏科技通过 ISO9001 国际质量管理体系认证、钢结构工程专业承包叁级资质及建筑工程施工总承包叁级资质。

园艺栽培：

京鹏科技以北京通州的 360 亩科技研发基地为载体，培养了拥有园艺栽培管理经验的服务团队，为客户提供从园艺规划设计、栽培施工到家庭园艺产品的体系化服务。

京鹏优势
Kingpeng advantage

1 品牌资源优势
2 技术研发优势
5大优势
3 建设质量优势
4 运营管理优势
5 企业人才优势

秉持"设施与农艺相结合"的经营理念，
京鹏科技将栽培工艺和温室设计融为一体，
建立了从咨询规划、研发设计、安装建设到
园艺栽培的"全产业链服务模式"。

公司名称：北京京鹏环球科技股份有限公司
客服专线：400-818-8108
总机：010-58711562
传真：010-58711560

网址：www.jingpeng.cn
邮箱：jingpengqihua@126.com
地址：北京市海淀区丰慧中路 7 号新材料创业大厦 A 座 7 层

图书在版编目（CIP）数据

温室工程实用创新技术集锦．3 / 周长吉著．— 北
京 ：中国农业出版社，2022.8（2022.10重印）
ISBN 978-7-109-29546-9

Ⅰ．①温… Ⅱ．①周… Ⅲ．①温室－农业建筑－建筑
工程－文集 Ⅳ．①TU261-53

中国版本图书馆CIP数据核字(2022)第099188号

温室工程实用创新技术集锦 3
WENSHI GONGCHENG SHIYONG CHUANGXIN JISHU JIJIN 3

中国农业出版社出版
地址：北京市朝阳区麦子店街18号楼
邮编：100125
责任编辑：周锦玉
责任校对：吴丽婷
印刷：北京通州皇家印刷厂
版次：2022年8月第1版
印次：2022年10月北京第2次印刷
发行：新华书店北京发行所
开本：787mm×1092mm 1/16
印张：21
字数：600千字
定价：180.00元